Stable Diffusion 与 ComfyUI工作流

AI绘画+AI视频教程

龙飞◎编著

化学工业出版社

·北京·

内 容 简 介

一站式学习Stable Diffusion与ComfyUI，轻松掌握AI绘画与视频生成的核心技能，让创意无限延伸！

8章深度教程，从基础到进阶，全面解析Stable Diffusion与ComfyUI的工作流搭建与应用，助力读者成为AI创作大师！

随书赠送海量资源，包括168分钟教学视频+50个AI提示词+139个素材与效果文件，以及各种资源的链接和安装包，让读者能够即学即用，快速掌握AI新技能。

本书详细阐述了Stable Diffusion与ComfyUI的结合使用，为读者提供了一条从入门到精通的AI创作之路。第1章至第2章：引导读者轻松完成Stable Diffusion与ComfyUI的环境搭建，并熟悉模型配置与工作流节点的管理；第3章至第4章：分别介绍了从文本到图像、从图像到图像的工作流，让读者掌握AI绘画的基本技巧；第5章：进一步扩展了ComfyUI的功能，教读者安装并应用更多工作流节点；第6章：深入探讨了ControlNet高级工作流的应用，帮助读者实现更精细的图像控制；第7章：介绍了在线工作流的使用，让读者随时随地都能进行AI创作；第8章：通过实战案例，展示如何通过ComfyUI的AI绘画与AI视频生成功能，创作出令人惊叹的作品。

本书内容讲解精辟，实例丰富多样且有趣，适合对AI绘画与AI视频技术感兴趣的初学者，以及希望提升Stable Diffusion与ComfyUI使用技能的进阶用户。无论是艺术创作者、设计师，还是对AI技术充满好奇心的普通读者，都能从本书中获益匪浅。此外，本书还可以作为相关培训机构和职业院校的参考教材。

图书在版编目（CIP）数据

Stable Diffusion 与 ComfyUI 工作流 ：AI 绘画＋ AI 视频教程 / 龙飞编著．-- 北京 ：化学工业出版社，2025．3．-- ISBN 978-7-122-47341-7

Ⅰ．TP317.53

中国国家版本馆 CIP 数据核字第 2025XB6281 号

责任编辑：吴思璇　李　辰　　　封面设计：异一设计

责任校对：宋　夏　　　装帧设计：盟诺文化

出版发行：化学工业出版社（北京市东城区青年湖南街13号　邮政编码100011）

印　　装：北京瑞禾彩色印刷有限公司

710mm×1000mm　1/16　印张13　字数262千字　2026年1月北京第1版第1次印刷

购书咨询：010-64518888　　　售后服务：010-64518899

网　　址：http://www.cip.com.cn

凡购买本书，如有缺损质量问题，本社销售中心负责调换。

定　　价：79.80元

前言

PREFACE

用AI开启创意无限之旅！

在数字艺术与AI技术日新月异的今天，创意产业的边界正被不断拓宽。然而，这一行业的快速发展也伴随着诸多痛点，尤其对追求高效与创新的创作者而言，如何在保持艺术质量的同时提升工作效率，成为一个亟待解决的问题。AI创意产业的相关行业痛点如下。

（1）创意与效率失衡：传统艺术创作耗时耗力，难以满足快速迭代的市场需求。

（2）技术门槛高：AI绘画与视频制作技术复杂，初学者难以入门。

（3）资源分散：缺乏统一、系统的学习资源和教程，导致学习效果不佳。

（4）创新乏力：传统创作方式限制了艺术家的创意发挥，难以突破瓶颈。

面对这些行业痛点，无论是专业设计师、动画师、剪辑师，还是对AI艺术充满好奇与热情的初学者，都渴望找到一种能够融合艺术与技术，让创意得以快速实现的方法。他们希望在学习新技能的过程中，不仅能掌握前沿的AI绘画技术，还能了解如何将这些技术融入日常工作中，形成高效的工作流。

另外，根据行业相关数据，近年来，AI在艺术创作领域的应用呈爆炸式增长。根据中华人民共和国工业和信息化部于2024年10月发布的数据显示，我国生成式人工智能服务大模型数量接近200个，注册用户数量更是突破了6亿，其中包括大量使用AI绘画工具的用户。另外，根据华经产业研究院的数据显示，预计2026年中国AI绘画市场规模将达到154.66亿元，年复合增长率预计高达46%左右。

本书正是在此背景下应运而生的，旨在为读者提供一条从入门到精通的AI创作之路，帮助大家提升创作效率和质量。本书是一本基于Stable Diffusion和ComfyUI的AI绘画+AI视频实战指南，全书分为8章，详细讲解Stable Diffusion与ComfyUI的结合使用，从环境搭建到模型配置，再到多种工作流的搭建与应用。

内容涵盖文本到图像、图像到图像的转换，以及ControlNet高级工作流、在线工作流等。最后通过实战案例，展示如何运用AI绘画与AI视频生成技术，实现创意无限。

本书旨在通过系统化的教学，帮助读者全面掌握Stable Diffusion和ComfyUI的使用技巧，从而轻松实现AI绘画与视频生成的高效结合。本书的主要特色如下。

（1）8大专题深度讲解，关键领域全面覆盖：围绕Stable Diffusion和ComfyUI的核心技术和应用进行深入剖析，帮助读者全面系统地掌握AI绘画和AI视频生成的核心知识，为实际应用打下坚实的基础。

（2）68个实用知识点，理论结合实践，即学即用：这些知识点既包括Stable Diffusion和ComfyUI的基础理论，又涵盖了大量的实战技巧和案例。每个知识点都通过简洁明了的语言和生动的实例进行解释，让读者能够轻松理解并掌握，将所学知识迅速转化为实际应用能力。

（3）168分钟教学视频，直观演示，轻松掌握：除了丰富的图文内容，本书还配套了同步教学视频资源，采用直观演示的方式，让读者能够清晰地看到每个操作步骤和效果呈现。通过观看这些视频，读者将能够更加深入地理解每个知识点的内涵和应用场景，同时也能够更加轻松地掌握相关技术的操作方法和技巧。

无论是想要提升工作效率的专业设计师，还是对AI技术充满好奇的初学者，这本书都是探索AI艺术世界的得力助手。让我们一起，用AI技术点亮创意的火花，共同开启数字艺术的新篇章！

◎ 温馨提示

（1）版本更新：在编写本书时，是基于当前各种AI工具和网页平台的界面截取的实际操作图片，但本书从编辑到出版需要一段时间，这些工具的功能和界面可能会有变动，请在阅读时，根据书中的思路举一反三，进行学习。其中，Stable Diffusion的主要版本为ComfyUI v0.2.2。同时，书中用到的具体模型，请看教学视频。

（2）提示词：又称文本提示（或提示）、文本描述（或描述）、文本指令（或指令）、关键词或“咒语”等。需要注意的是，即使是完全相同的提示词，AI模型每次生成的图像和视频也会有差别，这是模型基于算法与算力得出的新结果，是正常的，因此大家看到书里的截图与视频会有区别，包括大家用同样的提示词，自己再制作时，生成的效果也会有差异。

◎ 版权声明

◎ 资源获取

如果读者需要获取书中案例的视频、素材、效果或其他资源，请使用微信“扫一扫”功能按需扫描下列对应的二维码即可。

视频教学（样例）　　读者 QQ 群

◎ 作者服务

本书由龙飞编著，参与编写的人员还有苏高、胡杨等人，在此表示感谢。由于编者知识水平有限，书中难免有疏漏之处，恳请广大读者批评、指正，沟通和交流请联系微信：2633228153。

目录
CONTENTS

第 1 章

轻松部署安装：Stable Diffusion与ComfyUI的环境搭建

Stable Diffusion是一个热门的人工智能（Artificial Intelligence，AI）图像生成工具，但对初学者来说，掌握Stable Diffusion却是一项具有挑战性的任务。本章将分享一些新手入门技巧，帮助大家快速认识Stable Diffusion并部署ComfyUI，确保能够顺利地开始AI绘画之旅。

1.1 认识Stable Diffusion

Stable Diffusion（简称SD）不仅在代码、数据和模型方面实现了开源，而且其参数量适中，使得大部分人在普通显卡上也可以进行绘画甚至精细地调整模型。毫不夸张地说，Stable Diffusion的开源对生成式人工智能（Artificial Intelligence Generated Content，AIGC）的繁荣发展起到了巨大的推动作用，因为它让更多的人能够轻松上手进行AI绘画。本节将深入讲解Stable Diffusion的概念及安装要求，帮助大家初步认识Stable Diffusion。

1.1.1 Stable Diffusion的概念与原理

扫码看视频

Stable Diffusion是一种基于深度学习技术的模型，其最基本的形式是实现文本到图像的转换。当输入一个文本提示词（Prompt）时，该模型能够生成与文本内容相匹配的图像作为输出，相关示例如图1-1所示。

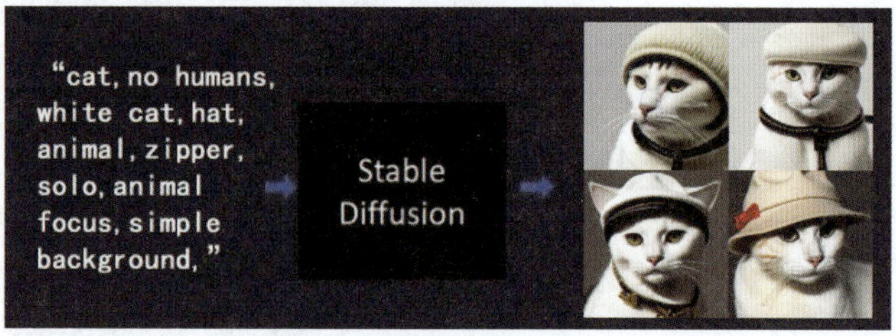

图 1-1 Stable Diffusion 将文本提示词转换为图像的示例

Stable Diffusion是隶属于扩散模型这类深度学习模型的代表。这类模型属于生成模型，其核心目标在于生成与训练数据类似的新数据。对Stable Diffusion来说，其生成的数据主要是图像。Stable Diffusion之所以被称为扩散模型，是因为其数学原理与物理学中的扩散现象相似。

★ 专家提醒 ★

下面是 Stable Diffusion 中的几个重点名词。

（1）Diffusion Model：即扩散模型，是一款支持文本生成图像的算法模型，目前市场上主流的 DALL·E、Midjourney、Stable Diffusion 等 AI 绘画工具都是基于此底层模型开发的。

（2）Latent Diffusion Model：即潜在扩散模型，它是在扩散模型的基础上研制的更高级的模型，而且图像的生成速度更快，同时对计算资源的消耗需求更低。

（3）Stable Diffusion 模型：其底层模型就是上面的潜在扩散模型，之所以叫这个名字是因为其研发公司名叫 Stability AI，相当于品牌冠名。

Stable Diffusion是一种利用神经网络生成高质量图像的模型，基于扩散过程，能够在保持图像特征的同时增加图像的细节。Stable Diffusion模型由3个主要部分组成：VAE、U-Net和CLIP，详细介绍如下。

（1）变分自编码器（Variational Auto-Encoders，VAE）：这是一种神经网络结构，主要用于生成模型，通过学习数据的潜在空间（可简称为潜空间）表示来生成新的数据。在Stable Diffusion中，VAE被用作概率编码器和解码器。VAE通过将输入数据映射到潜在空间中进行编码，然后将编码的向量与潜在变量的高斯分布进行重参数化处理，这样可以直接从潜在空间中进行采样。

（2）U-Net（U形网络）：这是一种基于卷积神经网络的图像分割模型，具有特殊的U形结构，使得输入的图像分辨率逐渐减小，而输出的图像分辨率逐渐增加。在Stable Diffusion中，U-Net能够提取图像的部分特征，并在解码过程中对生成的图像进行重构，以获得高质量的生成结果。

（3）对比语言—图像预训练（Contrastive Language-Image Pre-training，CLIP）：这是一种神经网络算法，用于实现“文本—图像”的匹配，可以将输入的文本和图像进行语义相关性匹配，从而实现对图像内容的理解。在Stable Diffusion中，CLIP不仅用于评估生成的图像，还可以指导数据的采样方式，从而大幅提高生成图像的多样性和相关性。

具体来说，Stable Diffusion在训练模型时会将原始图像通过不断地随机扩散和反向扩散进行变形处理，将图像的细节信息逐渐压缩到低频区域。这样，Stable Diffusion不仅能够提取图像的潜在空间表示，而且能够将图像的噪声和细节等信息分离出来。图1-2所示为前向扩散过程，能够将图像转换到低维潜在空间。

图1-2　前向扩散过程

逆概率沿扩散（Inverse Probability Flow Along Diffusion）是用于Stable Diffusion模型的逆模型。这个模型是一个自回归模型，可以根据当前帧的噪声和之前帧生成的图像预测下一帧的噪声。通过逆概率沿扩散，Stable Diffusion可以生成高质量的图像，如图1-3所示。

Step指步骤，image指图像效果，Predicted noise指预测噪声。在Stable Diffusion中，Predicted noise指的是通过噪声预测器（Noise Predictor）预测出来的噪声。这个过程发生在去噪步骤之前，首先在潜在空间中生成一张完全随机的图片，然后噪声预测器会估计图片的噪声，并将预测的噪声从图片中减去。

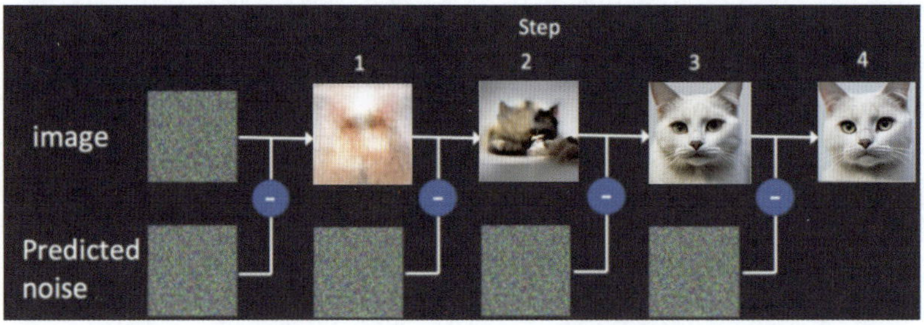

图 1-3　逆概率沿扩散通过逐步减去图像中的预测噪声生成图像

★ 专家提醒 ★

Predicted noise 这个过程会重复多次，最后得到一张干净的图片。这个去噪过程也被称为采样，因为 Stable Diffusion 在每一步都会生成一张新的样本图片。采样器决定了如何进行随机采样，不同的采样器会对图像生成结果产生不同的影响。

在Stable Diffusion中，有两种绘图模式：通过文本生成图像（即文生图）和通过图像生成图像（即图生图）。Stable Diffusion中的文生图是指通过输入文本描述（即提示词），利用扩散过程生成与之相关的图像。这种技术基于扩散模型，将文本编码器的输出与噪声相结合，然后通过解码器生成图像。

Stable Diffusion的整体操作流程非常简单，总共分为4个步骤：选择模型、输入提示词（或上传原图）、设置生成参数和单击“生成”按钮。最终生成的图像效果是由模型、提示词（或原图）和生成参数三者共同决定的。其中，模型主要决定图像的画风，提示词（或原图）主要决定画面内容，而生成参数则主要用于设置图像的预设属性。通过这个流程，人们可以轻松地使用Stable Diffusion生成符合自己要求的各种图像。

1.1.2　Stable Diffusion的电脑要求

如果用户有兴趣学习和使用Stable Diffusion，则需要检查电脑配置是否符合安装条件，因为它对电脑配置的要求较高。不同的Stable Diffusion分支和迭代版本可能会有不同的要求，因此需要检查每个版本的具体规格。

扫码看视频

Stable Diffusion的基本安装条件如下。

（1）操作系统：Windows、macOS。

（2）显卡：不低于6GB显存的N卡（指NVIDIA系列的显卡）。

（3）内存：不低于16GB的DDR4或DDR5内存。DDR（Double Data Rate）是指双倍速率同步动态随机存储器。

（4）硬盘安装空间：12GB或更多，最好是固态硬盘（Solid State Disk或Solid State Drive，SSD）。

这是Stable Diffusion的最低电脑配置要求，如果用户想要获得更好的出图结果和更高分辨率的图像，则需要更强大的硬件，如具有12GB显存的NVIDIA RTX 4070显卡，或者更新的RTX 4080、RTX 4090等显卡，它们分别有16GB和24GB的显存。图1-4所示为桌面显卡性能天梯图（更新日期为2024年8月），越往上显卡性能越好，价格也越高。

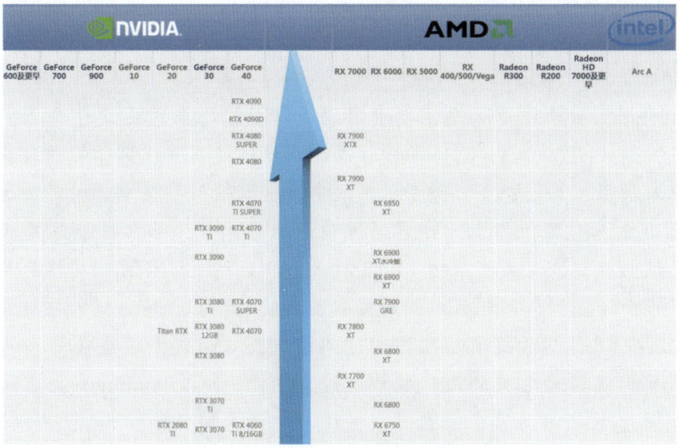

图 1-4　桌面显卡性能天梯图（部分显卡）

虽然Stable Diffusion的官方版本并不支持超威半导体公司（Advanced Micro Devices，AMD）和Intel（英特尔公司）的显卡，但是已经有一些支持这些显卡的分支版本，不过安装过程比较复杂。当然，如果用户没有高性能的图形处理器（Graphics Processing Unit，GPU），也可以使用一些网页版的Stable Diffusion，没有任何硬件要求。

1.1.3　Stable Diffusion的部署环境

扫码看视频

目前，深度学习模型的训练和部署通常依赖于NVIDIA的图形处理单元作为硬件基础，这需要安装相应的显卡驱动程序，以及统一计算设备架构（Compute Unified Device Architecture，CUDA）工具包，并确保其版本与所需的CUDA深度神经网络库（CUDA Deep Neural Network library，cuDNN）库兼容，相关介绍如下。

（1）CUDA：这是由NVIDIA公司开发的一种并行计算平台和编程模型，它允许开发者使用NVIDIA的GPU进行通用计算，即通用图形处理器（General-Purpose computing on Graphics Processing Units，GPGPU）。CUDA提供了一套完整的应用程序编程接口（Application Programming Interface，API），使得开发者能够编写可以在GPU上执行的程序，从而利用GPU的高并行性来加速计算密集型任务。

（2）cuDNN：这是NVIDIA为深度学习应用特别优化的GPU加速库，它包含多个深度学习中常用操作的高效实现方法，如卷积、池化、归一化等。cuDNN作为CUDA的一个扩展，为深度学习框架提供了底层的硬件加速支持，使得使用这些框架的深度学习模型能够更快地训练和推理。

★ 专家提醒 ★

卷积（Convolution）操作是深度学习中用于提取图像特征的关键步骤。在卷积神经网络（Convolutional Neural Networks，CNN）中，卷积层通过使用一组可学习的过滤器（或称为卷积核）来扫描输入数据（如图像）。每个过滤器负责提取输入数据中的特定特征，比如边缘、纹理等。过滤器在输入数据上滑动（通常通过步进的方式），并在每个位置计算过滤器与输入数据的局部区域的点积，生成特征图（Feature Map）。这个过程可以捕捉到局部空间特征，并且由于使用了多个过滤器，因此可以同时提取多种特征。

池化（Pooling）操作用于降低特征图的空间维度，从而减少参数数量和计算量，同时使特征检测更加稳定可靠。最常见的池化操作是最大池化（Max Pooling），它通过将输入特征图划分为多个不重叠的矩形区域，并在每个区域中取最大值作为输出。这有助于保留最重要的特征，同时去除不相关的细节。

归一化（Normalization）通常指的是批归一化（Batch Normalization），这是一种在训练深度神经网络时用于提高性能和稳定性的技术。批归一化通过对每个小批量数据的每个特征通道进行归一化处理，即调整和缩放激活输出，使其具有固定的均值和方差。这有助于减少内部协变量偏移（Internal Covariate Shift），即网络在训练过程中输入数据分布的变化，从而加速训练过程，提高模型的泛化能力（即模型对未知数据的处理能力）。

简而言之，CUDA提供了在NVIDIA GPU上进行编程的基础，而cuDNN则在此基础上为深度学习任务提供进一步的优化，两者结合使用，可以显著提高深度学习模型的性能。

除硬件基础外，在软件层面，与那些提供一键安装包的软件不同，Stable Diffusion的安装过程需要用户先准备一些必要的辅助工具。无论是选择自行安装的纯净版本，还是使用秋葉整合包，都离不开这些基础环境的搭建。安装Stable Diffusion所需的环境软件如下。

1. Git

Git作为版本控制和文件管理工具，是安装Stable Diffusion不可或缺的一部分。下面介绍安装Git的操作方法。

步骤 01 进入Git官网，单击Download for Windows（适用于Windows的下载）按钮，如图1-5所示。

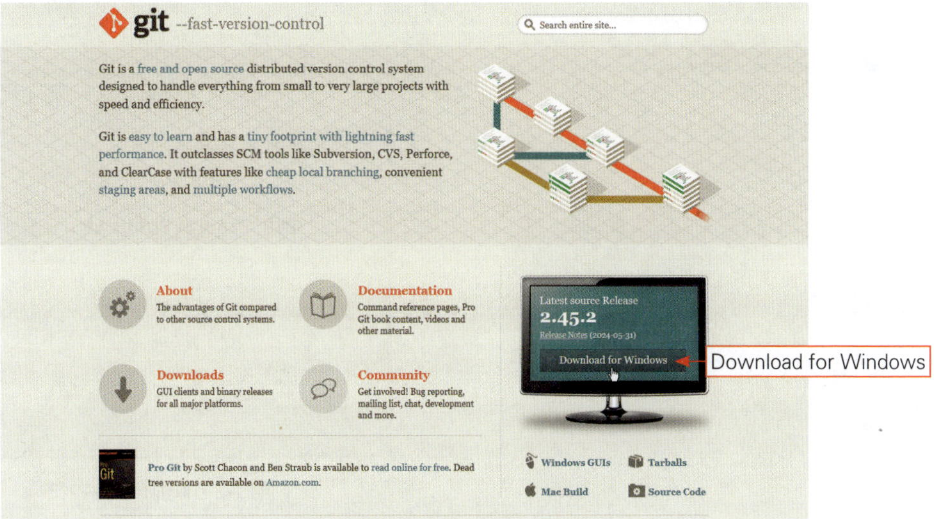

图 1-5　单击 Download for Windows 按钮

步骤 02 执行操作后，进入Download for Windows页面，单击Click here to download（单击此处下载）超链接，如图1-6所示，即可下载最新版本的Git。

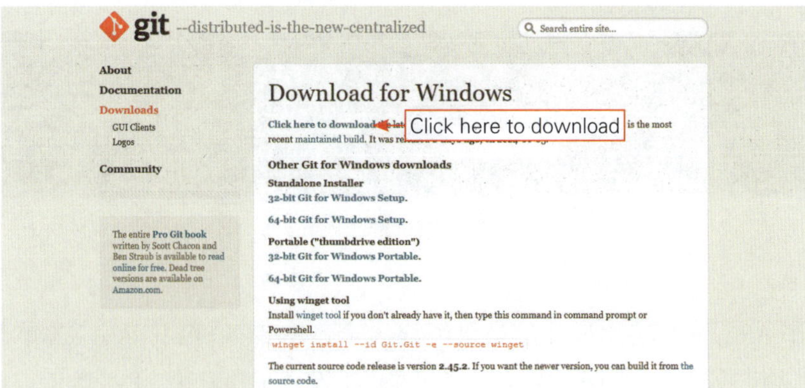

图 1-6　单击 Click here to download 超链接

★ 专家提醒 ★

Git是一个开源的分布式版本控制系统，由Linux内核的创始人林纳斯·本纳第克特·托瓦兹（Linus Benedict Torvalds）在2005年创建，并于2008年被Git社区接管。Git被设计用来处理从小型到非常大型的项目，并且能够高效地处理项目中代码的合并（Merge）和分支（Branching）操作。

步骤 03 下载好Git的安装程序后，双击该安装程序，如图1-7所示。

步骤 04 执行操作后，弹出Git的安装对话框，单击Install（安装）按钮，如图1-8所示，根据提示进行安装，不用做任何其他设置，直到安装完成即可。

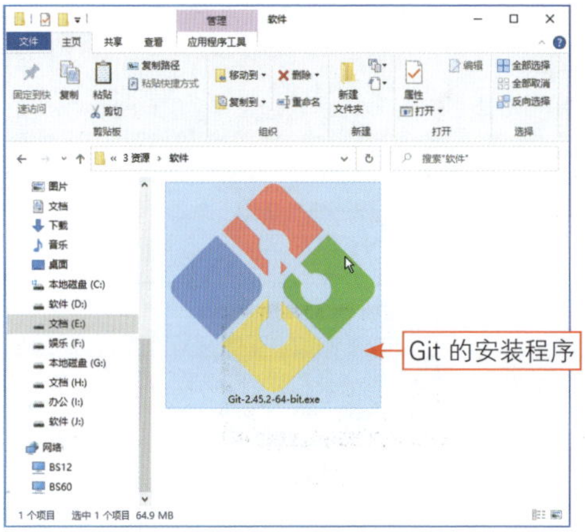

图 1-7 双击 Git 的安装程序

图 1-8 单击 Install 按钮

步骤 05 安装完成后，用户可以在任意文件夹的路径框内输入cmd并按Enter键，打开命令提示符窗口，输入git --version并按Enter键。如果返回一个版本号，则说明Git安装成功，如图1-9所示。

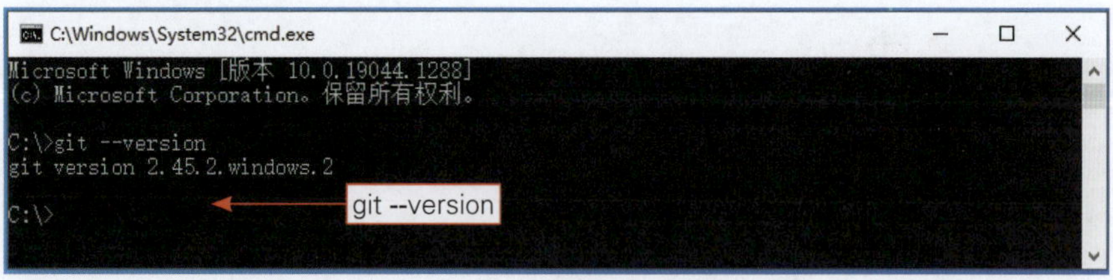

图 1-9 检测 Git 是否安装成功

2. Python

Python是一种应用广泛的高级编程语言，由吉多·范罗苏姆（Guido van Rossum）于1989年底发明，第一个公开发行版发行于1991年。Python的设计哲学强调代码的可读性和简洁的语法，这使得它被认为是一种易于学习的语言。

作为运行Stable Diffusion的基础，Python环境是必须安装的。下面介绍安装Python的操作方法。

步骤 01 进入Python官网，将鼠标指针移至Downloads按钮上，在弹出的Download for Windows面板中单击Python（注意，Python后面的数字为版本号，会根据版本的更新而变动）按钮，如图1-10所示，即可下载最新版的Python安装程序。

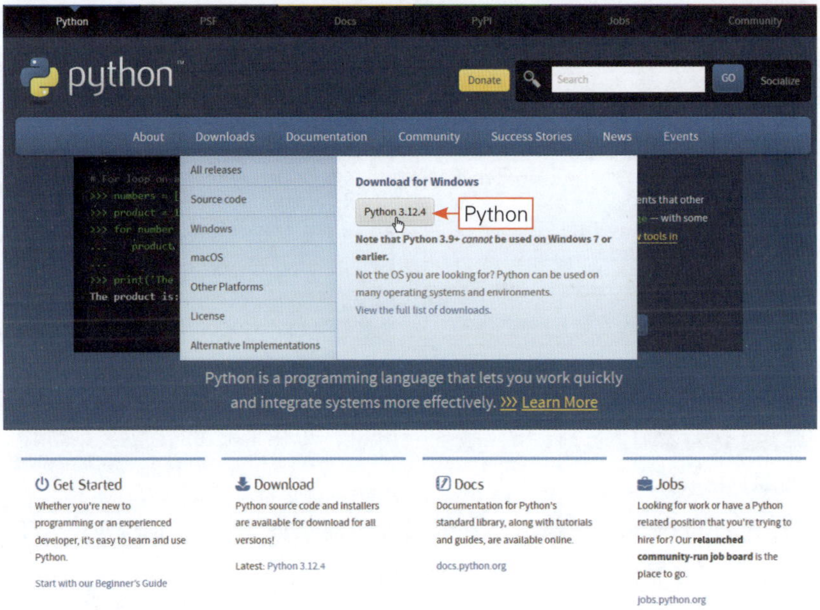

图 1-10　单击 Python 按钮

步骤 02 下载好Python的安装程序后，双击该安装程序，如图1-11所示。

步骤 03 执行操作后，弹出Python的安装对话框，选择Customize installation（自定义安装）选项，如图1-12所示，根据提示进行安装即可。

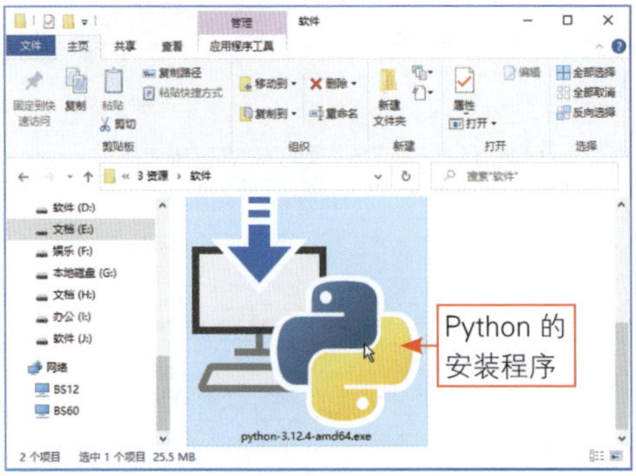

图 1-11　双击 Python 的安装程序

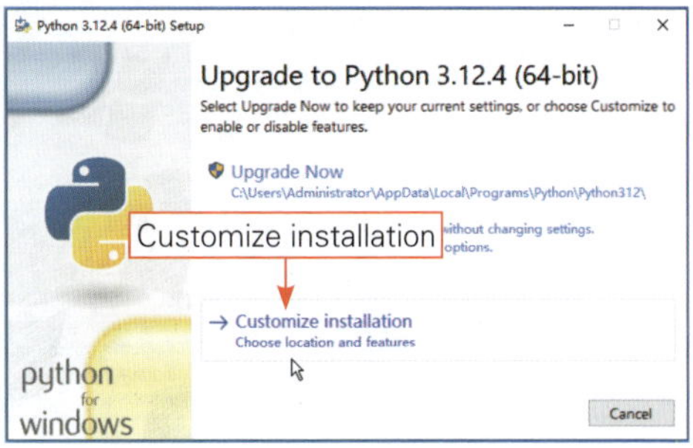

图 1-12　选择 Customize installation 选项

步骤04 在安装Python的过程中需要注意，在Advanced Options（高级选项）界面中，需要选中Add Python to environment variables（将Python添加到环境变量）复选框，如图1-13所示，可自动同步环境变量。

步骤05 如果用户在安装Python时没有自动同步环境变量，则需要自己手动添加环境变量，在“此电脑”图标上单击鼠标右键，在弹出的快捷菜单中选择“属性”命令，如图1-14所示。

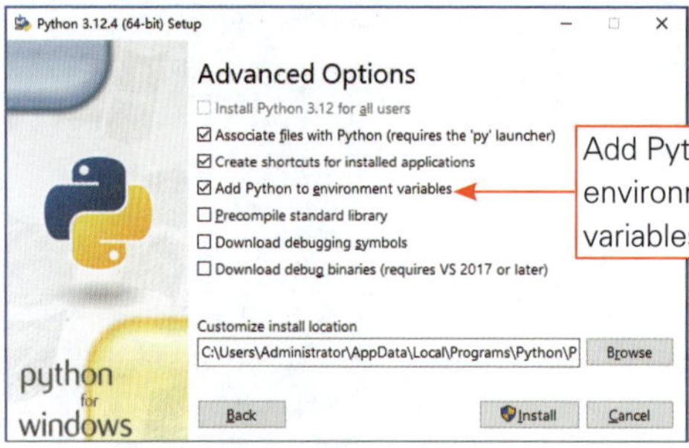

图1-13 选中相应复选框

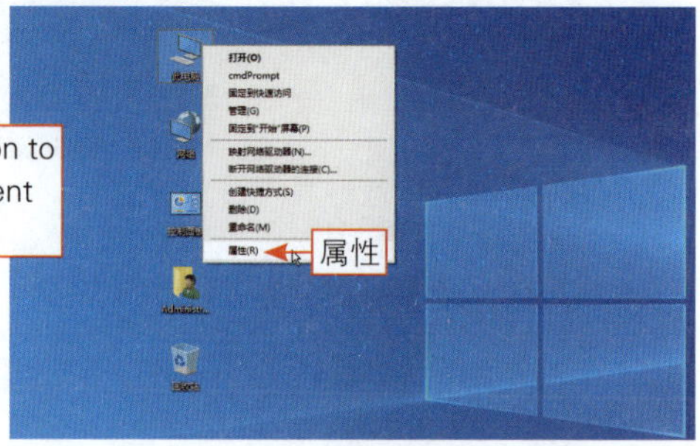

图1-14 选择“属性”命令

步骤06 执行操作后，打开“系统”窗口，单击左侧的“高级系统设置”超链接，如图1-15所示。

步骤07 执行操作后，弹出“系统属性”对话框，并自动切换至“高级”选项卡，单击“环境变量”按钮，如图1-16所示。

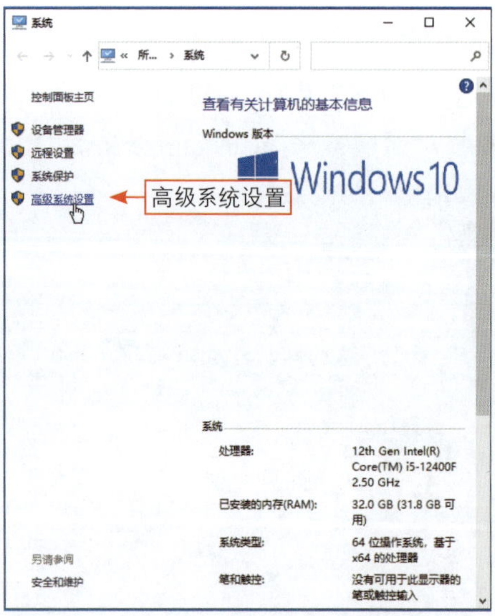

图1-15 单击“高级系统设置”超链接

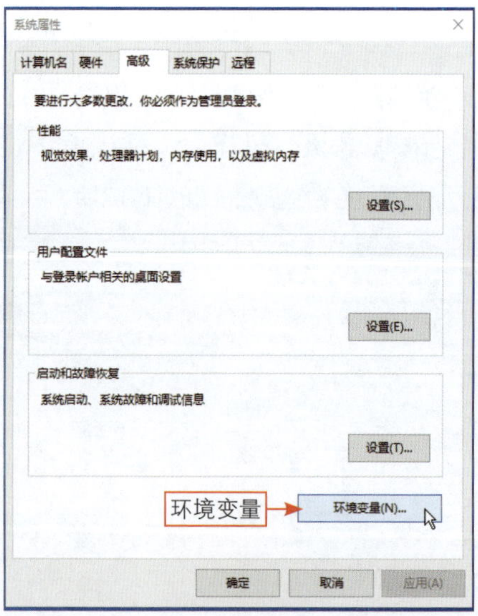

图1-16 单击“环境变量”按钮

步骤08 执行操作后，弹出“环境变量”对话框，在“系统变量”列表框中双击Path选项，如图1-17所示，或者选择Path选项后单击“编辑”按钮。

步骤09 执行操作后，弹出“编辑环境变量”对话框，单击“新建”按钮，新建一个环境变量值，并输入Python的安装地址即可，如图1-18所示。

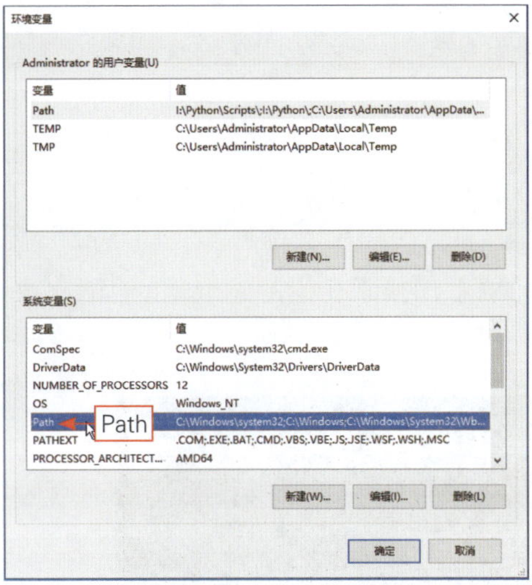

图 1-17 双击 Path 选项

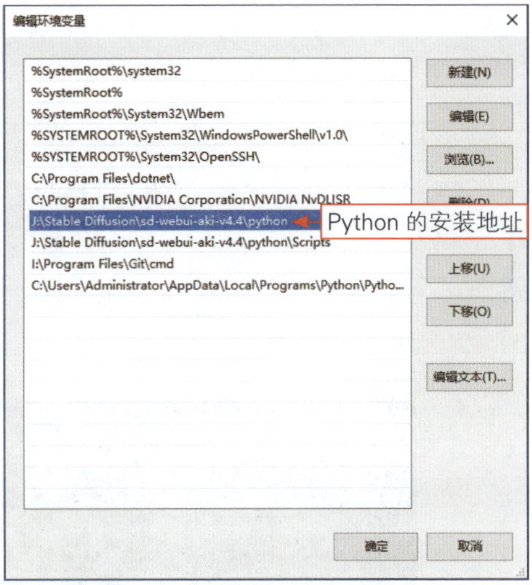

图 1-18 输入 Python 的安装地址

★专家提醒★

环境变量是操作系统用来存储有关系统行为、用户偏好设置和应用程序配置信息的变量，它们通常以键值对的形式存在，并被操作系统和运行在系统上的程序使用。正确配置环境变量对于确保 Python 及其相关工具（如 pip 包管理器）能够从任何目录被调用至关重要。如果没有正确设置，用户可能需要在每次调用 Python 时指定完整的路径，这会非常不方便。

步骤10 在任意文件夹的路径框内输入cmd并按Enter键，打开命令提示符窗口，输入python -V并按Enter键。如果返回一个版本号，则说明Python安装成功，如图1-19所示。

图 1-19 测试 Python 是否安装成功

★ 专家提醒 ★

注意，如果用户发现显示的 Python 版本号与你刚刚安装的版本号不一致，这可能是因为系统中之前安装了其他版本的 Python。在这种情况下，用户需要先卸载旧版本的 Python，并检查环境变量设置，确保它们没有指向旧版本的 Python 路径。这是非常重要的一步，因为如果旧版本的环境变量设置仍然存在，可能会干扰新版本 Python 的安装和运行，导致后续程序安装失败。

3. GeForce显卡驱动

GeForce显卡驱动是确保用户的NVIDIA显卡能够被正确识别和使用的关键，但仅在需要时进行安装。用户可以进入NVIDIA官网，单击导航栏中的“驱动程序”超链接进入其页面，里面有GeForce显卡驱动程序，单击“立即下载”按钮即可下载GeForce Experience，用户也可以手动搜索相应的显卡驱动程序，如图1-20所示。

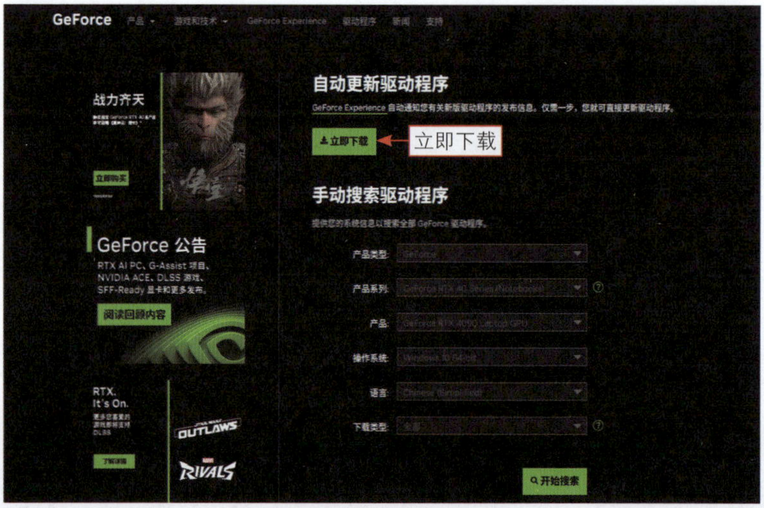

图 1-20　驱动程序下载页面

如果用户已经安装了GeForce Experience，它会提供一些优化游戏性能的特性，这可能会提升显卡性能。GeForce Experience的注册过程简单，用户可以通过微信或手机号免费注册账户。

关于显卡驱动的更新，GeForce Experience具备自动检测和安装功能。当系统提示有可用驱动程序更新时，用户可以单击“下载”按钮，如图1-21所示，选择更新以确保显卡性能处于最佳状态。然而，如果遇到软件更新不稳定或驱动下载失败的情况，用户可以访问NVIDIA的官方网站，手动搜索并下载所需的驱动程序，这种方式通常比自动下载更为稳定。

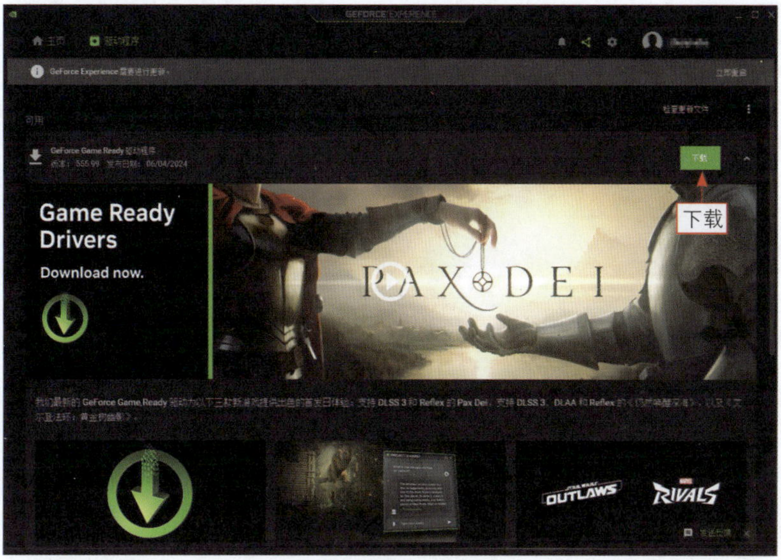

图 1-21 单击“下载”按钮

4. C++编译器

安装某些后期的Stable Diffusion插件可能会用到C++环境，因此用户应根据需求适时安装C++编译器。用户可以进入微软官网中的Visual Studio（简称VS）下载页面，单击“免费下载”按钮，如图1-22所示，下载Visual Studio。

图 1-22 单击“免费下载”按钮

Visual Studio是微软推出的一款集成开发环境（Integrated Development Environment，IDE），广泛用于软件开发。在下载并安装Visual Studio的过程中，

系统会提供安装C++工具集选项，用户只需在安装时选择相应的C++组件，如图1-23所示，即可完成C++环境的搭建。

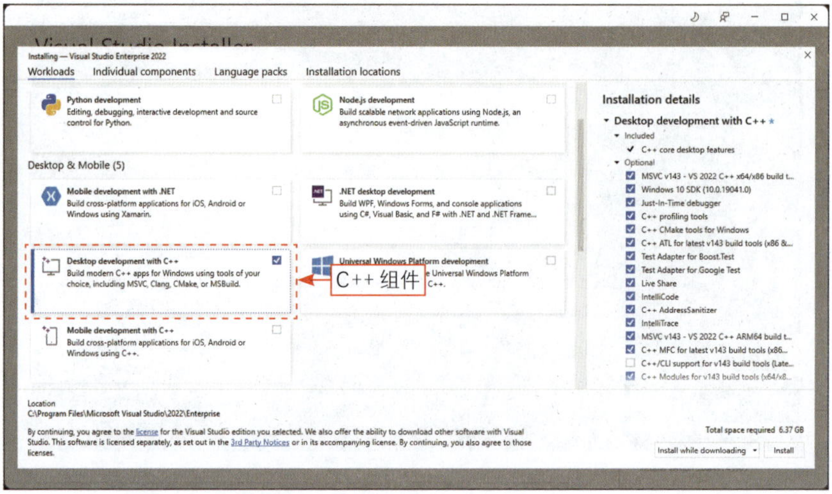

图 1-23　选择相应的 C++ 组件

安装完成后，如果用户觉得Visual Studio占用了过多的电脑空间，可以选择将其卸载，只保留C++编译器和相关工具即可。通过逐步安装这些环境软件，可以确保Stable Diffusion的顺利运行。

1.2　了解与安装 Stable Diffusion ComfyUI

Stable Diffusion ComfyUI（以下简称ComfyUI）以其独特的界面设计和强大的功能，为创作者的创作提供了更多的可能性。ComfyUI不仅具备高效的图像处理能力，还支持多种模型的灵活运用，无论是初学者还是有经验的艺术家，都能在其中找到适合自己的创作方式。在迈向AI绘画的精彩旅程中，ComfyUI的安装是关键的第一步。本节主要介绍ComfyUI的概念、优势和各种版本的安装方法，帮助大家顺利搭建起AI绘画的创作平台。

1.2.1　ComfyUI的概念

扫码看视频

自2023年下半年以来，AI绘画领域迎来了一位引人注目的新星——ComfyUI。凭借其卓越的图像生成速度、流畅的操作体验，以及对低配置设备的友好态度，ComfyUI迅速在广大创作者群体中赢得了口碑，成了一颗璀璨的新星。

ComfyUI之所以能够在短时间内赢得如此多的关注与喜爱，关键在于其强大的功能特性。其中，最引人注目的莫过于它的一键加载大量工作流功能，相关示例如图1-24所示。这一功能让用户能够轻松实现图像和视频的快速生成，极大地提升了创作的效率与乐趣。

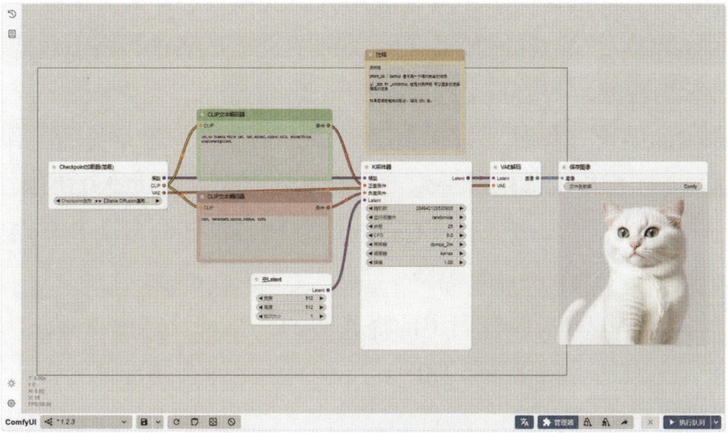

图 1-24 ComfyUI 的工作流示例

对于那些通过WebUI开启Stable Diffusion探索之旅的用户，ComfyUI的崛起无疑是一个值得关注的亮点。随着其受欢迎程度的持续攀升，ComfyUI已经逐渐成为众多AI绘画爱好者的首选工具。那么，这个正在悄然改变AI绘画游戏规则的应用究竟有何独到之处呢？

ComfyUI是一款专为Stable Diffusion量身定制的基于节点的图形用户界面（Graphical User Interface，GUI），它采用了创新的节点式设计，允许用户通过连接不同的模块（即节点）来构建复杂的图像生成工作流程。这些节点涵盖了加载检查点模型、输入提示、指定采样器等多种任务，为用户提供了极大的灵活性和便利性。

实际上，ComfyUI可以看作是一个专业的Stable Diffusion运行界面，只不过它采用了更为直观和高效的节点式操作方式。这种节点式界面在诸多专业的生产力工具中并不罕见，如Blender、虚幻引擎及达芬奇等，这些工具的成功应用，无疑为ComfyUI的受欢迎程度奠定了坚实的基础。

1.2.2 ComfyUI与WebUI的对比

扫码看视频

在AI绘画领域，WebUI与ComfyUI作为两款备受瞩目的工具，各自拥有独特的优势和特点。下面是对这两款工具的详细对比，旨在帮助用户更好地了解它们，从而做出明智的选择。

1. 自由度与灵活性

ComfyUI以极高的自由度和灵活性著称，它支持高度的定制化，允许用户根据自己的需求调整和优化工作流程。同时，ComfyUI还具备工作流复用功能，用户可以轻松地将之前创建的工作流程应用到新的项目中，大大提高了工作效率。另外，ComfyUI对系统配置的要求较低，即使在较低配置的设备上也能流畅运行，并且能够显著加快原始图像的生成速度。

ComfyUI的一大优势是工作流，虽然WebUI也有一些相关的工作流互用插件，但与ComfyUI原生的能够百分之百完全复刻工作流的功能没法比，用户只需拖进一张图片或一个工作流文件，ComfyUI就能轻松还原复杂的节点连线体系，对于要重复实现某个效果效率非常高。

相比之下，WebUI则拥有固定的操作界面，这种设计使得WebUI易于学习和快速上手，尤其适合初学者，如图1-25所示。然而，在自由度和灵活性方面，WebUI可能稍逊于ComfyUI。

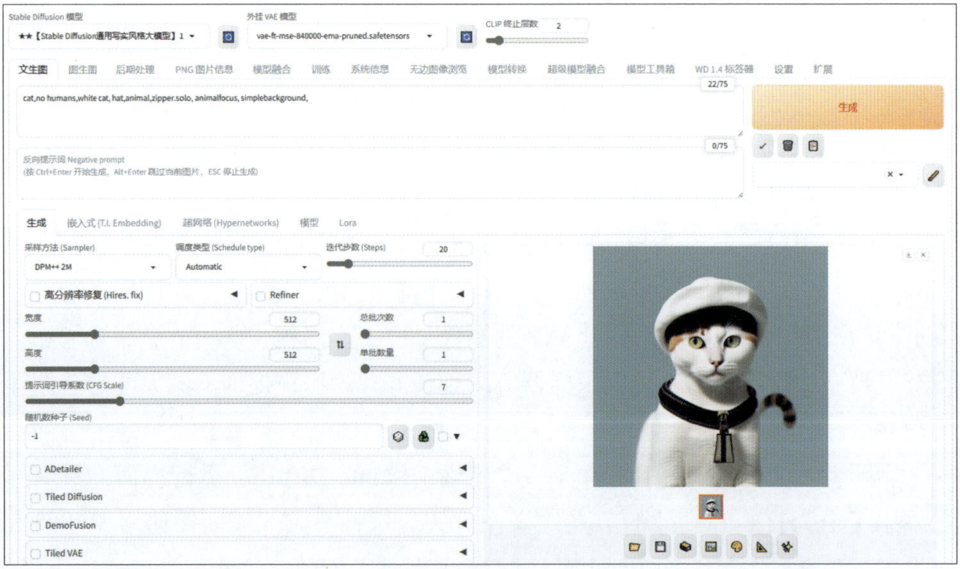

图 1-25　WebUI 的操作界面

★ 专 家 提 醒 ★

如果用户对 WebUI 感兴趣，可以阅读《Stable Diffusion AI 绘画从入门到精通：文生图+图生图+提示词+模型训练+插件应用》一书，该书对 WebUI 的界面功能进行了详细介绍，这里由于篇幅限制不再赘述。

2. 学习难度与易用性

由于ComfyUI拥有众多的插件节点和较为复杂的操作流程，学习起来相对困难。对初学者来说，可能需要花费更多的时间和精力来熟悉和掌握这款工具。然而，一旦掌握了ComfyUI的使用方法，用户将能够充分利用其强大的功能，实现更高效的创作。

相比之下，WebUI的固定操作界面使得其更加易用，用户无须花费太多时间就能熟悉和掌握这款工具的使用。另外，WebUI还建立了一个成熟且稳定的开源生态系统，为用户提供了丰富的资源和支持。

3. 性能与工作流程复制

在性能方面，ComfyUI可能优于WebUI，ComfyUI能够更快地生成原始图像，提高用户的创作效率。另外，在工作流程复制方面，WebUI存在局限性，用户需要在每次操作时手动进行设置，这可能会增加一些不必要的工作量；而ComfyUI则通过工作流复用功能，轻松地解决了这一问题。

4. 生态方面

ComfyUI的更新速度非常惊人，几乎隔天就有一个新的版本，如图1-26所示；而WebUI则友好很多，好几个月才更新一个大版本，如图1-27所示。但一个成熟稳定的软件更新速度并非越快越好，ComfyUI频繁更新不仅对用户不友好，导致用户不知道该用哪个版本，以及该不该升级，同时版本迭代太快还会导致各种插件不兼容。

稳定版　开发版

版本 ID	更新内容	日期	当前	
0c7c98a	v0.2.2	2024-09-06 07:33:02	☐	切换
483004d	v0.2.1	2024-09-04 05:02:19	☐	切换
f1c2301	v0.2.0	2024-09-02 05:44:49	☐	切换
c681294	v0.1.3	2024-08-26 14:07:32	✓	
7df42b9	v0.1.2	2024-08-23 16:58:59	☐	切换
bb4416d	v0.1.1	2024-08-23 05:38:30	☐	切换
904bf58	v0.1.0	2024-08-22 02:01:41	☐	切换
39fb74c	v0.0.8	2024-08-13 15:57:55	☐	切换
b8ffb29	v0.0.7	2024-08-13 03:03:33	☐	切换
75b9b55	v0.0.6	2024-08-11 09:28:24	☐	切换
1b5b8ca	v0.0.5	2024-08-10 09:45:21	☐	切换
b334605	v0.0.4	2024-08-07 01:27:48	☐	切换
7914c47	v0.0.2	2024-07-14 22:07:36	☐	切换
4ca9b9c	v0.0.1	2024-07-13 01:33:57	☐	切换
2ec6d1c	latest	2023-05-15 15:31:03	☐	切换

图 1-26　ComfyUI 的版本更新

稳定版 开发版

版本 ID	更新内容	日期	当前	
340a910	v1.10.0-RC	2024-07-06 16:26:14		切换
feee37d	v1.9.4	2024-05-29 02:20:40		切换
1c0a0c4	v1.9.3	2024-04-22 23:00:36		切换
e2b177c	v1.9.2	2024-04-22 17:26:24		切换
e84703b	v1.9.1	2024-04-22 16:59:54		切换
adadb4e	v1.9.0	2024-04-13 11:37:28		切换
e164031	v1.9.0-RC	2024-04-07 02:46:56		切换
bef51ae	v1.8.0	2024-03-02 12:03:13		切换
310d6b9	v1.8.0-RC	2024-02-17 16:35:36		切换
cf2772f	v1.7.0	2023-12-16 14:58:07		切换
48fae7c	v1.7.0-RC	2023-12-04 14:35:52		切换
4afaaf8	v1.6.1	2023-11-04 00:50:14		切换
5ef669d	v1.6.0	2023-08-31 12:38:34		切换
935d9d8	v1.6.0-RC	2023-08-24 16:16:29		切换
c9c8485	v1.5.2	2023-08-23 20:48:09		切换

图 1-27　WebUI 的版本更新

ComfyUI的社区化也相对松散，不同作者各自开发自己体系的开源插件，很多插件实现的功能一样但各自成体系，这大大增加了学习成本，而且随着安装的插件越来越多，会看到密密麻麻扎堆的节点，耐心不够的同学要谨慎入坑。

5. 功能方面

WebUI和ComfyUI都是基于Stable Diffusion开发的，原理和逻辑一样，都能实现文生图、图生图、ControlNet控制、高清放大、局部重绘、视频生成等操作，但也有不少插件不相通。ComfyUI可以支持SVD（Stable Video Diffusion，稳定的视频扩散）官方的动态视频模型，可以通过绘画节点更好地实现实时绘画等，同样也有不少插件仅支持WebUI，ComfyUI则用不了。

回到最初的问题，是否真的需要ComfyUI，这取决于个人需求。如果想通过AI提升工作效率、制作商业项目或通过AI绘画变现，那么WebUI仍是目前最好的选择；如果从事设计相关工作，已经熟练掌握WebUI的使用，并且愿意花更多的时间研究和学习，希望成为AI行业的进阶玩家，那么非常推荐学习ComfyUI。

★专家提醒★

注意，使用 ComfyUI 有一定的劣势，如操作门槛较高，需要用户具备清晰的逻辑，并且其生态相比 WebUI 较少。因此，用户应根据自己的具体需求和使用情境来选择合适的 Stable Diffusion 版本。

1.2.3　学习ComfyUI的基本流程

扫码看视频

虽然ComfyUI的学习和使用门槛较高，但随着秋葉整合包和像LiblibAI这样的网页版ComfyUI的出现，它的使用变得方便了许多。在学习ComfyUI的过程中，通常会经历以下几个基本流程。

1. 直接套用工作流

用户可以在网上获取各种炫酷的工作流，下载后导入ComfyUI中直接生成图像，效果如图1-28所示。但可能会报错，要使工作流正确运行，就需要进入下一阶段。

图 1-28　效果展示

下面介绍直接套用工作流生成图像的操作方法。

步骤 01 在ComfyUI左下角单击下拉按钮，在弹出的列表中单击“浏览”按钮，如图1-29所示。

步骤 02 执行操作后，弹出“打开”对话框，在其中选择相应的工作流文件，如图1-30所示。

图 1-29　单击“浏览”按钮

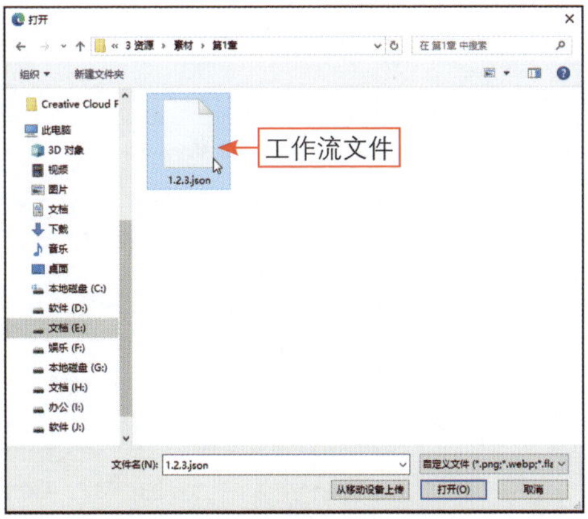

图 1-30　选择相应的工作流文件

步骤 03 单击“打开”按钮，即可打开所选的工作流文件，直接单击ComfyUI右下角的“执行队列”按钮，如图1-31所示，即可直接套用工作流生成图像。

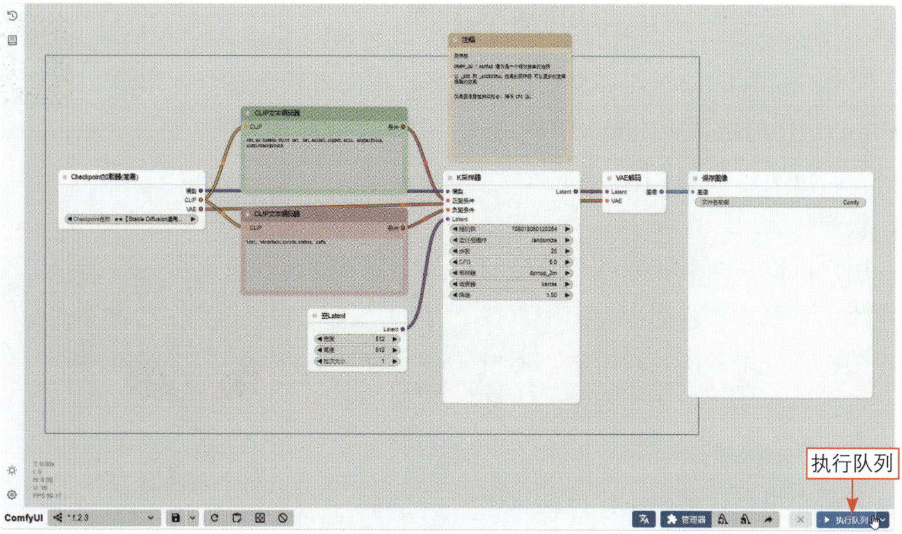

图 1-31　单击“执行队列”按钮

2. 学习安装插件和解决报错问题

ComfyUI的工作流通常会涉及大量的插件安装、对应模型下载和相关文件部署等，无论工作流的哪个节点缺失都会出现报错，相关示例如图1-32所示。使用LiblibAI网页版的ComfyUI会相对省心，它默认安装了很多节点插件，只需找到对应类别加载节点即可。同时，得益于其庞大的模型库，也可直接调用各种模型。

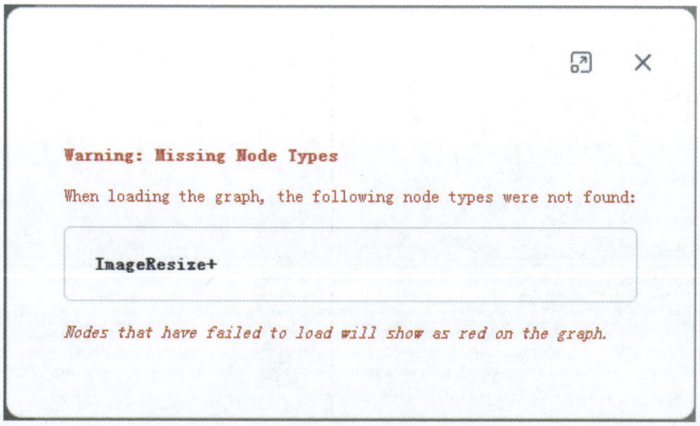

图 1-32　ComfyUI 的报错示例

上面的ComfyUI报错主要是因为工作流缺少某个插件，因此节点加载失败，此时用户可以安装该节点来解决报错问题，具体操作方法如下。

步骤 01 在ComfyUI右侧的浮动面板底部，单击“管理器”按钮，如图1-33所示。

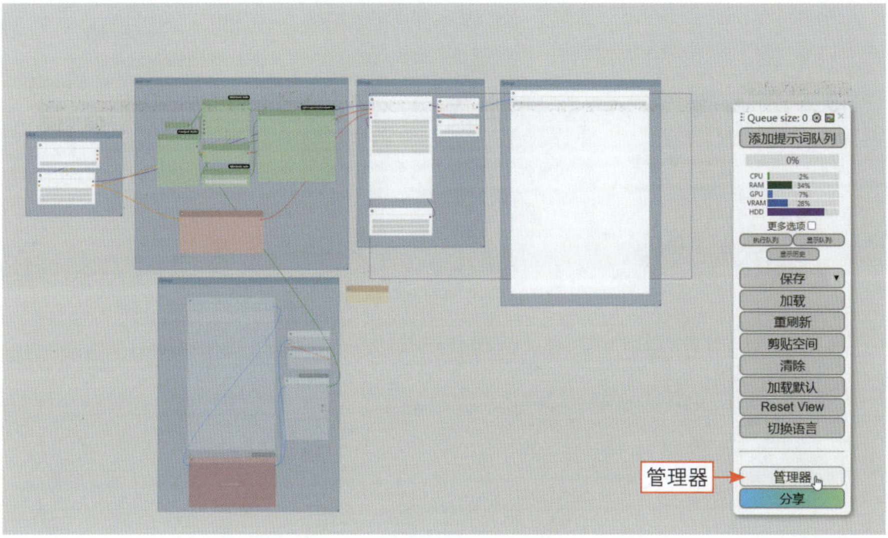

图 1-33　单击“管理器”按钮

★ 专 家 提 醒 ★

注意，新版 ComfyUI 已不再显示浮动面板，用户可以通过“设置”对话框调回旧版界面，具体方法后面章节会介绍。

步骤 02 执行操作后，弹出“ComfyUI管理器”对话框，单击“安装缺失节点”按钮，如图1-34所示。

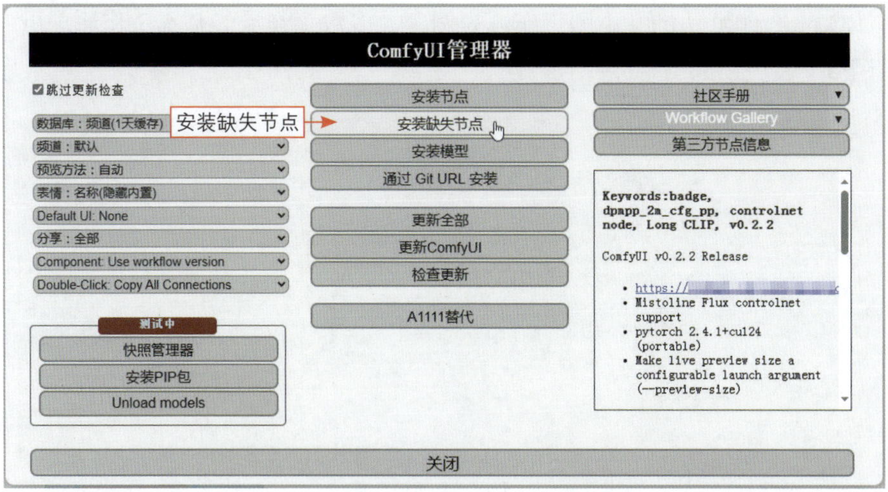

图 1-34　单击“安装缺失节点”按钮

步骤 03 执行操作后，弹出相应的对话框，系统会自动搜索工作流中的缺失节点，单击该节点右侧的“安装”按钮，如图1-35所示，即可安装该节点。

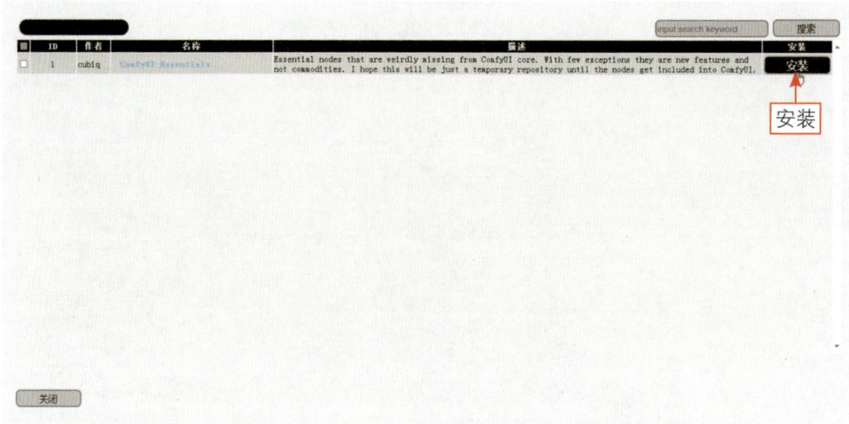

图 1-35　单击“安装”按钮

WebUI刚推出时以功能复杂、参数众多、学习成本高著称，但与ComfyUI相比，它还是显得简单和顺手多了。WebUI像一台装配好的机器，简单添加一些额外的插件就能上手使用；但ComfyUI就像一个个拆解的零件，要想实现某一功能则需要自己组装搭建。例如，开启ControlNet，WebUI只需简单勾选，而ComfyUI则每个节点都需要手动搭建，且需要了解Stable Diffusion的底层原理并熟练使用WebUI才能掌握。

3. 深入了解ComfyUI的工作原理和逻辑

以ComfyUI默认的文生图工作流为例，大多数工作流的基本工作原理可以分为以下3个模块，如图1-36所示。

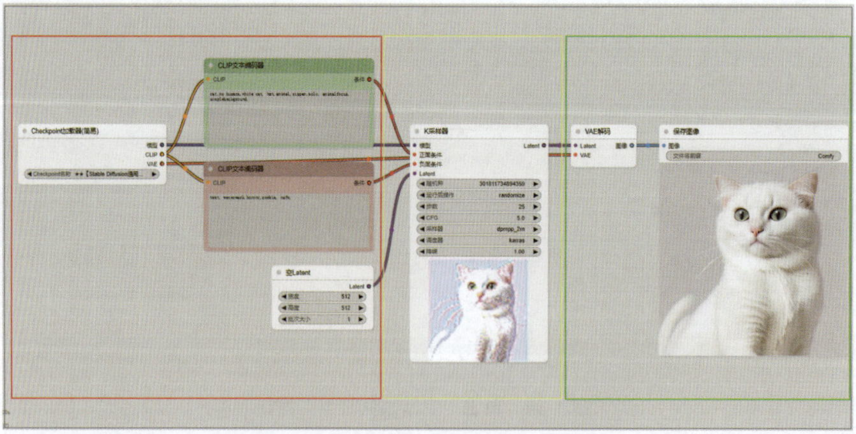

图 1-36　工作流基本工作原理的 3 个模块

（1）条件输入模块：选择大模型作为基础输入，再设定正向提示词、反向提示词（又称为负面提示词）和生成图片的输出分辨率，如图1-37所示。

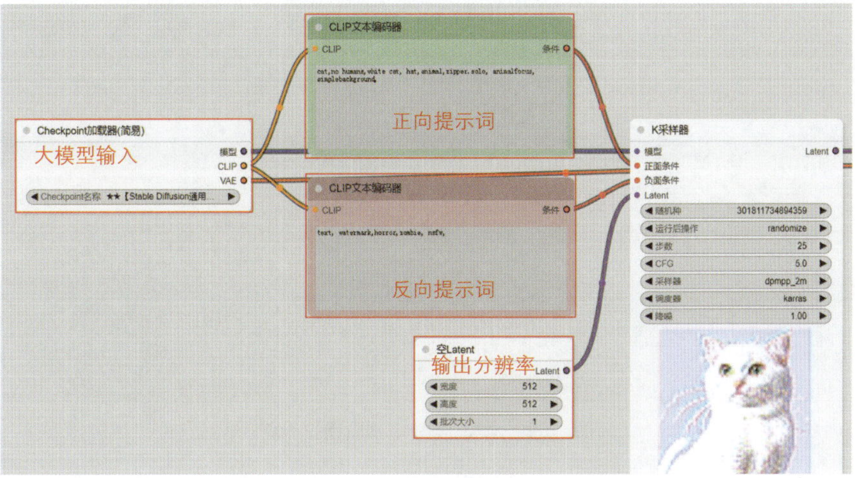

图 1-37　条件输入模块

（2）潜空间模块：潜空间就是AI处理图像的空间，即核心节点K采样器，它会根据条件输入模块的要求，通过不断地加噪和去噪等操作，来生成符合要求的图像（这里的图像仅能够被AI识别），相关示例如图1-38所示。

图 1-38　潜空间模块的处理过程示例

（3）像素空间模块：上一步生成的图像不能直接在潜空间展示，需要通过“VAE解码”节点转换成最终像素空间的图像。

例如，要给工作流加载LoRA模型和ControlNet控制节点，这两个节点都属于控制最终生成图像的前置条件，需要添加在条件输入模块里。LoRA实际上是大模型的微调模型，依附于大模型，可以将“LoRA加载器”节点串联在大模型后，对接相同颜色的接口即可，如图1-39所示。

★ 专家提醒 ★

从图 1-39 中可以看到，不同节点的接口之间有名称和颜色的区别。一般情况下，不同颜色的接口是不能相互连接的，因此用户需要把相同颜色的接口对接一下，这样才能加载相应的节点。

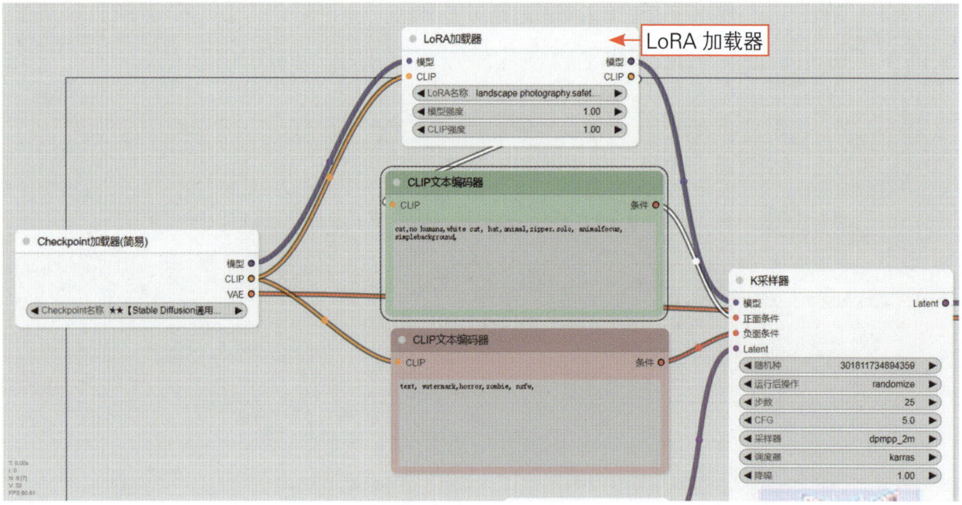

图 1-39　添加“LoRA 加载器”节点

而ControlNet的加载则相对复杂，不仅要安装插件，还需要下载各个ControlNet预处理器模型，具体方法会在后面章节详细介绍，这里不再赘述。当用户了解ComfyUI的工作原理后，即可更加轻松地看懂其他工作流了，大部分工作流都是遵循相同的运行逻辑的。

4. 深入研究ComfyUI的各个节点和不同的工作流

经过前面3个阶段的学习后，用户已经算是步入ComfyUI的入门阶段了，而接下来的这个阶段是与其他人拉开差距的关键时期。

ComfyUI自由灵活、开源且更新速度快，插件众多，但也带来了一些弊端，如插件跟不上节奏导致工作流报错。另外，由于ComfyUI的开发者非常多，而且不同开发者自成体系，从而导致实现相同的功能却有多种插件和工作流，极大地增加了用户的学习成本，而且部分插件更新频繁也会导致调好的工作流过时不能复用等，这些都需要用户有足够的耐心并花费更多时间钻研克服。

不过，只要对AI有足够多的热情，这个阶段的学习也是相当有趣的，可以接触到各种有趣的工作流，如一键拆分人物关节、生成不同风格的跳舞视频、生成悬疑恐怖插图、给线稿上色、将图像转成皮克斯风格或黏土风格等，相关示例如图1-40所示。

5. 能够独立创作专属的工作流

ComfyUI非常灵活，可以通过节点间的相互连接实现各种想法，能将进阶工作流做成类似游戏升级打怪的形式。ComfyUI不仅可以创建专属工作流提升效率，还可以根据特定要求为他人定制收费工作流。因此，用户可以将有趣的工作流发布到相关平台，成为开源生态原创作者的一员。

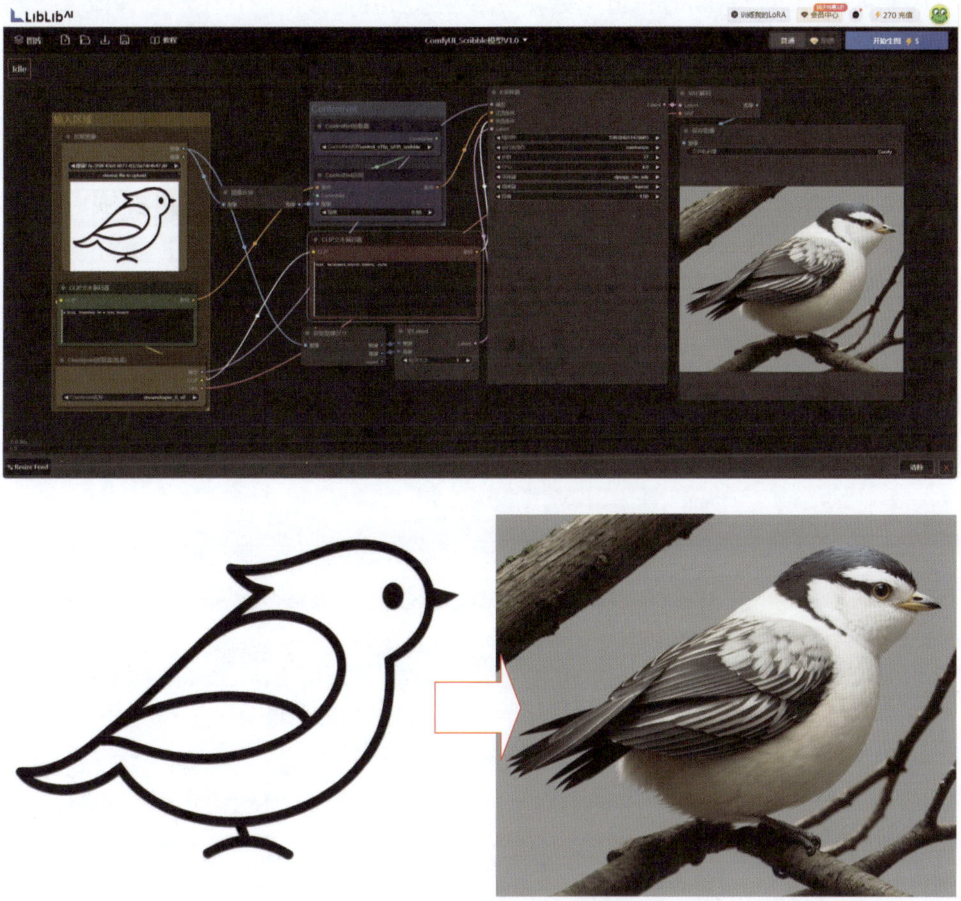

图 1-40　给线稿上色的工作流示例

总之，学习ComfyUI需要逐步积累和深入研究，随着对各个阶段的掌握和实践，能够逐渐提升对ComfyUI的运用能力，创造出更多独特和有趣的作品。大家可以根据自己的实际情况，判断自己当前处于哪个阶段，并不断努力提升。

1.2.4　安装原版Stable Diffusion ComfyUI

扫码看视频

ComfyUI是一个基于节点流程式的Stable Diffusion AI生成工具，将Stable Diffusion的流程拆分成模块，实现更精准的工作流定制和完善的可复现性。使用ComfyUI的好处包括：更容易定制自己的工作流，在复杂长线的大型工作中可搭建特殊工作流排队运行任务，且具有轻量化特点，使用大模型时显存要求更低、加载速度更快，生成大图片时不容易爆显存。

原版ComfyUI更接近Stable Diffusion的底层逻辑，把其中每个步骤单独变成模块，可自由组合。同时，用户更容易参考学习其他人的图片生成工作流，熟悉节点作用后结合参考其他人的方法可以搭建自己的工作流程。

下面介绍原版ComfyUI的具体安装方法。

步骤01 进入Stable Diffusion ComfyUI的Git仓库页面，如图1-41所示。

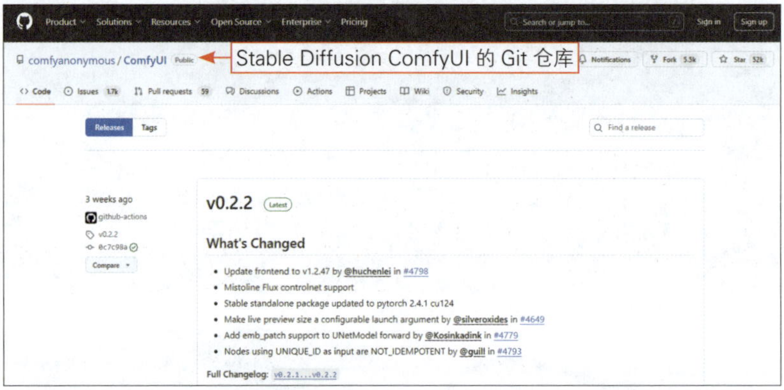

图 1-41　Stable Diffusion ComfyUI 的 Git 仓库页面

步骤02 在页面下方选择相应的ComfyUI版本，如v0.2.2版（截至2024年9月的最新版），单击相应的下载链接（ComfyUI_windows_portable_nvidia.7z），如图1-42所示，即可下载ComfyUI的安装包。

图 1-42　单击相应的下载链接

步骤 03 选择下载好的压缩包，单击鼠标右键，在弹出的快捷菜单中选择“解压到当前文件夹”命令，如图1-43所示。

步骤 04 解压完成后，进入解压后的文件夹，双击run_nvidia_gpu.bat程序，如图1-44所示，直接启动Batch（批处理）文件。

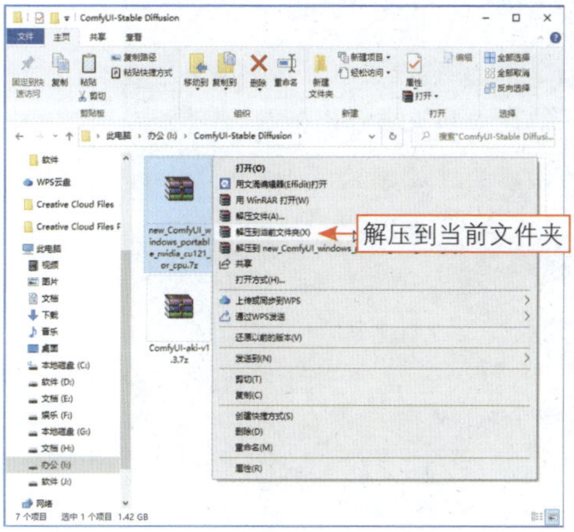

图 1-43　选择“解压到当前文件夹”命令

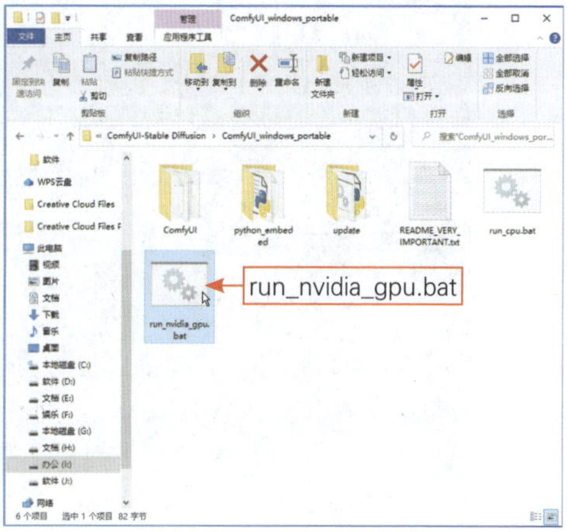

图 1-44　双击 run_nvidia_gpu.bat 程序

★ 专 家 提 醒 ★

Batch 文件是一种在磁盘操作系统（Disk Operation System，DOS）和 Windows 系统中使用的脚本文件，其扩展名通常为 .bat 或 .cmd。Batch 文件由一系列命令构成，可以自动连续执行多条命令，也可以包含对其他程序的调用。

步骤 05 执行操作后，打开命令提示符窗口，显示Stable Diffusion ComfyUI的启动日志，如图1-45所示。

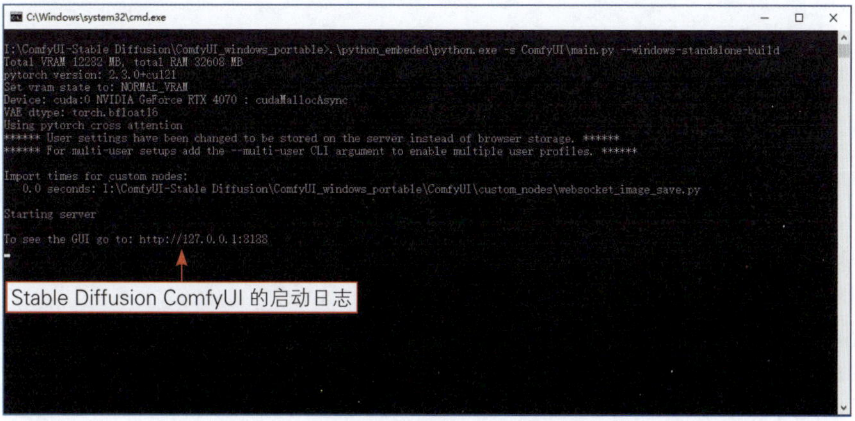

图 1-45　显示 Stable Diffusion ComfyUI 的启动日志

步骤 06 稍等片刻，即可在浏览器窗口中打开Stable Diffusion的ComfyUI操作界面，如图1-46所示。

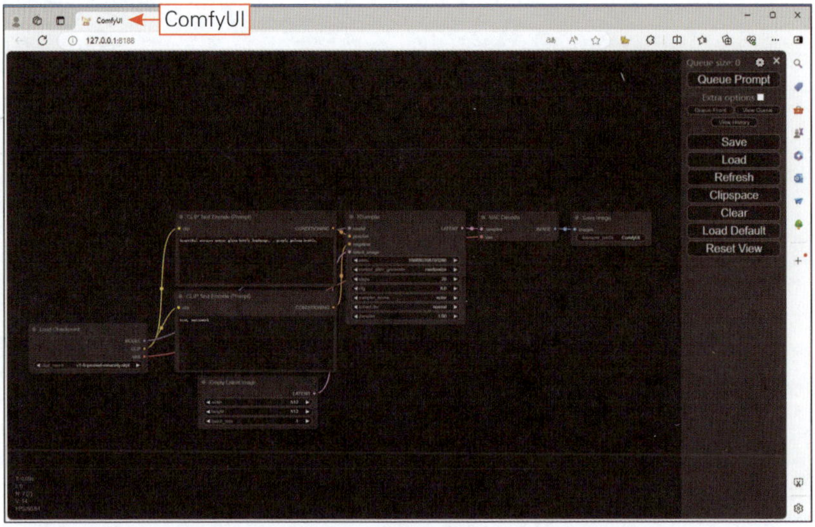

图 1-46　打开 Stable Diffusion 的 ComfyUI 操作界面

1.2.5　安装Stable Diffusion ComfyUI

扫码看视频

秋葉版Stable Diffusion ComfyUI（也称为秋葉整合包）中除了包含原版Stable Diffusion的内容，还预装了常用的模型、插件和绘世启动器，为用户提供了更加便捷的使用体验，下面介绍具体的安装方法。

步骤 01 下载ComfyUI秋葉整合包，文件名通常为ComfyUI-aki-v xxx.zip，xxx表示版本号等信息，如图1-47所示。

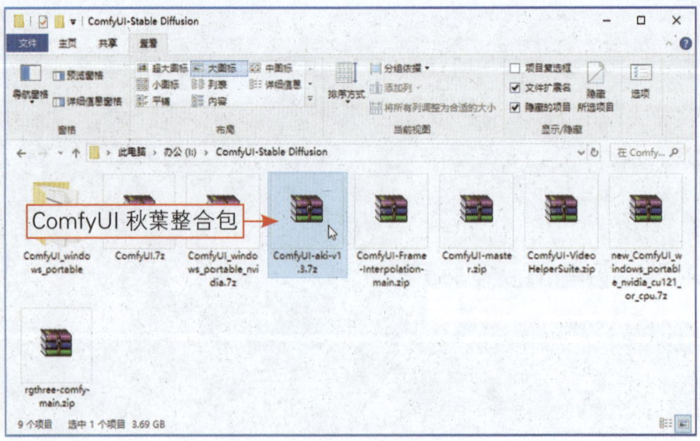

图 1-47　ComfyUI 秋葉整合包

步骤 02 将压缩文件解压到想要安装Stable Diffusion的目录下，解压完成后，只需双击运行解压后的文件夹中的“A绘世启动器.exe”程序，如图1-48所示。

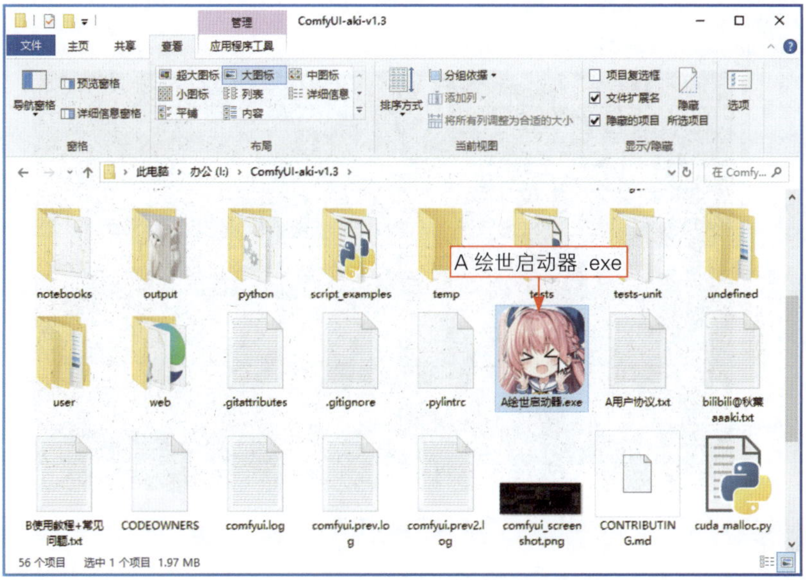

图 1-48　运行“A 绘世启动器 .exe”程序

步骤 03 执行操作后，即可打开绘世启动器，单击右下角的“一键启动”按钮，如图1-49所示。

图 1-49　单击“一键启动”按钮

步骤 04 执行操作后，自动跳转到控制台窗口，不必在意控制台窗口中的内容，保持其处于“运行中”的状态即可，如图1-50所示。

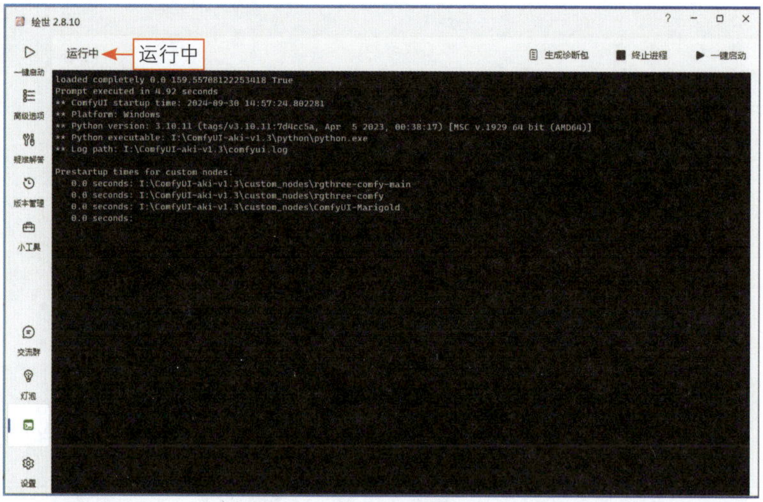

图 1-50　控制台窗口

★ 专家提醒 ★

控制台是一个命令行界面，用于执行各种任务和管理 Stable Diffusion 的运行。控制台提供了对 Stable Diffusion 底层操作的直接访问，允许用户通过输入命令来执行特定的功能，如启动模型、调整参数、查看日志等。

步骤 05 稍等片刻，将会出现一个浏览器窗口，同时会自动打开Stable Diffusion的ComfyUI操作界面，如图1-51所示。

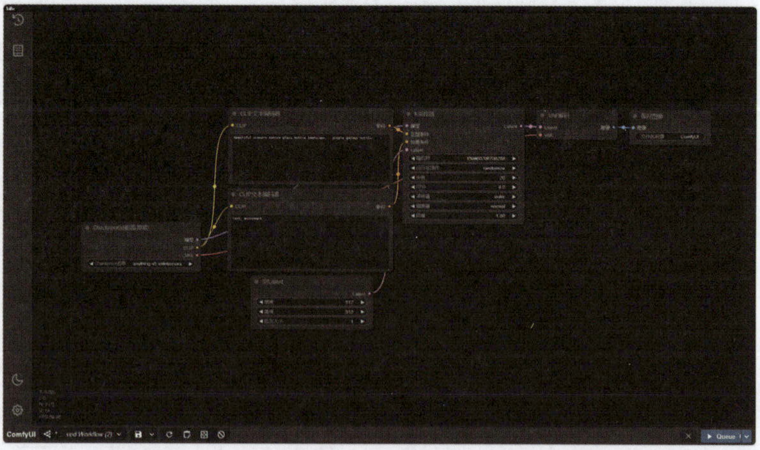

图 1-51　自动打开 Stable Diffusion 的 ComfyUI 操作界面

★专家提醒★

在绘世启动器控制台左侧的导航栏中，单击“版本管理”按钮进入其界面，在此可以查看和切换 ComfyUI 的版本，如图 1-52 所示。

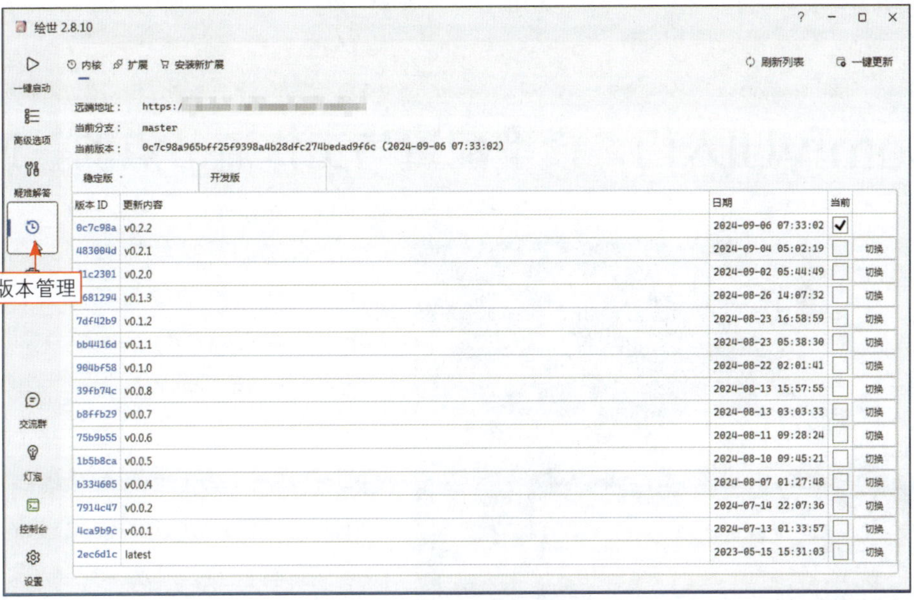

图 1-52　“版本管理”界面

ComfyUI 的版本包括稳定版和开发版。稳定版通常经过广泛的测试和验证，具有较高的稳定性和可靠性，适合大多数用户使用；而开发版则包含最新的功能和改进，但可能存在一定的不稳定性和风险，适合那些希望尝试新功能并愿意承担一定风险的用户，如图 1-53 所示。

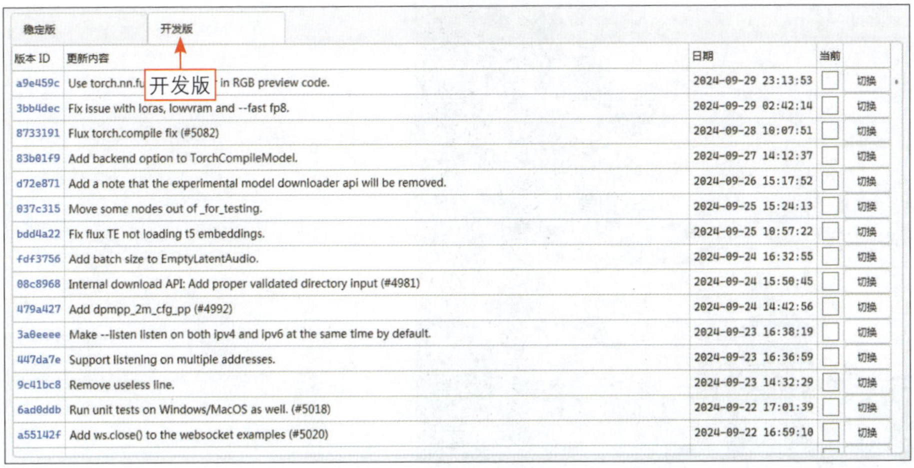

图 1-53　ComfyUI 开发版

第2章

ComfyUI入门：模型配置与工作流节点的管理

正确的模型配置如同为艺术创作准备优质的颜料和画笔，能让人们在ComfyUI的画布上创作出更加绚丽多彩的效果；而高效的工作流节点管理则像是精心编排的舞蹈节奏，使各个步骤有序衔接，让ComfyUI的创作过程流畅而富有创意。本章将围绕这两个核心关键点，深入探讨如何在ComfyUI中进行模型配置，以及如何高效地管理工作流节点。

2.1 了解ComfyUI界面和基本操作

WebUI具有整合好的可视化界面，可以直观地对各个参数进行设置，使用方便；而ComfyUI是基于节点的操作流程，所有操作基于不同的节点展开，没有固定的整合使用界面，相对来说没有那么直观。本节主要介绍ComfyUI的界面和基本操作，帮助零基础用户熟悉软件的基本使用方法。

2.1.1 ComfyUI界面的汉化处理

扫码看视频

如果用户安装的是原版ComfyUI，则默认为英文界面。此时，用户可以安装汉化插件，随后便能在设置中切换中文和英文界面，具体操作方法如下。

步骤 01 进入ComfyUI-Manager的Git仓库页面，单击Code（代码）按钮，在弹出的Clone（克隆）面板中，单击Download ZIP（下载压缩包）按钮，如图2-1所示。

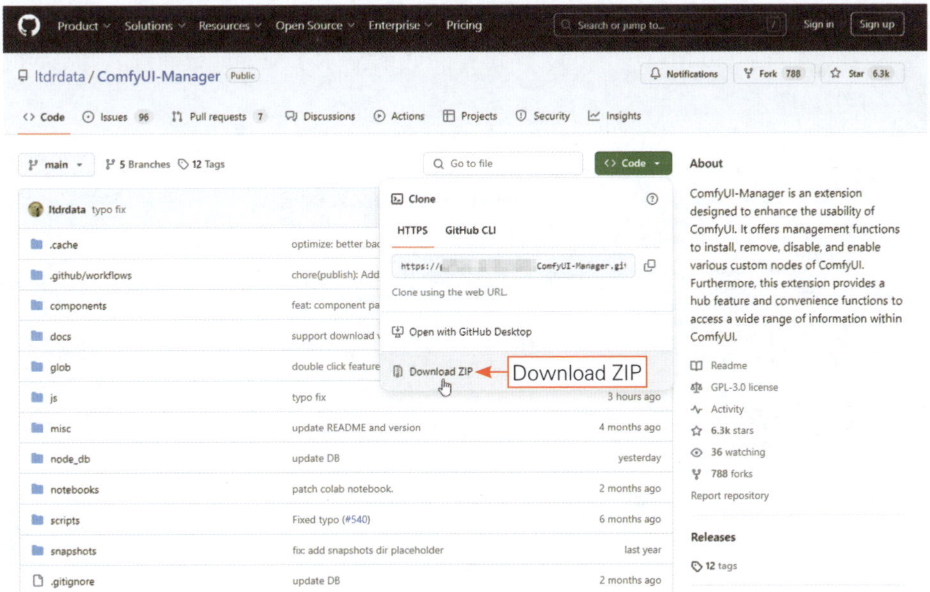

图 2-1 单击 Download ZIP 按钮

★ 专 家 提 醒 ★

Manager 插件是一个强大的扩展工具，旨在增强 ComfyUI 的可用性和功能性，它提供了对 ComfyUI 各种自定义节点的安装、删除、禁用、启用等管理功能，使用户能够轻松管理和优化自己的工作流。

步骤02 下载ComfyUI-Manager的压缩包后，将其解压到ComfyUI安装目录下的ComfyUI\custom_nodes文件夹中，如图2-2所示。

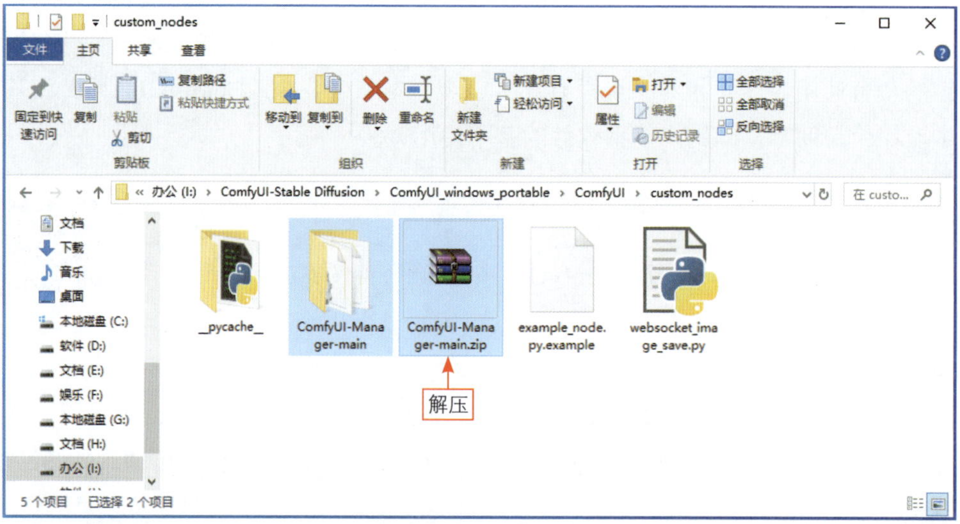

图 2-2　解压文件

步骤03 重启ComfyUI，可以看到界面底部显示了Manager插件，单击该按钮，如图2-3所示。

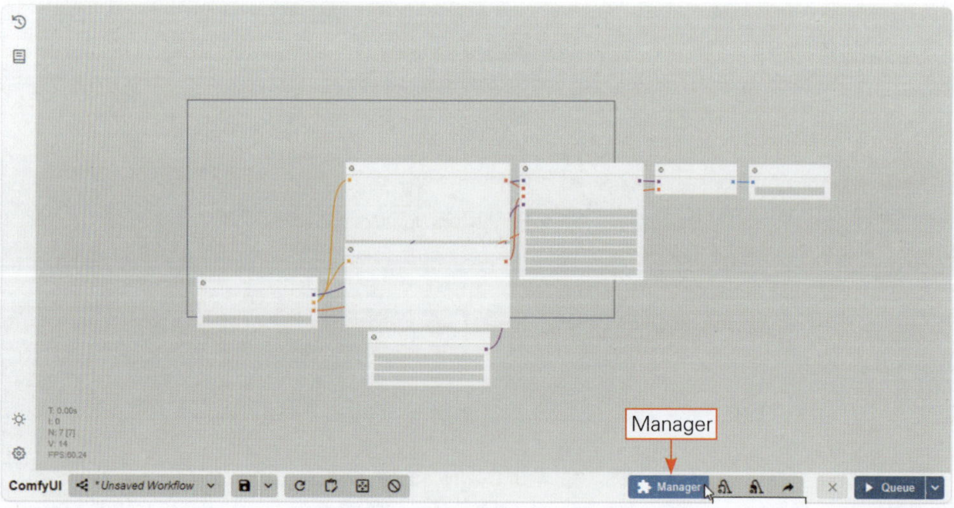

图 2-3　单击 Manager 按钮

步骤04 执行操作后，弹出ComfyUI Manager Menu（ComfyUI管理器菜单）对话框，单击Custom Nodes Manager（自定义节点管理器）按钮，如图2-4所示。

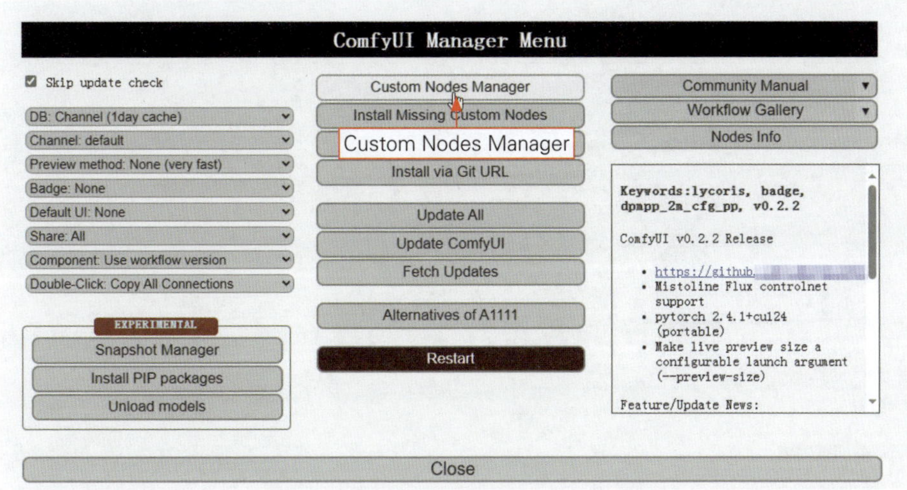

图 2-4　单击 Custom Nodes Manager 按钮

步骤 05 执行操作后，弹出相应的对话框，在上方的搜索框中输入translation（一款ComfyUI的汉化插件），显示对应的搜索结果，单击相应插件栏中的Install按钮，如图2-5所示。

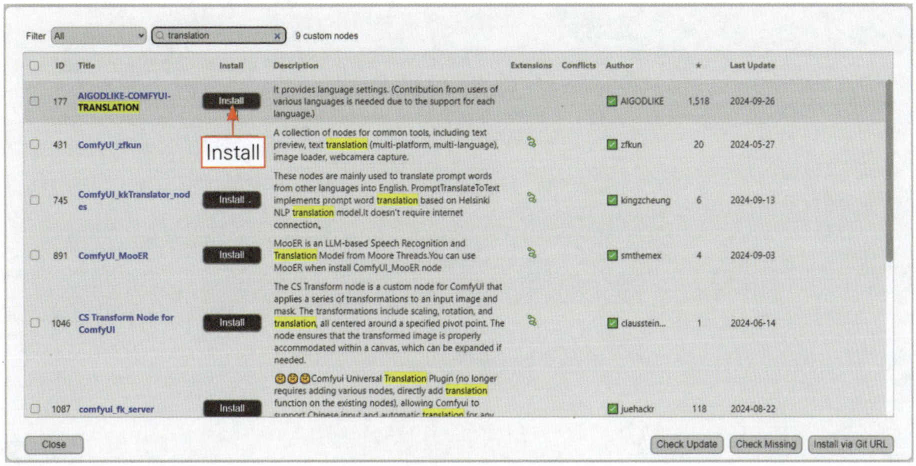

图 2-5　单击 Install 按钮

步骤 06 执行操作后，即可自动安装汉化插件。插件安装完成后，单击对话框左下角的Restart（重启）按钮，如图2-6所示。

步骤 07 在弹出的信息提示框中单击“确定”按钮，即可重启ComfyUI，并自动配置前面安装的汉化插件。重启ComfyUI后，可以看到界面中的菜单、侧面板和节点名称等都变成了中文，说明ComfyUI汉化成功，如图2-7所示。

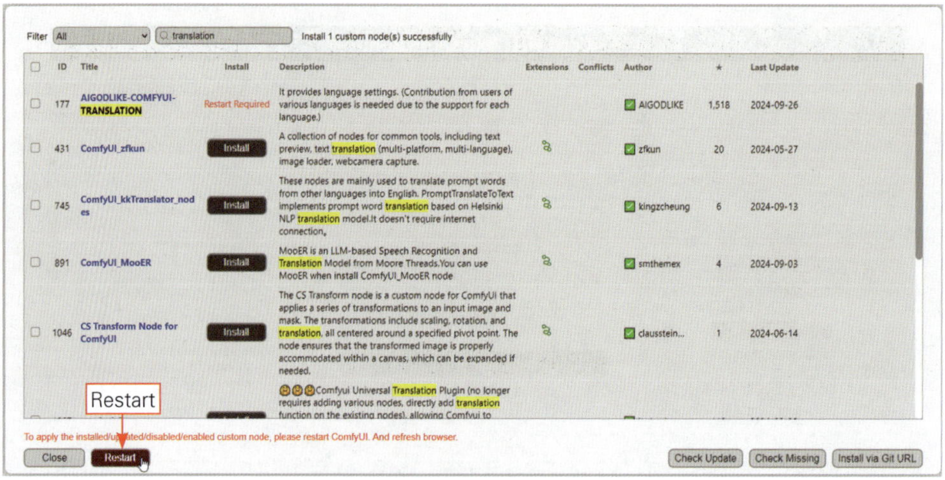

图 2-6　单击 Restart 按钮

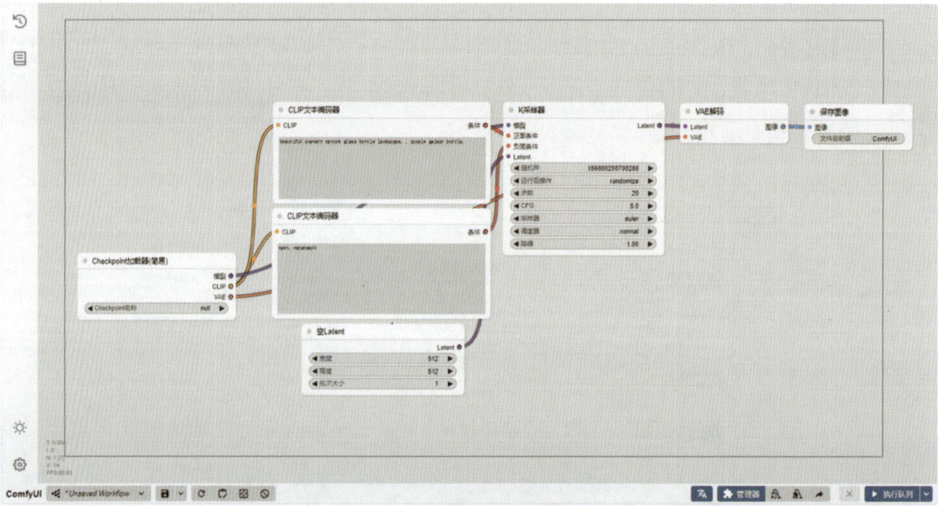

图 2-7　ComfyUI 汉化成功

2.1.2　认识ComfyUI界面与节点操作

扫码看视频

ComfyUI的默认界面为暗黑风格，用户可以通过“设置”对话框，修改界面的颜色和风格。下面介绍修改ComfyUI界面颜色与节点的基本操作方法。

步骤 01 在ComfyUI界面左下角单击“设置”按钮⚙，如图2-8所示。

步骤 02 执行操作后，弹出“设置”对话框，在Comfy（舒适的）选项卡的“颜色主题”下拉列表框中，选择“明亮”选项，如图2-9所示。

图 2-8　单击“设置”按钮

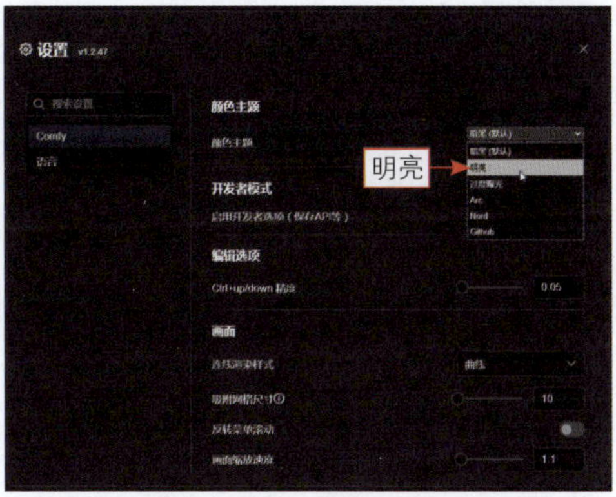

图 2-9　选择“明亮”选项

★ 专 家 提 醒 ★

ComfyUI 这个名字或许蕴含着其独特的设计理念和目标。Comfy 一词有“舒适的、惬意的”之意，意味着该软件致力于为用户提供一种舒适、便捷的操作体验。ComfyUI 的作者希望用户在使用过程中，无论是进行模型配置还是管理工作流节点等，都能感受到轻松和顺畅，如同处于一个舒适的创作环境中。

步骤 03 执行操作后，关闭“设置”对话框，即可将ComfyUI的界面颜色调整为明亮的风格，如图2-10所示。

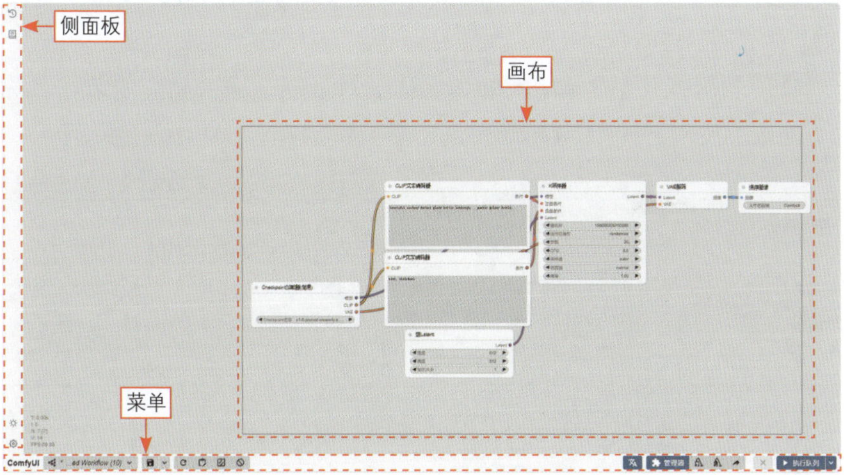

图 2-10　将 ComfyUI 的界面颜色调整为明亮的风格

★ 专 家 提 醒 ★

ComfyUI 的工作界面非常简洁，主要分为画布、侧面板和菜单 3 个区域。画布上的圆角矩形框是节点，每个节点包含输入和输出，将节点的输出与另一个节点的输入用线连接可形成工作流。菜单和侧面板将在 2.1.3 一节介绍，这里不赘述。

步骤 04 在画布空白处按住鼠标左键并拖曳可移动画布，按住空格键移动鼠标有同样的效果，滚动鼠标滚轮可缩放画布，如图2-11所示。

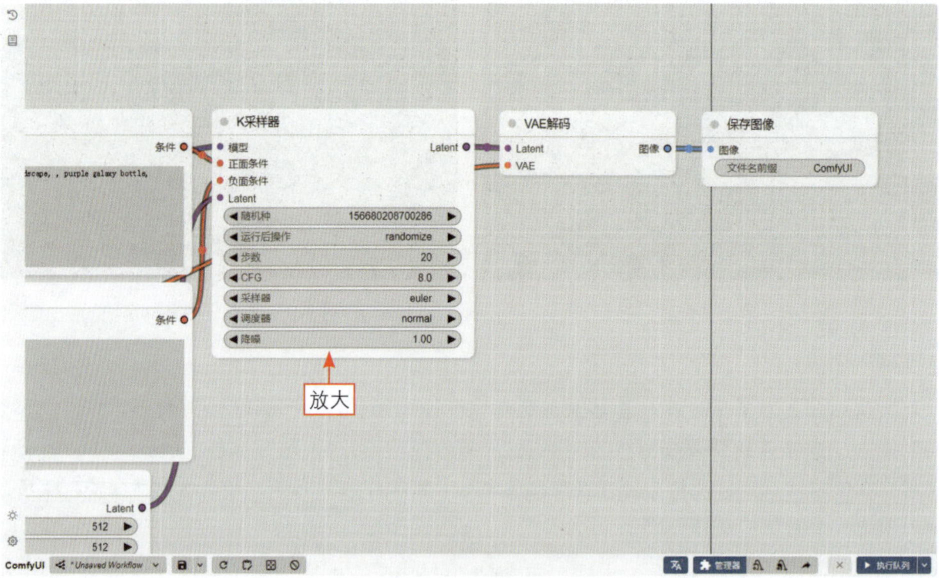

图 2-11　移动和放大画布

步骤 05 选择相应的节点，单击鼠标右键，在弹出的快捷菜单中选择“标题”命令，如图2-12所示。

步骤 06 执行操作后，弹出title（名称）对话框，输入相应的节点名称，单击OK（确认）按钮，如图2-13所示。

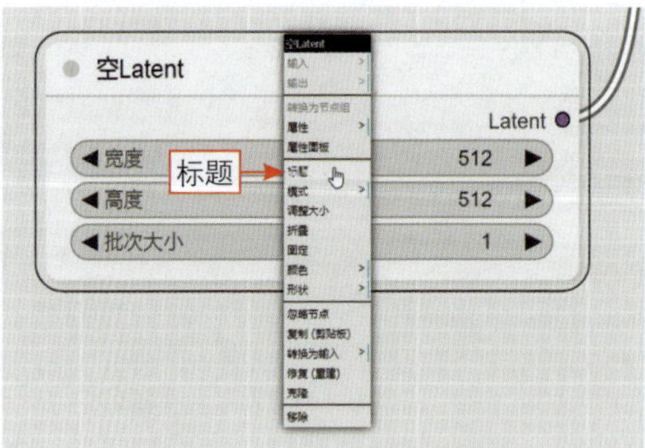

图 2-12　选择“标题”命令

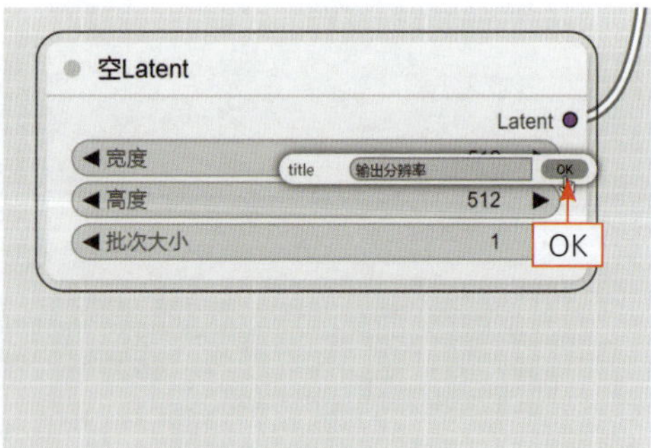

图 2-13　单击 OK 按钮

步骤 07 执行操作后，即可修改节点的标题，如图2-14所示。

步骤 08 再次在节点上单击鼠标右键，在弹出的快捷菜单中选择“颜色”命令，在子菜单中选择相应的颜色，如“淡蓝”，如图2-15所示。

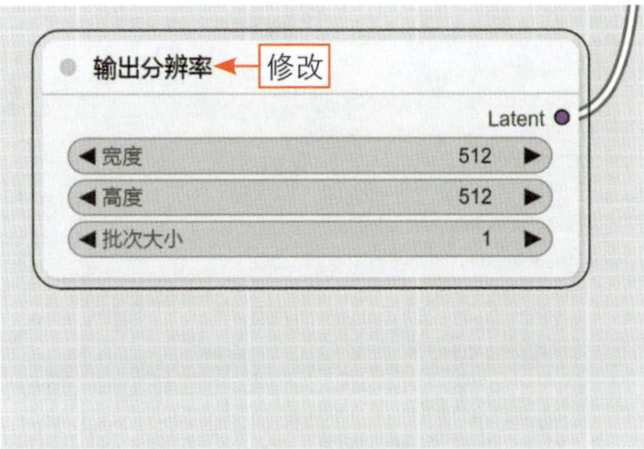

图 2-14　修改节点的标题

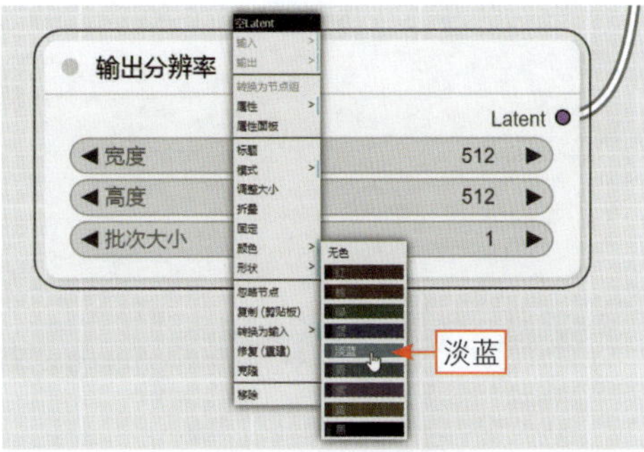

图 2-15　选择相应的颜色

步骤 09 执行操作后，即可修改节点的颜色，如图2-16所示，以便用颜色和标题区分不同用途的节点。

步骤 10 将鼠标指针移至节点的4个角上，当鼠标指针呈↘形状时，按住鼠标左键并拖曳，可以调整节点的大小，如向右下角拖曳，可以调大节点，如图2-17所示。

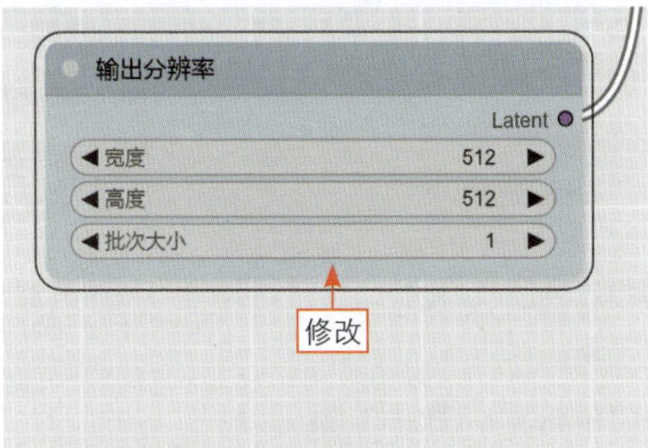

图 2-16　修改节点的颜色

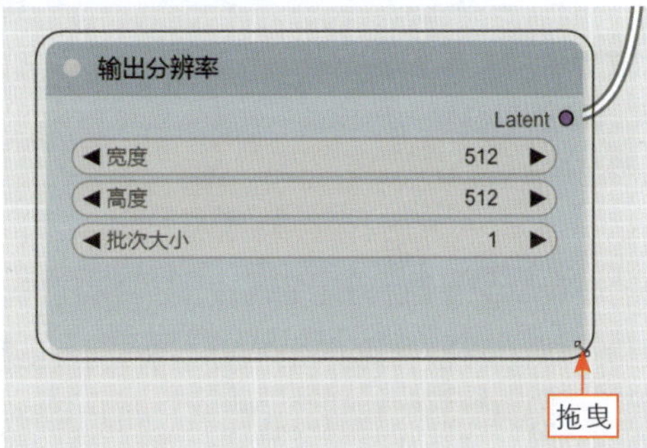

图 2-17　调大节点

步骤 11 按住【Ctrl】键的同时单击多个节点，可以同时选中这些节点，如图2-18所示。

步骤 12 在选中的相应节点上单击鼠标右键，在弹出的快捷菜单中选择“将选中节点对齐到”|“上”命令，如图2-19所示。

步骤 13 执行操作后，即可将所选节点的顶部边缘对齐到同一水平线上，如图2-20所示。

步骤 14 在画布的空白处单击鼠标右键，在弹出的快捷菜单中选择“新建框”命令，如图2-21所示。

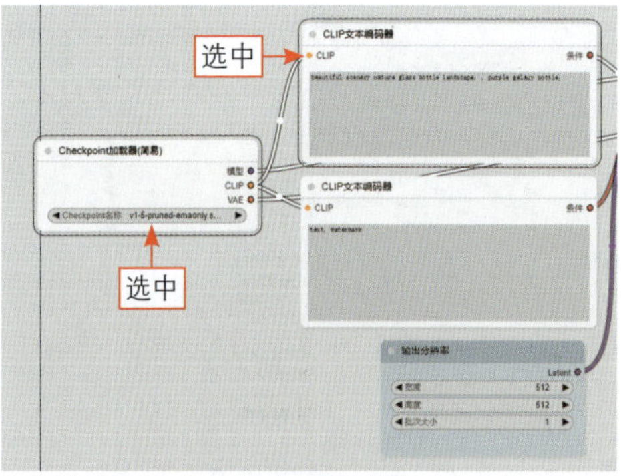

图 2-18　同时选中多个节点

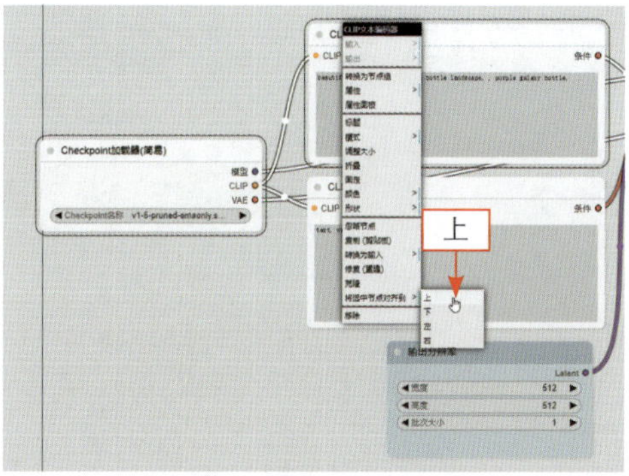

图 2-19　选择“上”选项

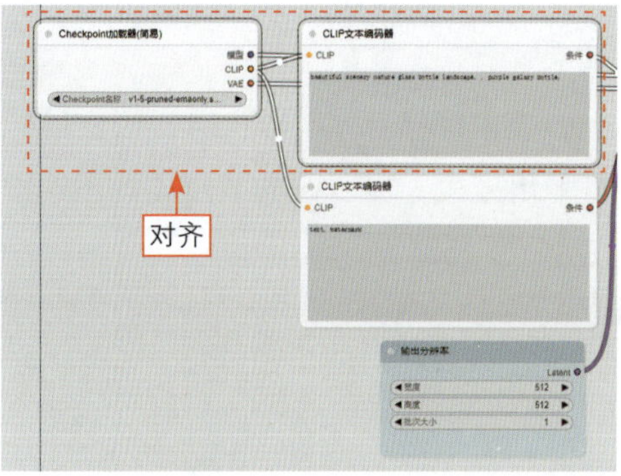

图 2-20　对齐多个节点

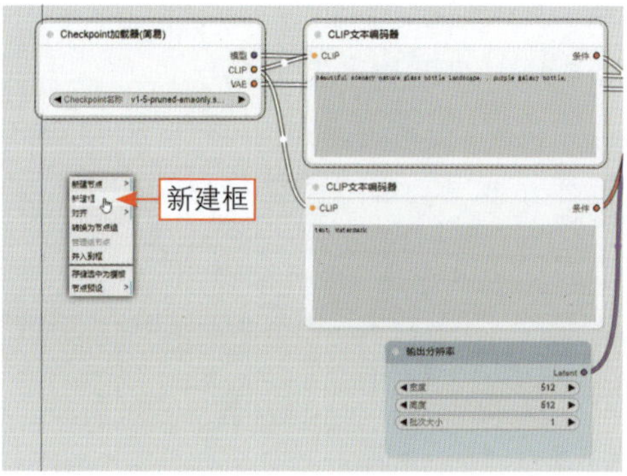

图 2-21　选择“新建框”命令

步骤 15 执行操作后，即可创建一个分组，按住矩形框右下角的◢图标并拖曳，即可调整分组框的大小，如图2-22所示。

步骤 16 双击Group文字，可以修改分组的标题，如图2-23所示。

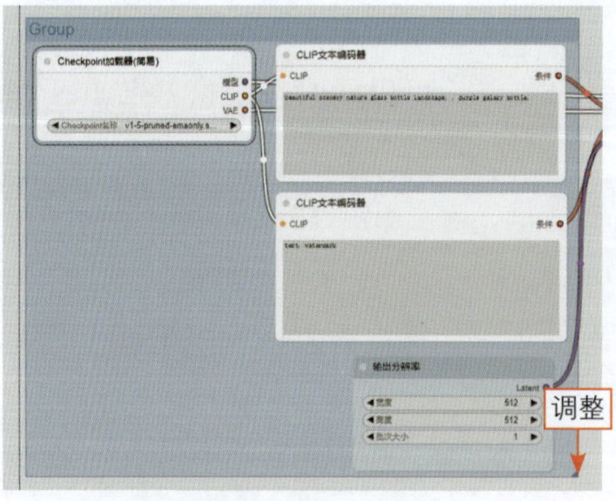

图 2-22　调整分组框的大小

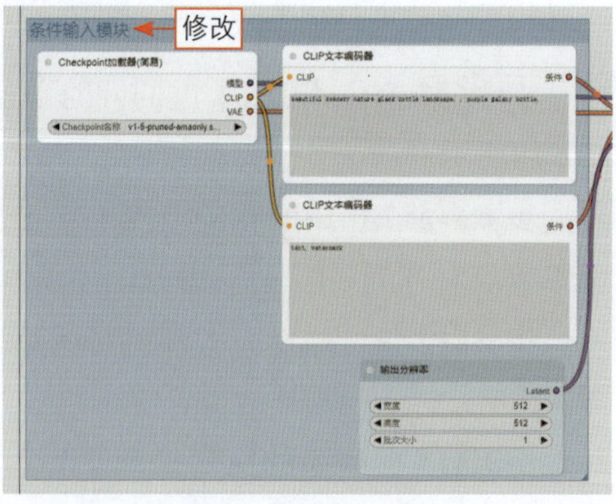

图 2-23　修改分组的标题

步骤 17 在分组框中的空白位置单击鼠标右键，在弹出的快捷菜单中选择

“编辑框”|“颜色”命令，在子菜单中选择相应的颜色，如“紫”，即可修改分组框的颜色，如图2-24所示。

步骤 18 用鼠标框选多个节点后，按住【Shift】键的同时并拖曳，可同时移动所选的多个节点，如图2-25所示。

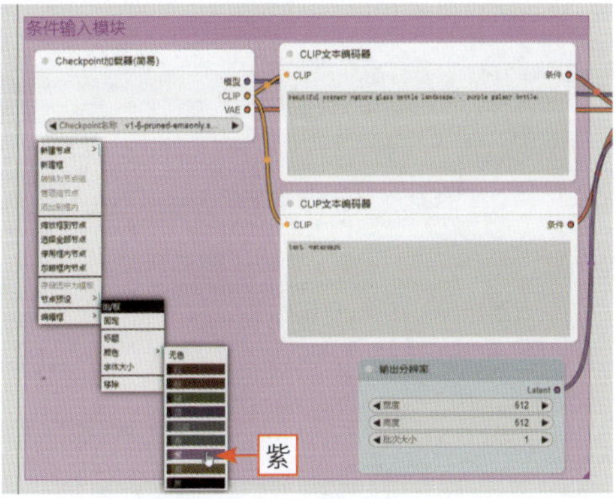

图 2-24　修改分组框的颜色

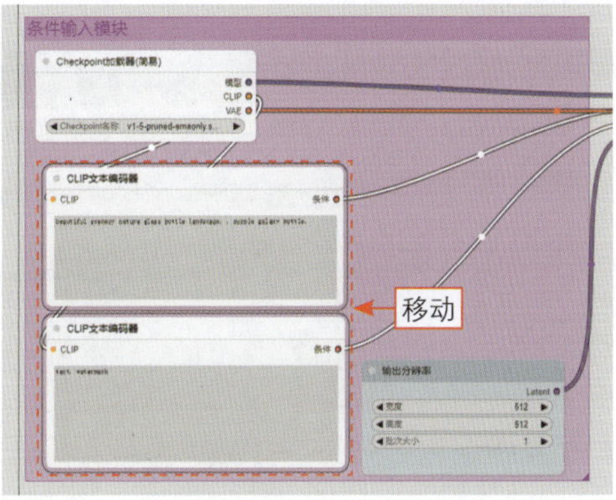

图 2-25　同时移动所选的多个节点

2.1.3　ComfyUI的菜单与侧面板操作

扫码看视频

通过使用ComfyUI的菜单与侧面板等功能模块，用户可以非常方便地实现界面导航和设置的优化，提升用户体验和操作的便捷性，具体操作方法如下。

步骤 01 在ComfyUI中调出“设置”对话框，在“侧面板”选项区中，可以设置侧面板的尺寸和位置，如图2-26所示。

步骤 02 在“菜单”选项区中，可以设置“BETA使用新版菜单”等选项，如图2-27所示。

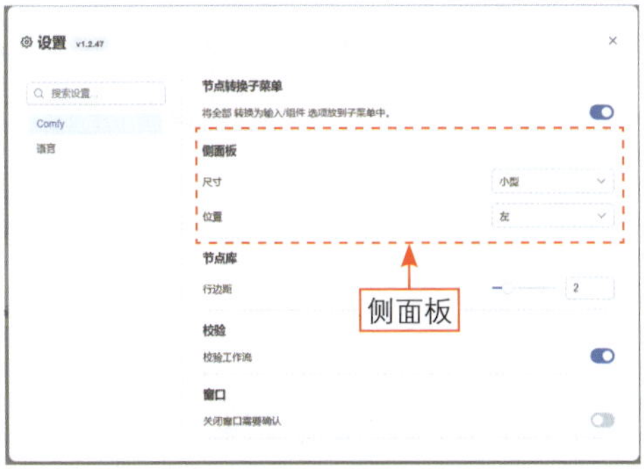

图 2-26　“侧面板”选项区

图 2-27　“菜单”选项区

★ 专家提醒 ★

在“BETA 使用新版菜单”下拉列表框中选择 Disabled（禁用）选项，可以切换为旧版的 ComfyUI 功能界面，如图 2-28 所示。旧版 ComfyUI 界面中除了工作流，还有一个浮动面板，包含一系列功能选项和设置菜单，为用户提供了一个便捷的方式来访问和控制 ComfyUI 中的各种功能。

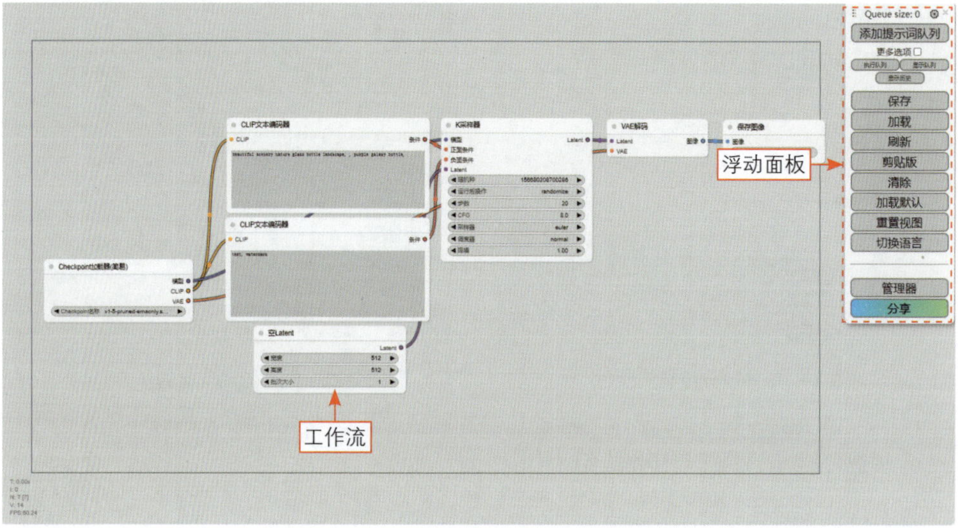

图 2-28　旧版的 ComfyUI 功能界面

步骤 03 关闭“设置”对话框，在ComfyUI的菜单中，最右侧为“执行队列”选项，展开该选项的功能面板后，可以设置“自动执行”和Batch count（批量计数）等选项，如图2-29所示。

步骤 04 菜单左侧则有刷新、剪贴板、重设视角和清空画布等功能按钮，如图2-30所示。

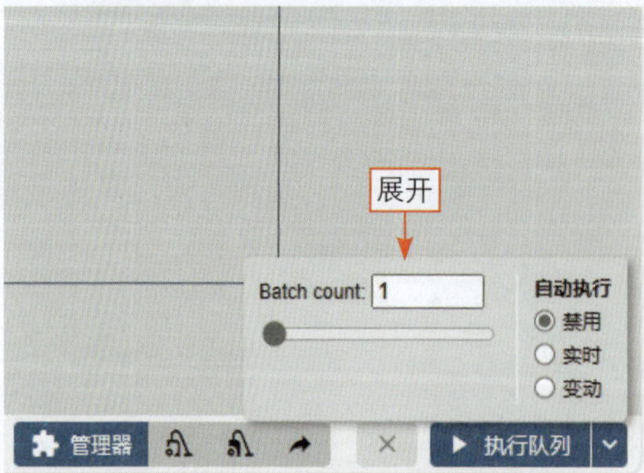

图 2-29　菜单右侧的功能

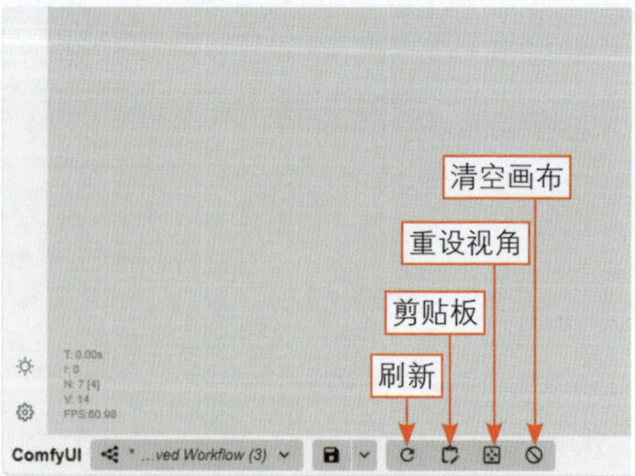

图 2-30　菜单左侧的功能

★ 专家提醒 ★

ComfyUI 的“自动执行（Auto Queue）”功能为用户提供了多种操作模式，以满足不同场景下的需求：当用户选择禁用“自动执行”功能时，系统将停止自动排队处理任务；“实时”模式是一种即时处理模式，开启此模式后，ComfyUI 将立即对任何新添加或修改的任务进行处理，而无须等待；“变动”模式是一种基于任务变化的自动处理模式，当用户在 ComfyUI 中修改或更新任务时，系统将自动检测这些变化，并将相关任务添加到处理队列中。

ComfyUI 的菜单左侧包含一系列实用功能，具体介绍如下。

（1）刷新：此功能用于刷新节点中的小部件，旨在帮助用户查找并加载新的模型或文件，确保工作区内的内容始终保持最新状态。

（2）剪贴板：单击此按钮，用户可以轻松地打开剪贴板窗口。在这个窗口中，用户可以查看、管理和复制、粘贴之前复制或剪切的内容，极大地提高了工作效率。

（3）重设视角：若用户希望恢复画布视图的初始状态，只需单击该按钮，即可迅速将画布视角重置为默认设置，方便用户重新定位或者快速开始新的设计工作。

（4）清空画布：单击此按钮，即可快速清除当前画布中的所有工作流节点，为用户提供一个干净、全新的工作空间，便于开始新的任务。

步骤 05 在ComfyUI菜单左侧，单击“保存”按钮右侧的展开按钮，在弹出的列表中可以选择工作流的保存方式，如图2-31所示。

步骤 06 在列表中选择“导出”选项，可以将当前工作流保存为一个格式的.json格式的文件，再通过浏览器下载到本地文件夹中（默认名称为workflow.json），如图2-32所示。

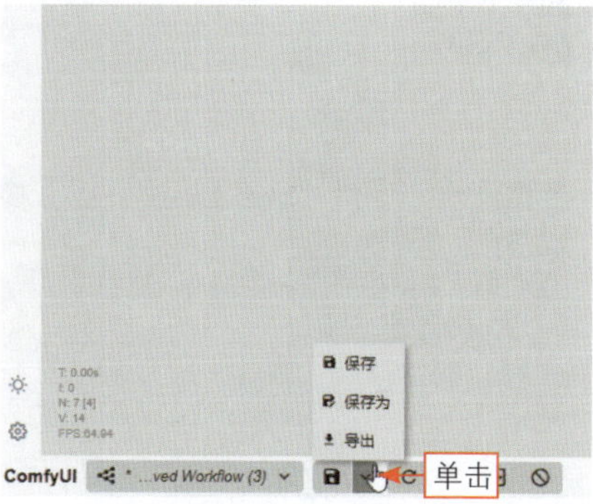

图 2-31　单击展开按钮

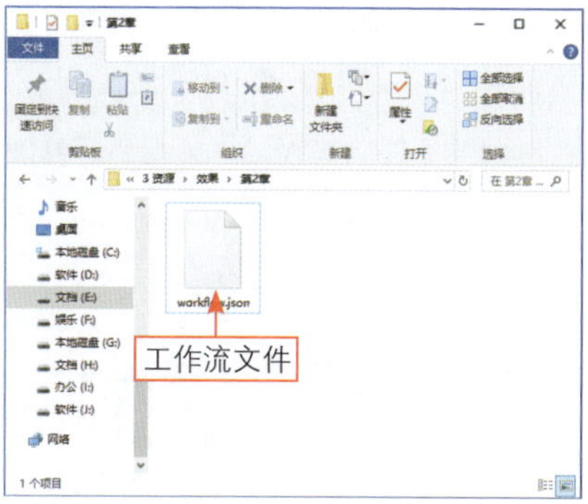

图 2-32　导出工作流文件

★ 专家提醒 ★

在列表框中选择“另存为”选项，可以创建一个当前工作流的副本，并保存为 JSON 格式的文件。JSON（JavaScript Object Notation），JavaScript 对象表示法，是一种轻量级的数据交换格式，它基于 ECMAScript（欧洲计算机协会制定的 JS 规范）的一个子集，采用完全独立于语言的文本格式来存储和表示数据。简单来说，JSON 是一种易于人类阅读和编写，同时也易于机器解析和生成的格式。

步骤07 在列表中选择“保存”选项，在弹出的对话框中输入相应的工作流名称，如图2-33所示。

步骤08 单击“确定”按钮，即可给当前工作流设置名称，展开工作流菜单后即可看到保存的工作流，如图2-34所示。

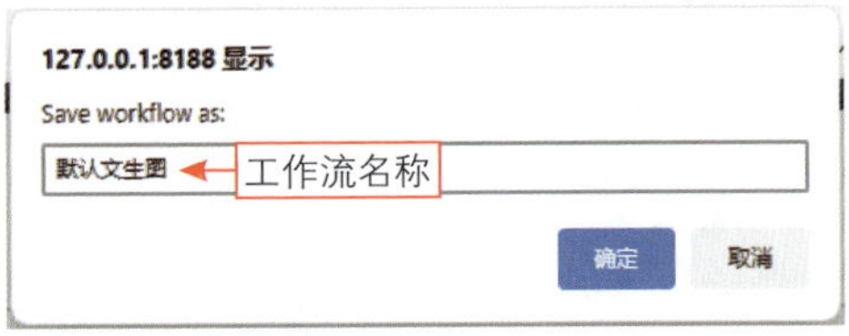

图 2-33　输入相应的工作流名称

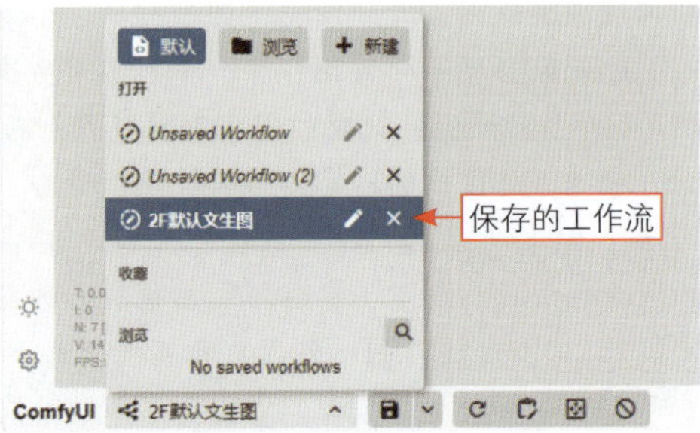

图 2-34　查看保存的工作流

步骤09 在ComfyUI的侧面板上方，单击“队列”按钮，如图2-35所示。

步骤10 执行操作后，即可展开“队列”面板，其中显示了ComfyUI生成的历史作品，以及生成每个作品所使用的时间，如图2-36所示。

图 2-35　单击“队列”按钮

图 2-36　展开“队列”面板

步骤11 在“队列”面板中，将鼠标指针移至作品预览图中间，单击眼睛图标，如图2-37所示。

步骤12 执行操作后，即可预览“队列”面板中所有作品的大图效果，如图2-38所示。

步骤13 在“队列”面板的顶部，单击“平铺结果”按钮，可以平铺显示历史作品，在相应作品的预览图上单击鼠标右键，在弹出的快捷菜单中选择“加载工作流”命令，即可快速加载生成该作品的对应工作流，如图2-39所示。

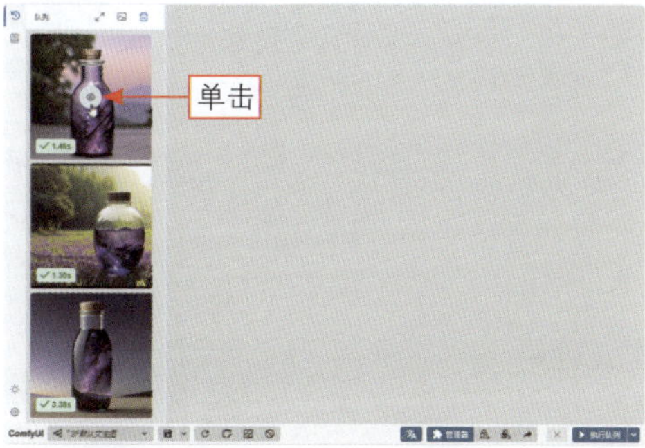

图 2-37　单击眼睛图标

图 2-38　预览大图效果

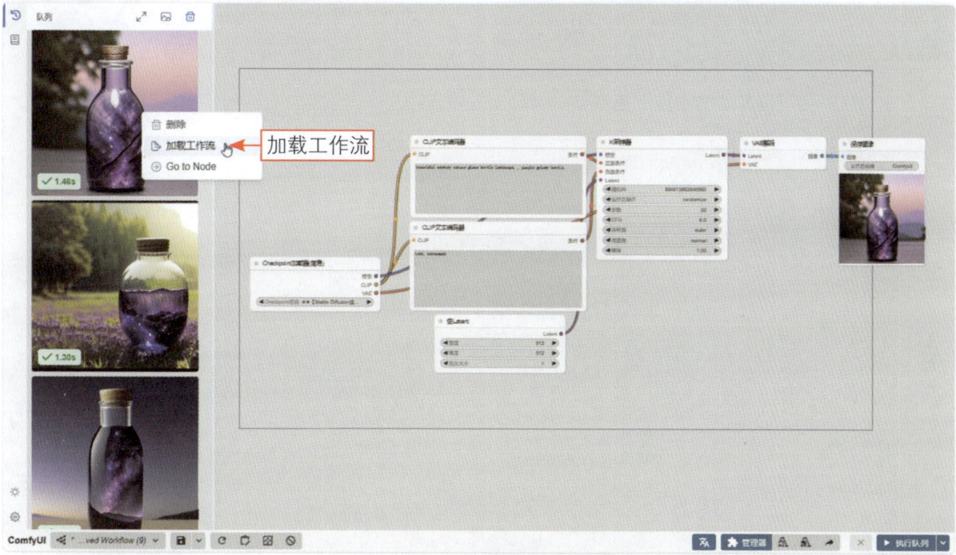

图 2-39　快速加载作品的对应工作流

步骤 14 在侧面板中单击“节点库”按钮☰，即可展开“节点库”面板，在其中可以查看已安装的所有节点，如图2-40所示。

步骤 15 在“节点库”面板中选择相应的节点后，按住鼠标左键不放，将其拖曳至画布中，如图2-41所示。

步骤 16 执行操作后，即可快速创建一个节点，如图2-42所示。

步骤 17 单击相应节点右侧的“收藏”按钮🔖，即可将该节点收藏起来，并显示在“节点库”面板的顶部，如图2-43所示。

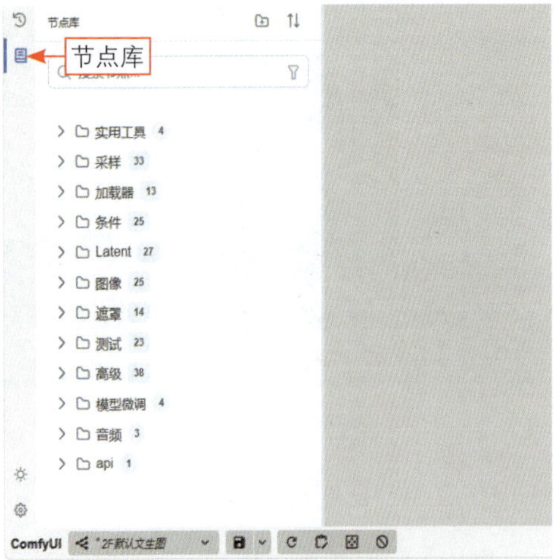

图 2-40　展开“节点库”面板

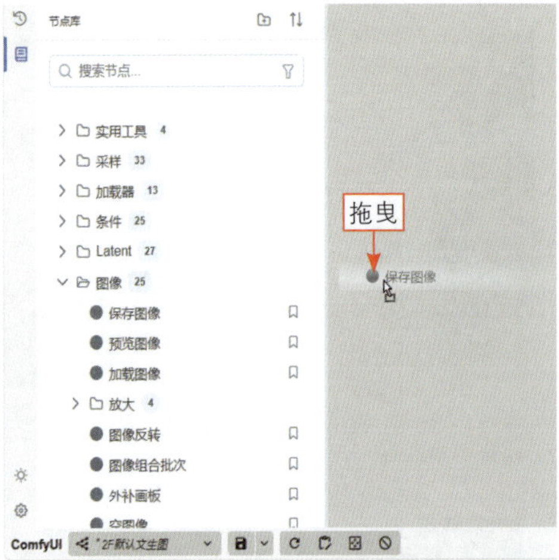

图 2-41　拖曳相应的节点

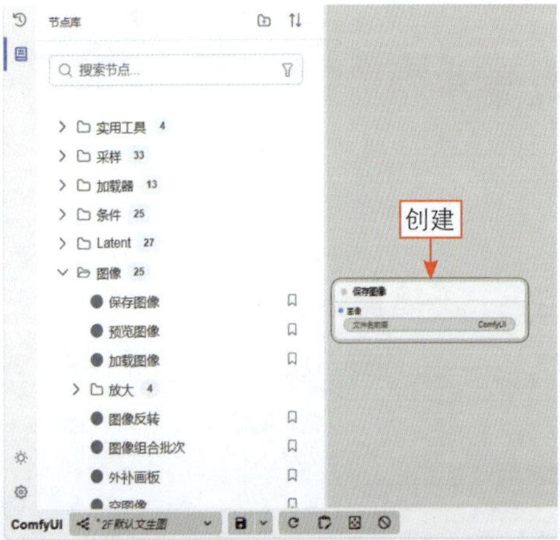

图 2-42　快速创建一个节点

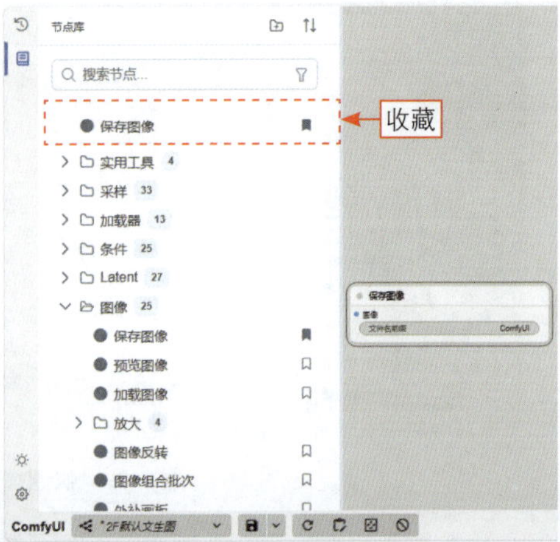

图 2-43　收藏相应的节点

步骤 18 在“节点库”面板的顶部单击“新建文件夹”按钮，输入相应的文件夹名称，如图2-44所示。

步骤 19 执行操作后，可以创建一个节点文件夹，将需要收藏的节点拖曳到该文件夹中，即可快速收藏节点，如图2-45所示。

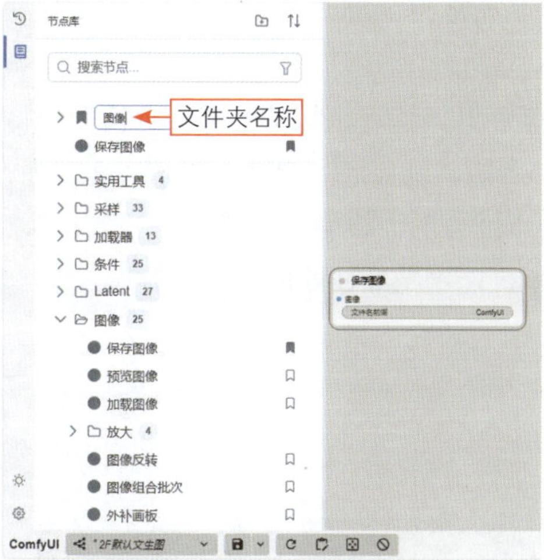

图 2-44　输入相应的文件夹名称

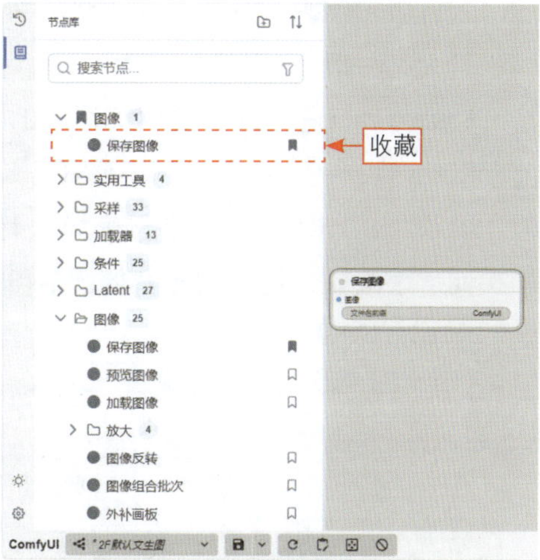

图 2-45　快速收藏相应的节点

2.2　认识 ComfyUI 的模型及配置方法

在探索创意与技术融合的边界时，ComfyUI无疑为人们提供了一个强大的工具，它通过独特的扩散模型、模块化设计及灵活的工作流，引领着AIGC领域的新潮流。了解ComfyUI的模型及其配置方法，是掌握这一工具的关键所在。

从Stable Diffusion的深度学习模型，到各种自定义节点的扩展，ComfyUI不仅让人们能够生成高质量的图像，还赋予了人们无限的创作可能。本节就来深入探索ComfyUI的模型与配置方法，开启创意之旅。

2.2.1　模型分类及用途

扫码看视频

模型是ComfyUI出图时非常依赖的一个东西，出图的质量与可控性跟模型有着直接关系。在Stable Diffusion中，目前共有以下4种模型。

1. Checkpoint

在ComfyUI中，Checkpoint（又称为Stable Diffusion模型、SD模型、大模型、主模型、底模）是指那些经过训练以生成高质量且具有多样性和创新性图像的深度学习模型，这些模型通常由大型训练数据集和复杂的神经网络结构组成，能够生成各种风格和类型的图像。注意，Checkpoint模型需要单独使用。

如果用户想要让Stable Diffusion画出更多风格的图像，则需要给它安装更多的Checkpoint模型。Checkpoint模型的扩展名通常为.safetensors或.ckpt，同时它的体积较大，一般在2GB ～10GB。

Checkpoint是通过特定训练形成的，能够保持特定领域特征的综合模型。目前，SD 1.5版本依然是主流，SDXL、SD 3等版本画质高、自然语言理解能力强，但生态不如SD 1.5版本丰富。市场上有众多细分的大模型，如动漫、写实摄影、二次元、手绘风、建筑物等，如图2-46所示，能更精准地匹配大家的需求。

图 2-46　众多细分的大模型

总之，Stable Diffusion生成的图像质量好不好，归根结底就是看使用的Checkpoint好不好，因此要选择合适的大模型去绘图。即使是完全相同的提示词，Checkpoint模型不一样，图像的风格差异也会很大，效果对比如图2-47所示。

图 2-47　不同画风的大模型生成的图像效果对比

★ 专家提醒 ★

Checkpoint的中文意思是“检查点”，之所以叫这个名字，是因为在模型训练到关键位置时，会将其存档，类似于人们在玩游戏时保存游戏进度，这样做可以方便后续的调用和回滚（撤销最近的更新或更改，回到之前的一个版本或状态）操作。Checkpoint在Stable Diffusion中起着至关重要的作用，结合大模型的绘画能力，人们可以使用它生成各种各样的图像。

2. LoRA模型

LoRA（又写为lora、Lora或LORA）的全称为Low-Rank Adaptation of Large Language Models，LoRA取的就是Low-Rank Adaptation这几个单词的开头，学名叫“大型语言模型的低阶适应”。LoRA模型可以对基础底模型进行微调，它是建立在基础底模型基础上的，不能单独使用。

在ComfyUI中，LoRA模型不是必需的，但作用非常明显，能针对特定元素进行微调，可让画面转换特定画风，让人物有特定服装或面孔等。例如，使用了LoRA模型后，生成的图像比单独使用大模型更具有落日摄影风格，效果对比如图2-48所示。

图 2-48 使用 LoRA 模型生成的图像效果对比

3. VAE模型

VAE模型是一种变分自编码器，它通过学习潜在表征来重建输入数据。在ComfyUI中，VAE模型主要用于将图像编码为潜在向量，并从该向量解码图像，以进行图像修复或微调，可以当作滤镜使用，对画面效果的提升比较直观，效果对比如图2-49所示。

图 2-49　使用 VAE 模型生成的图像效果对比

★ 专家提醒 ★

作为 Checkpoint 模型的一部分，VAE 模型并不像前面介绍的那几种模型那样可以很好地控制图像内容，它主要是对大模型生成的图像进行修复。

4. Embedding模型

Embedding又称为嵌入式向量，它是一种将高维对象映射到低维空间的技术。从形式上来说，Embedding是一种将对象表示为低维稠密向量的方法。在Stable Diffusion模型中，文本编码器的作用是将提示词转换为电脑可以识别的文本向量，而Embedding模型的原理则是通过训练将包含特定风格特征的信息映射在其中。

相比之下，Checkpoint就像一本厚厚的字典，里面收录了图片中大量元素的特征信息；而Embedding则像一张便利贴，其本身并没有存储很多信息，而是将所需的元素信息提取出来进行标注。

Embedding是文本嵌入模型，常应用于提示词中，通常在反向提示词中使用，主要用于提升画质或规避一些糟糕的情况（如多手多脚），效果对比如图2-50

所示。注意，常见的反向嵌入模型可单独使用，也可组合使用。

图 2-50　使用 Embedding 模型生成的图像效果对比

2.2.2　下载与安装模型

用户可以去Hugging Face、Civitai、LiblibAI等模型网站下载更多的模型。下面介绍下载与安装模型的操作方法。

扫码看视频

★ 专 家 提 醒 ★

Hugging Face 是一个开源的机器学习平台及社区，专注于自然语言处理（Natural Language Processing，NLP）和人工智能。Hugging Face 提供了丰富的预训练模型和数据集，以及强大的工具集，可以帮助用户构建、部署和训练各种机器学习模型。

步骤 01 ComfyUI虽然内置了PyTorch和Stable Diffusion运行环境，但它本身不包含模型文件，因此用户需要将所需的模型文件手动放置到ComfyUI指定的目录中。以stable-diffusion-v1-5（即SD 1.5版本）模型为例，进入其下载页面，选择相应的模型版本，单击“下载”按钮，如图2-51所示。

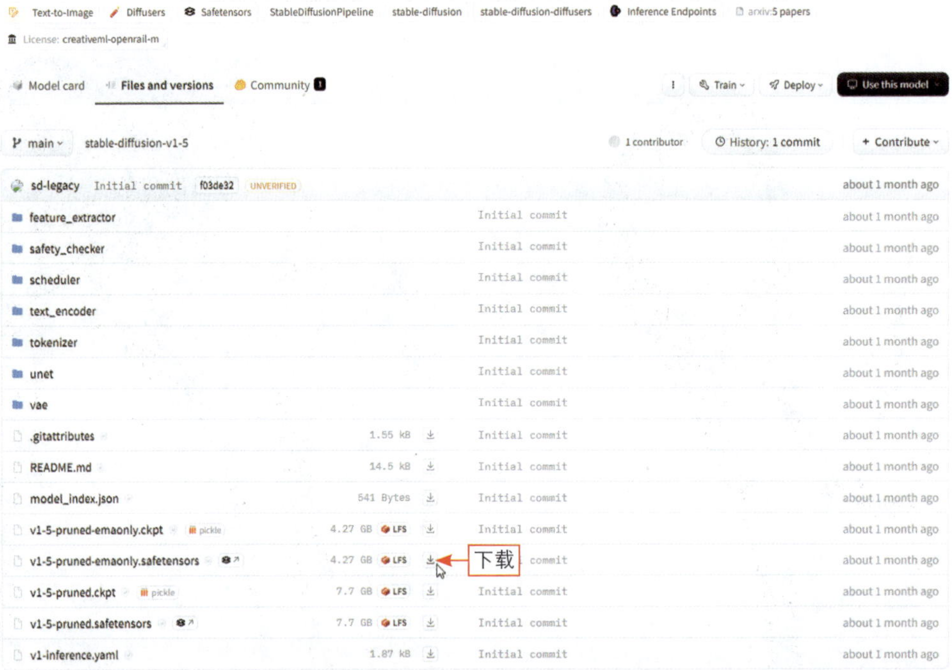

图 2-51　单击下载按钮

步骤 02 执行操作后，即可下载模型文件，将其放入ComfyUI安装目录下的ComfyUI\models\checkpoints文件夹中，即可完成大模型的安装，如图2-52所示。

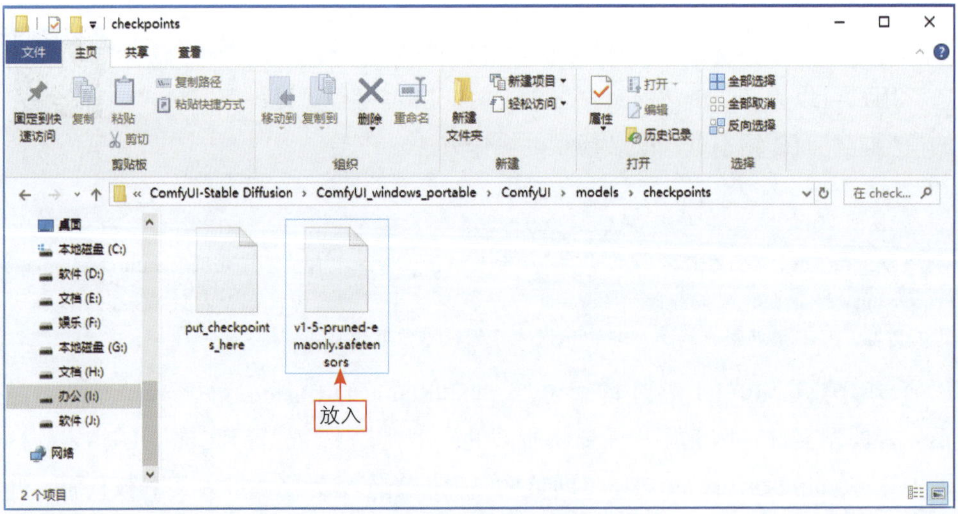

图 2-52　安装大模型

★ 专家提醒 ★

对于其他模型，在 ComfyUI 的安装目录中有专门存放各种模型的文件夹（ComfyUI\models），用户只需把下载好的模型放到对应的文件夹即可，如图 2-53 所示。

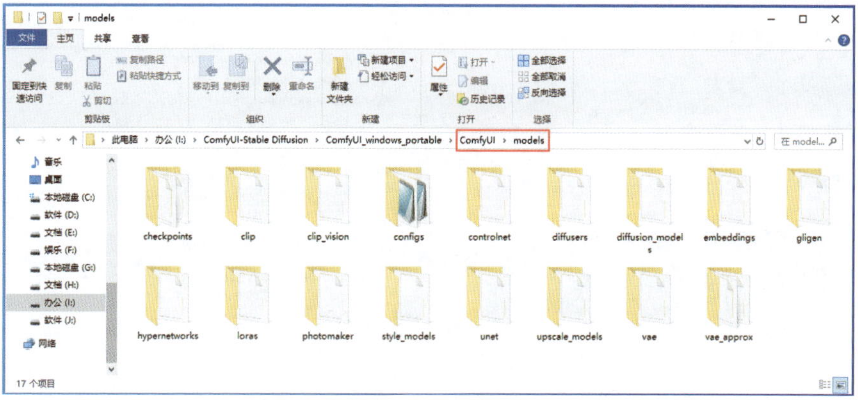

图 2-53　存放各种模型的文件夹

2.2.3　共享WebUI模型

扫码看视频

如果用户的电脑中同时安装了Stable Diffusion WebUI和ComfyUI两个GUI，可以共享模型文件，从而无须为每个GUI单独配置独立的模型文件夹，避免磁盘空间迅速耗尽。下面介绍共享WebUI模型的操作方法。

步骤 01 进入ComfyUI的安装目录，双击ComfyUI文件夹图标，如图2-54所示。

步骤 02 进入ComfyUI文件夹，选择extra_model_paths.yaml.example文件，单击鼠标右键，在弹出的快捷菜单中选择“打开方式”命令，如图2-55所示。

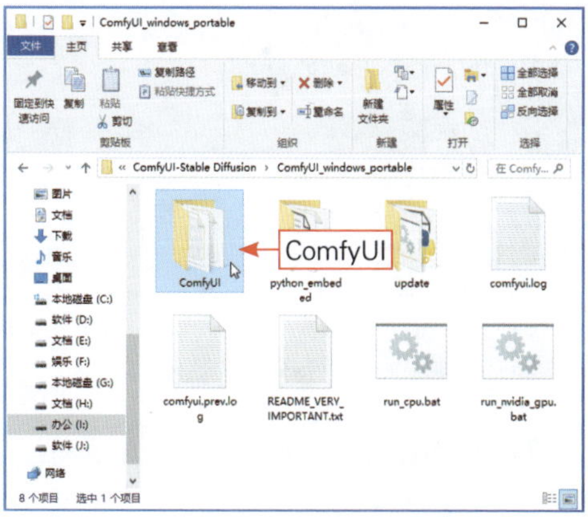

图 2-54　双击 ComfyUI 文件夹图标

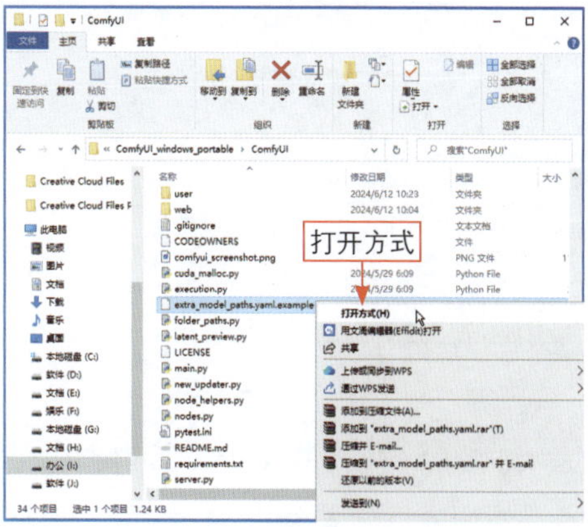

图 2-55　选择“打开方式”命令

步骤03 执行操作后，弹出“你要以何方式打开此.example文件？”对话框，选择“记事本”选项，单击“确定”按钮，如图2-56所示。

步骤04 执行操作后，即可用记事本打开相应的文件，找到并选中base_path（基本路径）后面的地址，如图2-57所示。

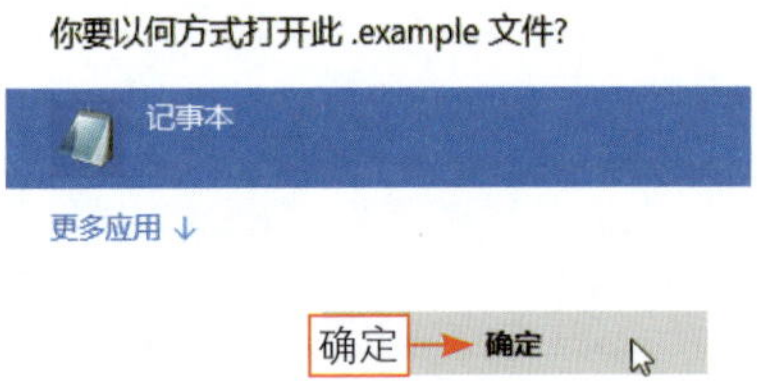

图 2-56　单击“确定”按钮

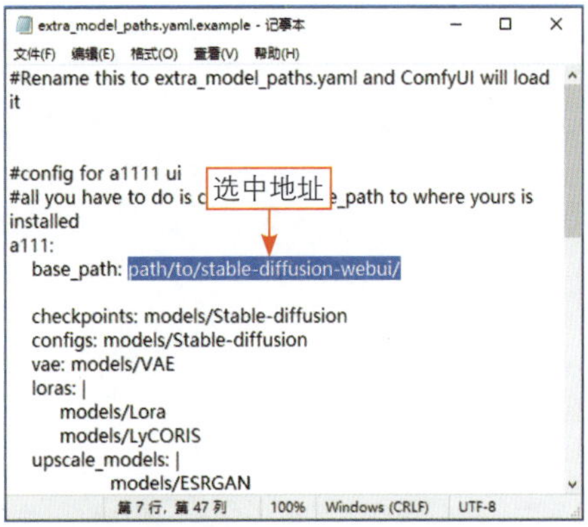

图 2-57　选中 base_path 后面的地址

步骤05 将其删除后，替换为Stable Diffusion WebUI的模型地址，如图2-58所示。

步骤06 关闭并保存文件，同时删除文件名后面的.example，将文件名改为extra_model_ paths.yaml，如图2-59所示。

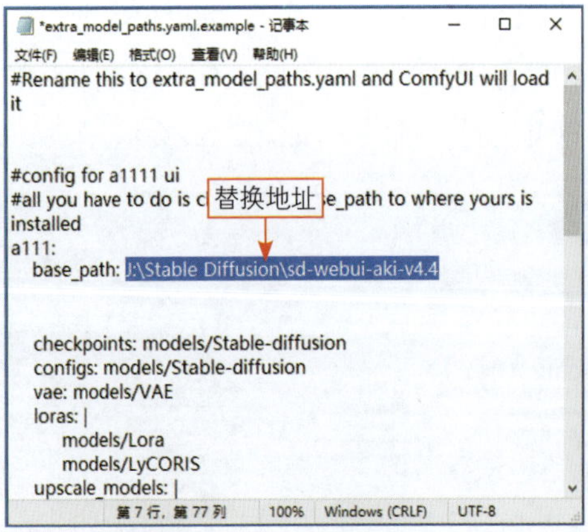

图 2-58　替换模型地址

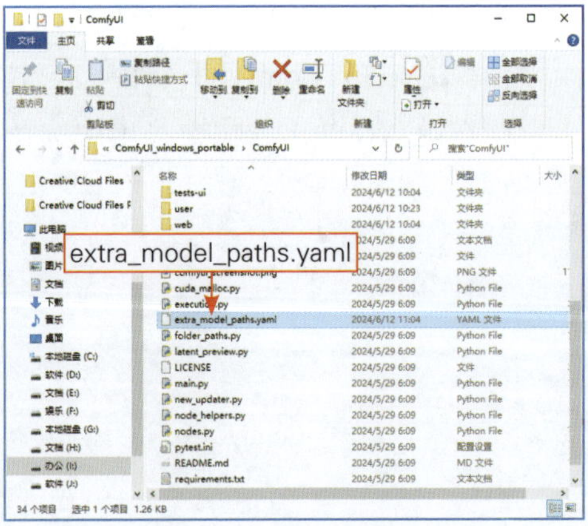

图 2-59　修改文件名称

步骤07 执行操作后，重启ComfyUI，即可在“Checkpoint加载器（简易）”节点的列表框中看到WebUI中的大模型，实现模型的共享，如图2-60所示。

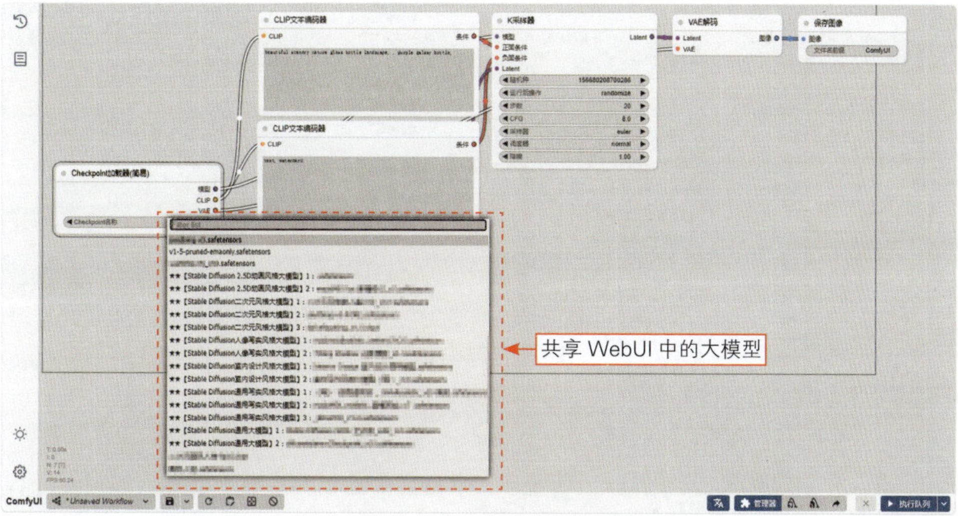

图 2-60 实现模型的共享

2.3 ComfyUI 的基础节点详解

在ComfyUI中有各种各样的节点，其中很多是插件类节点，且极少用到，但有5类基础节点几乎在每个工作流中都会用到，本节将介绍这些节点的使用技巧。

2.3.1 加载器节点：提供不同的模型

扫码看视频

加载器的主要作用是为工作流提供各种不同模型的加载，大部分工作流以大模型的加载作为起始输入源展开，一个工作流中可以存在多个加载器节点。例如，对生成图像进行放大需要用到放大模型加载器，连接ControlNet时要需用到对应的ControlNet模型加载器。

在画布的空白处单击鼠标右键，在弹出的快捷菜单中选择“新建节点”|“加载器”命令，即可在子菜单中看到各种加载器节点，如图2-61所示。随着安装的插件越来越多，有些插件的加载器也会被添加到该菜单中。

下面是ComfyUI自带的一些基础加载器节点的相关功能。

（1）“Checkpoint加载器（简易）”节点：主要用于加载大模型。

（2）“VAE加载器”节点：VAE模型用于控制生成图像的画面色调，用户可以手动创建“VAE加载器”节点，加载自定义的VAE模型，如图2-62所示，让生成的画面有不同色彩效果。

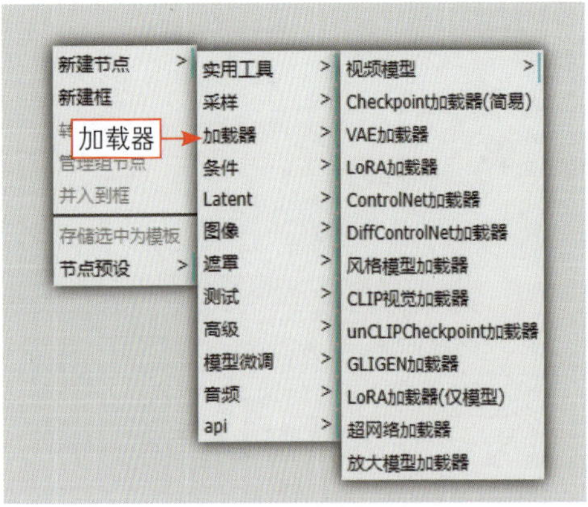

图 2-61 “加载器”子菜单

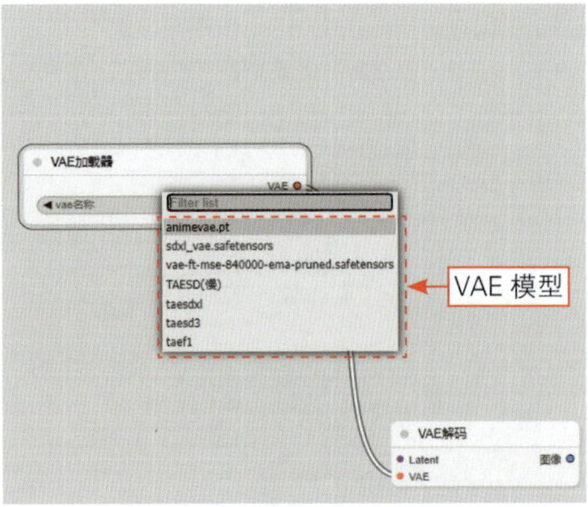

图 2-62 “VAE 加载器”节点

（3）“LoRA加载器”节点：可加载不同的LoRA模型，而“LoRA加载器（仅模型）”节点则是其简化版本。在标准的文生图工作流中，正常加载LoRA模型需要串联大模型和CLIP两个接口，将“LoRA加载器”节点的模型输出到“K采样器”节点，并把CLIP连接到正向提示词上，如图2-63所示。这样LoRA模型就会经过正向提示词连接到K采样器，所以LoRA模型除“模型强度”参数可调整外，还有一个“CLIP强度”参数可调整。

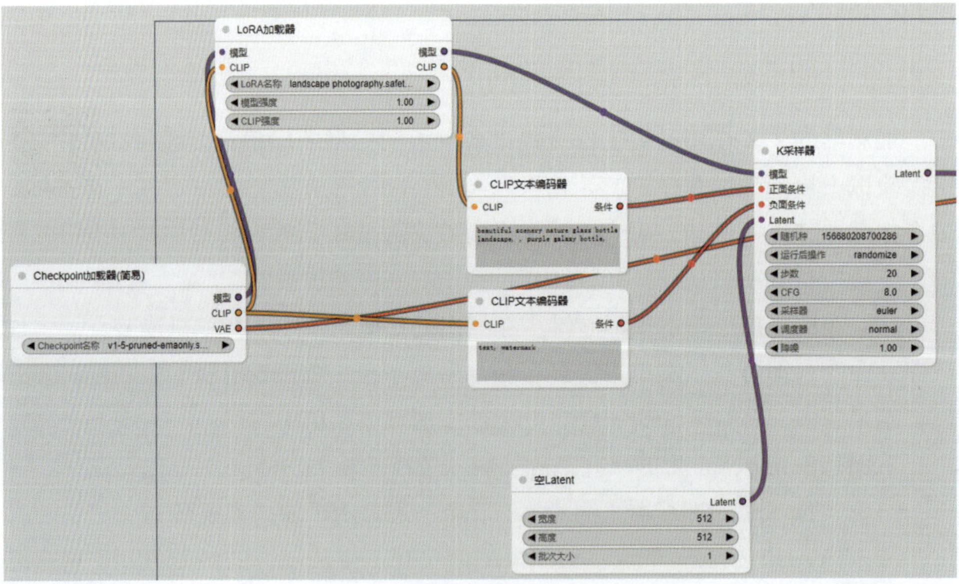

图 2-63 “LoRA 加载器”节点的常见连接方法

★ 专家提醒 ★

“LoRA 加载器（仅模型）”节点是直接串联到大模型上的，输出到 K 采样器，正向提示词则直接交给大模型连接，仅有“模型强度”一个参数。因此，调节参数更丰富的“LoRA 加载器”节点会更常用一些。

（4）“ControlNet加载器”节点：用于给ControlNet选定不同的控制模型，而“DiffControlNet加载器”节点则是其进阶版本，多了一个模型输入接口，对部分第三方开发的ControlNet模型有优化效果，如图2-64所示。

（5）“CLIP视觉加载器”节点：该节点除了可以连接视频接口，还拥有图像的学习和识别能力。例如，添加“CLIP视觉编码”节点后，可将“CLIP视觉加载器”节点连接过来，通过“CLIP视觉编码”节点加载图片进行学习，如图2-65所示。

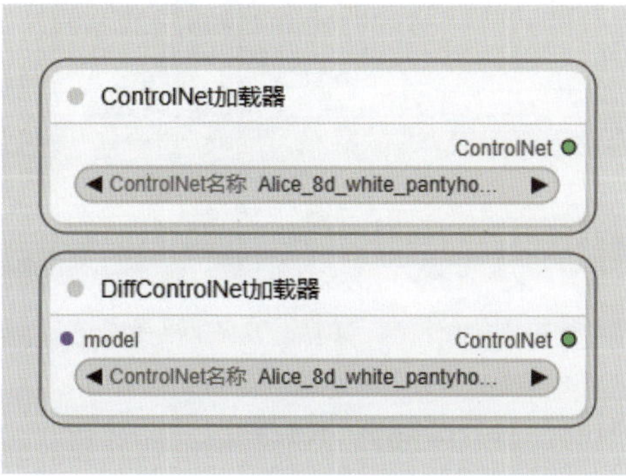

图 2-64　“ControlNet 加载器”及相关节点

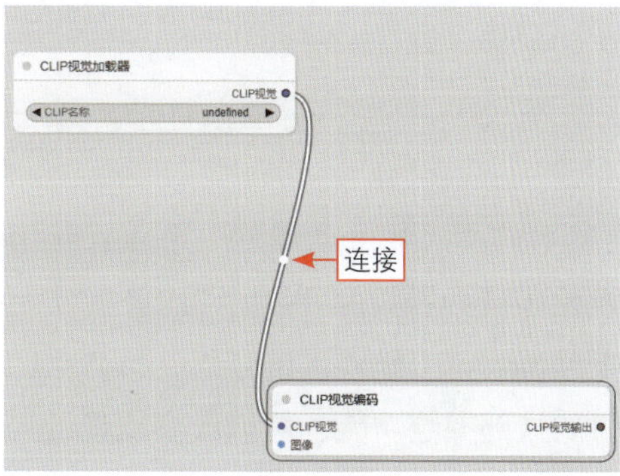

图 2-65　“CLIP 视觉加载器”节点的连接示例

（6）“unCLIPCheckpoint加载器”节点：可将其视为一种大模型，与平时用的Latent Diffusion（潜空间扩散大模型）不同，还有一种unCLIP大模型（典型代表就是OpenAI的DALL·E 2），它是一种结合了扩散模型和CLIP模型的文生图技术，主要用于图像的生成和编辑。

（7）“GLIGEN加载器”节点：专门用于加载GLIGEN模型，该模型可以指定画面某些区域生成特定的内容。

（8）“超网络加载器”节点：实际就是Hypernetwork（超网络）模型的加载，Hypernetwork的功能和Embedding、LoRA类似，都是对Stable Diffusion生成的图片进行针对性调整。但Hypernetwork的应用领域较窄，主要用于画风转换，而且训练难度很大，目前基本已被LoRA模型替代，很少用到。

（9）“放大模型加载器”节点：加载各种放大模型，常用于图片的放大处理。

（10）“风格模型加载器”节点：用于实现画面的风格迁移。

2.3.2　条件节点：充当命令指挥官

扫码看视频

条件节点的主要作用是充当命令指挥官，给当前工作流指定一系列硬性指标，如提示词要求生成的内容、ControlNet要求生成的姿势等，最终画面都要遵循这些条件节点的要求来生成图像。图2-66所示为“条件”节点子菜单。

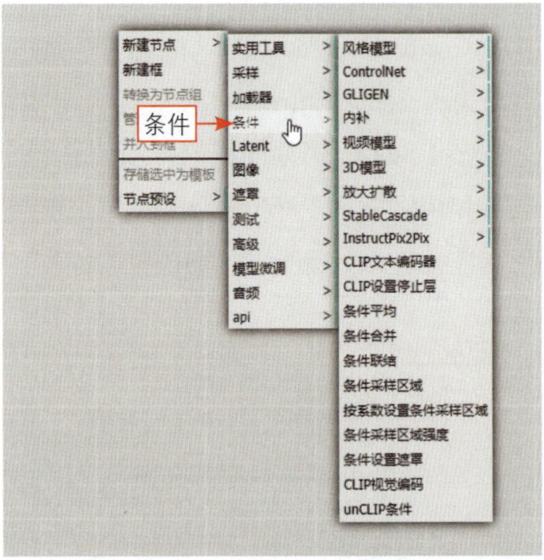

图 2-66　“条件”节点子菜单

★ 专家提醒 ★

由于ComfyUI内含有大量节点，且本书篇幅有限，故后续将不再逐一阐述所有节点的功能。同时，本书会精选部分关键节点，在后续的章节里详细介绍。

下面是一些常用的条件节点功能介绍。

（1）“内补模型条件”节点：该节点位于“内补”菜单中。“内补”实际上是inpaint（修补）的意思，即WebUI中的局部重绘功能，可以改变图像的局部画面，如图2-67所示。

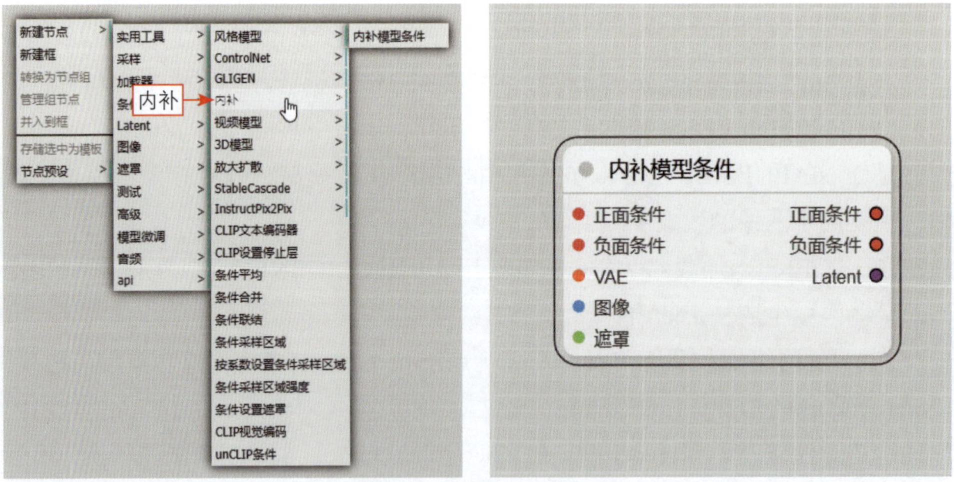

图 2-67　“内补模型条件”节点

（2）“SVD_图像到视频_条件”节点：该节点位于“视频模型”菜单中，可以将一张图片直接转换成一段简短的视频。

（3）“3D（Three Dimensions，三维）模型”节点：该菜单包括“SZ123条件”“SZ123条件（批次）”“SV3D_条件”节点，可以生成3D多视角视图。

（4）“SD4X放大条件”节点：该节点位于“放大扩散”菜单中，可以将图像放大4倍，再进入潜空间进行采样降噪处理，能够提升图像分辨率，加强细节。

（5）“StableCascade_StageB条件”节点：该节点位于StableCascade菜单中，是StableCascade模型专用的条件节点。

（6）“InstructPix2Pix条件”节点：该节点位于InstructPix2Pix菜单中，需下载cosxl的大模型，该模型是Stability AI官方研发的，可在Hugging Face网站搜索并下载。添加“InstructPix2Pix条件”节点后，连接方法与其他条件节点类似，可通过提示词在上传图片的基础上赋予图片新的样式风格。

（7）“CLIP文本编码器”节点：是正向提示词和反向提示词的条件输入框。

（8）“CLIP设置停止层”节点：该节点通常直接串联在大模型后面，如图2-68所示。不同的CLIP停止层数值生成的画面略有不同，一般写实画面可设置成-1，动漫风格画面可设置成-2，下载大模型时可参考作者推荐的CLIP停止层数值设置。

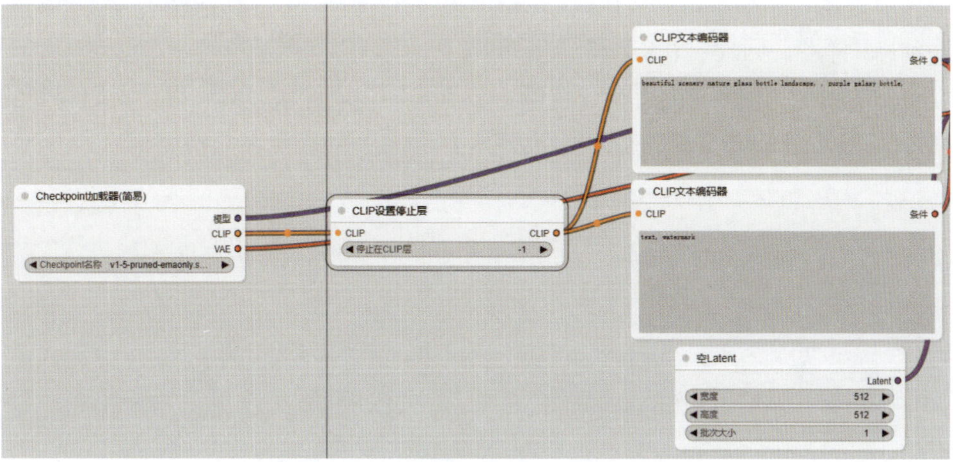

图 2-68 “CLIP 设置停止层”节点的连接方法

（9）条件类节点：包括“条件联结”“条件合并”“条件平均”3个节点，是非常重要且常用的节点，用户要搞清楚它们的区别。“条件联接”节点是将两组正向提示词结合，并连接到K采样器，使两个提示词联合生效；“条件合并”节点是将两组提示词完全混合，若提示词是不同的角色，则会融合生成拟人化动物；“条件平均”节点会多出一个系数参数，可调整合并后哪个提示词起更多的作用。

（10）“条件设置遮罩”节点：用于设置提示词的遮罩区域。

2.3.3 Latent节点：AI处理图像的空间

扫码看视频

Latent就是潜空间的意思，ComfyUI中的K采样器是最典型的潜空间模块，这个潜空间是专门供AI处理图像的空间，不管是给它传输的内容，还是从潜空间里面产生的内容，都需要靠Latent节点来进行中转转化，这就是Latent节点的作用。图2-69所示为Latent节点子菜单。

图 2-69 Latent 节点子菜单

“空Latent”节点，顾名思义，就是不需要传输内容进入潜空间，非常适合文生图工作流使用。如果需要给ComfyUI传输一张图片作为参考，这时就要用到Latent里面的“VAE编码”节点，如图2-70所示。

图片经过编码后可以转化成Latent传输到K采样器。同理，在K采样器里面处理完毕的图像，需要通过“VAE解码”节点来转化成像素，最终得到人们看到的图片，这就是Latent节点的基础使用方法。

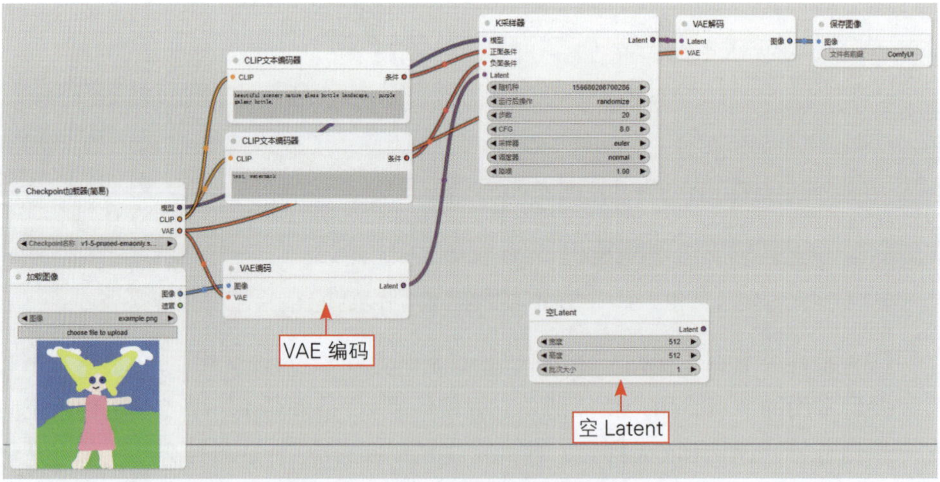

图 2-70 Latent 节点的工作流连接示例

下面介绍“Latent缩放”和“Latent按系数缩放”两个节点，如图2-71所示。

在标准的图生图工作流中，“Latent缩放”节点可以手动改变上传图片的宽度和高度，但容易导致图片被压缩或拉伸变形。

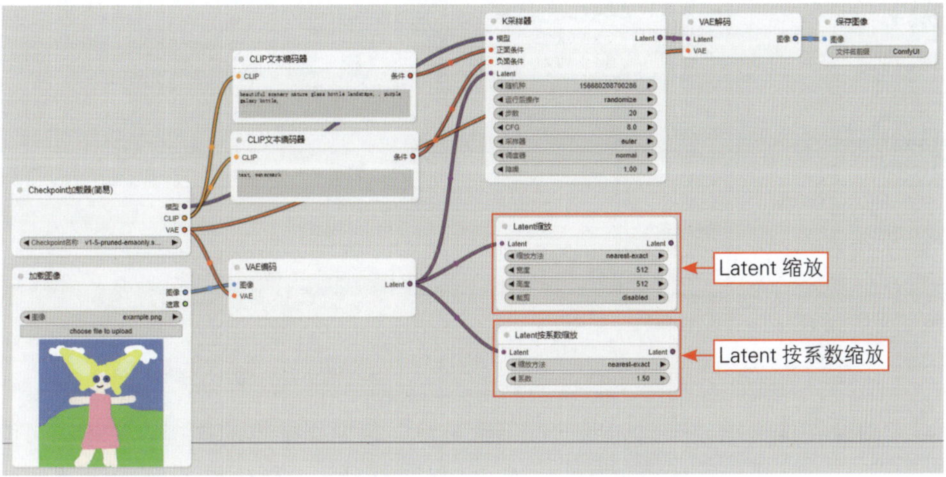

图 2-71　“Latent 缩放”节点和“Latent 按系数缩放”节点

因此，人们在更多情况下会使用“Latent按系数缩放”节点，它会自动获取图片的“宽度”和“高度”参数，并通过“系数”值进行等比放大或缩小，如放大1.5倍，传输到K采样器。“缩放方法”一般选择第一个算法（nearest-exact，邻近—精确），锐度最高。如果生成的图片出现锯齿状，可以尝试选择相对柔和的放大算法。

★ 专 家 提 醒 ★

“Latent 复合”和“Latent 遮罩复合”这两个节点，需要两张图片才能生效，将两张图片分别连接到目标 Latent 和原 Latent，就将两张图片融合起来了，传输到“K 采样器”节点生成新的图片。“Latent 遮罩复合”节点会多出一个遮罩输入接口，可以在图片的右键快捷菜单中打开遮罩编辑器，涂抹出遮罩区域，并连接到复合节点上，从而实现特定区域的复合效果。

2.3.4　放大节点：提高图片的分辨率

扫码看视频

放大节点主要用于提高图片的分辨率，与Latent节点的作用比较类似，而且它们有一部分节点的工作原理是一样的。在“新建节点”菜单中选择“图像”|“放大”命令，即可在子菜单中看到4种放大节点，如图2-72所示。

“图像缩放”节点可改变生成图片的分辨率，但一般更多地使用“图像按系数缩放”节点，它更高效，而且不需要计算图片的宽、高值，直接通过“系数”值等比放大图片，如输入2就是放大两倍，如图2-73所示。

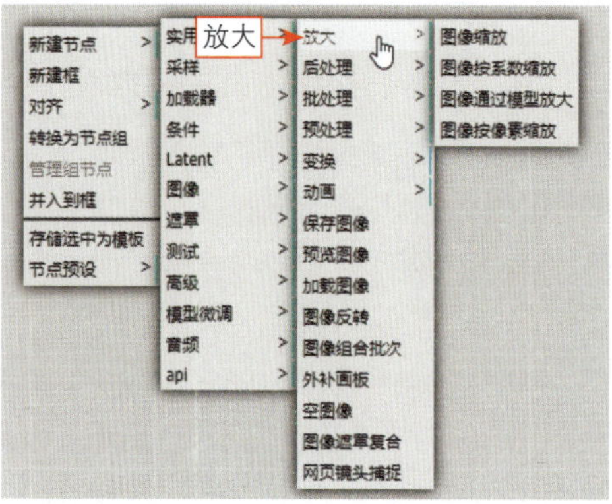

图 2-72　“放大”节点子菜单

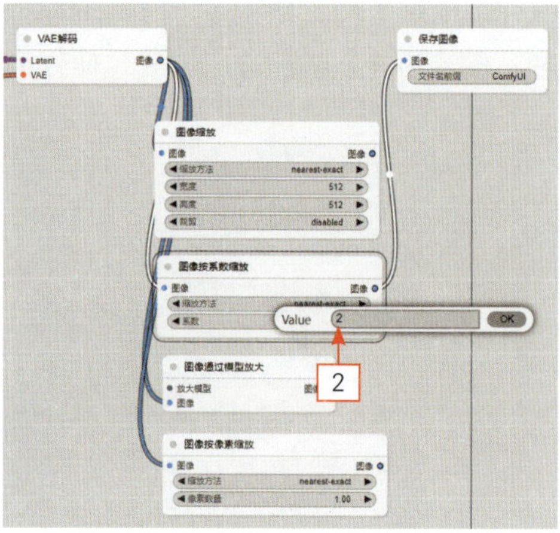

图 2-73　输入“系数”值

“图像按像素缩放”与“图像按系数缩放”这两个节点的连接方法相同，但算法不同。“图像按系数缩放”节点通过差值方式放大，边缘更柔和；“图像按像素缩放”节点则通过增加像素点的方式缩放，会有明显的像素锯齿块。“图像通过模型放大”节点的放大效果最好，但需要额外添加放大模型加载器，选择不同的放大算法，与“图像按系数缩放”节点对比，清晰度差距明显，是常用的放大节点。

2.3.5　后期处理节点：编辑与优化图像

扫码看视频

后期处理节点的功能与Photoshop类似，可以对ComfyUI中的图片进行相应的处理，如混合、模糊、锐化等。在“新建节点”菜单中选择“图像”|“后处理”命令，即可在子菜单中看到多个后期处理节点，如图2-74所示，相关介绍如下。

（1）“图像混合”节点：可通过不同的混合模式融合两张图片，如“相乘”模式是暗部加深，“屏幕”模式是亮度叠加，与Photoshop的“叠加”模式一样。

（2）“图像模糊”节点：用于模糊处理图片，调整“模糊半径”参数可增加模糊量，相关示例如图2-75所示。

（3）“图像量化”节点：可调整生成图片的颜色数量，如将“颜色数量”设置为32，表示只用32种颜色生成图片。

（4）“图像锐化”节点：可以使图片边缘更锐利，相关示例如图2-76所示。

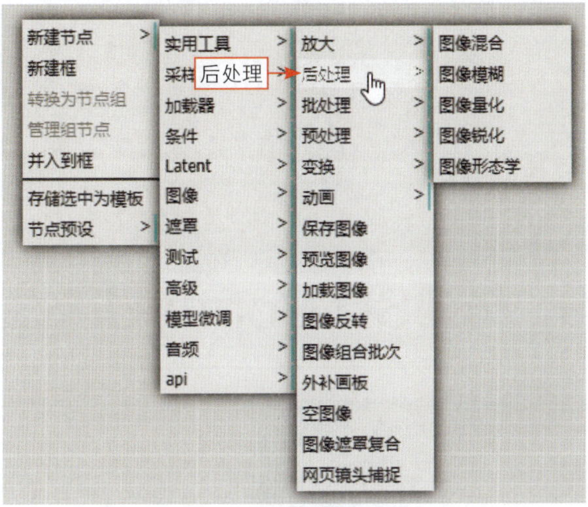

图 2-74　“后处理”节点子菜单

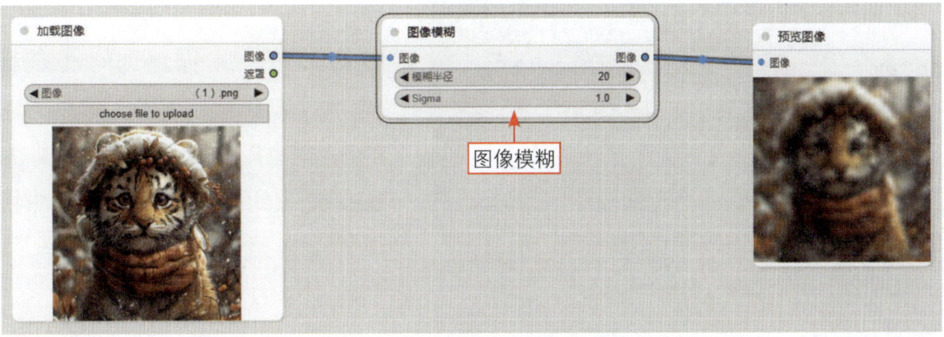

图 2-75　“图像模糊”节点的应用示例

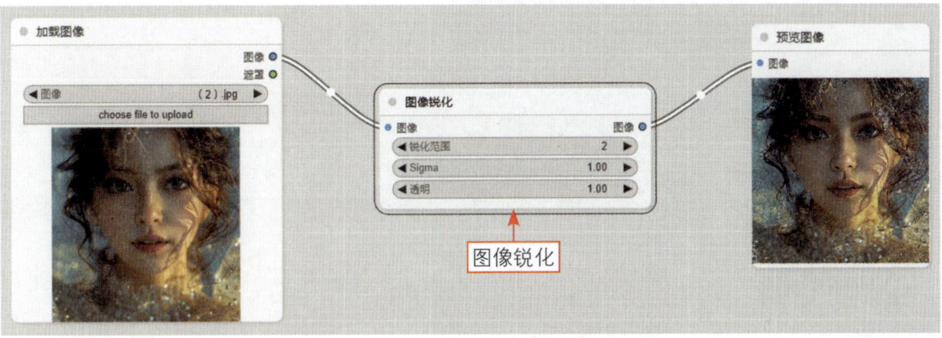

图 2-76　“图像锐化”节点的应用示例

（5）“图像形态学”节点：相当于给图片加上风格化效果，有多个不同处理手法，具体效果用户可自行尝试。

第3章

从文本到图像：搭建SD ComfyUI文生图工作流

Stable Diffusion作为一个热门的AI生成模型，其强大的图像生成能力让许多人对这个领域充满无限遐想，特别是Stable Diffusion的文生图功能，只需通过简单的文本描述即可生成精美、生动的图像效果，这为大家的创作提供了极大的便利。本章主要介绍SD ComfyUI的文生图工作流搭建技巧，让AI的每一次创作都成为一场视觉盛宴。

3.1　搭建基本的文生图工作流

ComfyUI的默认界面被设计为一个直观易用的文本生成图像的工作流程（简称工作流），该流程通过节点与连接线来构建，其中节点以矩形块的形式展现，负责执行特定的任务，而连接线则负责将各节点间的输入与输出进行关联。

本节将带领大家从头开始构建ComfyUI的工作流，逐步教会大家如何设置并完成整个文生图的流程，最终效果如图3-1所示。

图3-1　效果展示

3.1.1　步骤1：添加模型加载器节点

ComfyUI中的模型加载器主要是“Checkpoint加载器（简易）”节点，主要用来加载初始的大模型，具体操作方法如下。

扫码看视频

★专家提醒★

通过“Checkpoint 加载器（简易）”节点，用户可以轻松地将训练好的模型集成到ComfyUI的工作流中。这些模型通常包括用于图像生成的U-Net模型、用于文本编码的CLIP模型等。一旦加载了这些Checkpoint，用户就可以利用它们来生成与给定文本描述相匹配的图像。

步骤 01 启动ComfyUI后，可以自动打开一个默认的文生图工作流，单击底部菜单中的“清空画布”按钮⊘，如图3-2所示。

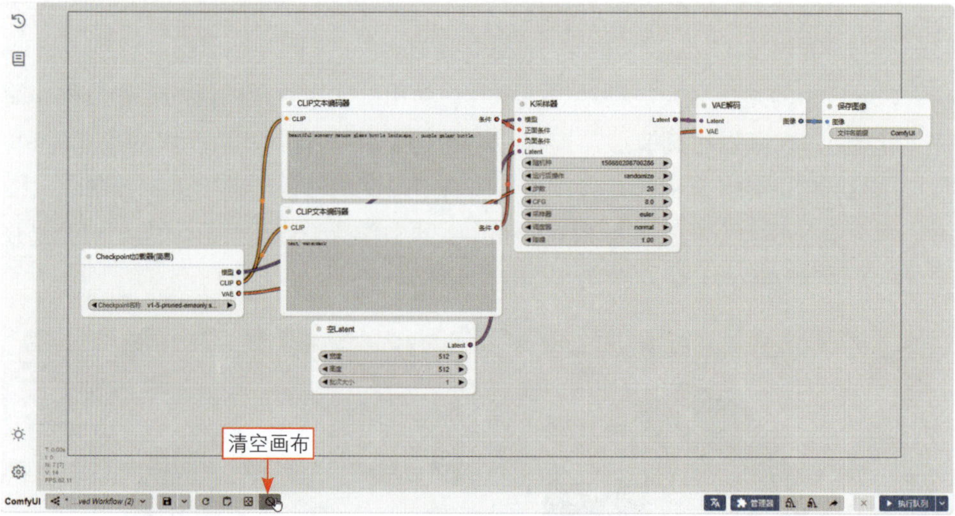

图 3-2　单击“清空画布”按钮

步骤 02 执行操作后，弹出信息提示框，单击“确定”按钮，如图3-3所示，即可清除画布中的工作流。

步骤 03 在空白画布上单击鼠标右键，在弹出的快捷菜单中选择“新建节点”|“加载器”|“Checkpoint加载器（简易）”命令，如图3-4所示。

图 3-3　单击“确定”按钮

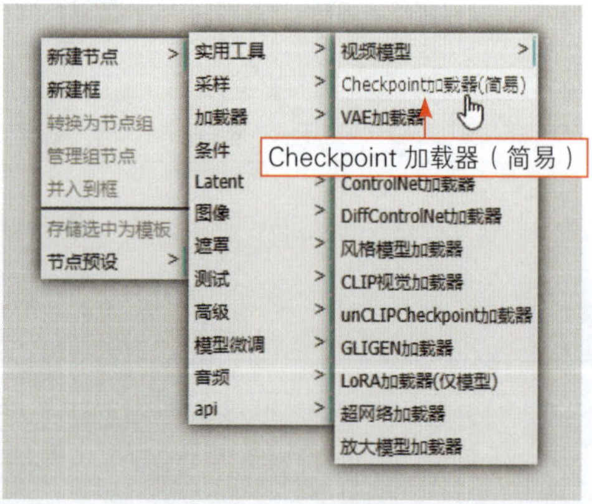

图 3-4　选择“Checkpoint 加载器（简易）”命令

步骤 04 执行操作后，即可在画布上添加一个“Checkpoint加载器（简易）”节点，如图3-5所示。

步骤 05 在“Checkpoint加载器（简易）”节点的“Checkpoint名称”下拉列表框中，选择一个写实风格的大模型，如图3-6所示。

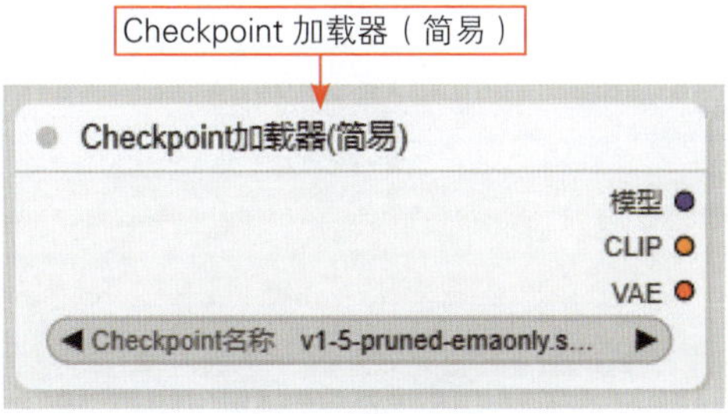

图 3-5 添加“Checkpoint 加载器（简易）”节点

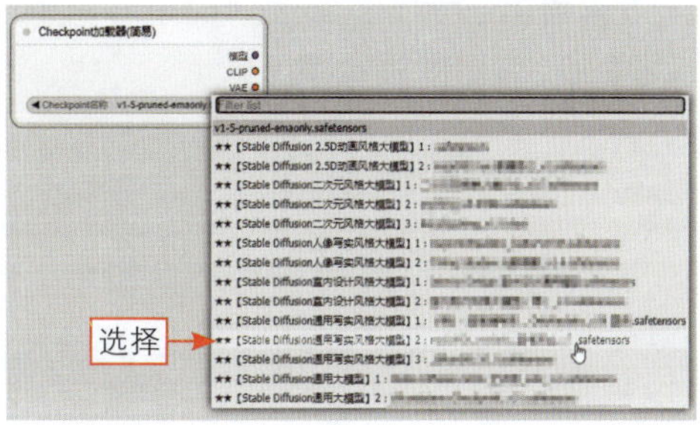

图 3-6 选择一个写实风格的大模型

★ 专 家 提 醒 ★

“Checkpoint 加载器（简易）”节点包括 3 个输出接口，相关介绍如下。

（1）模型：主要用于图像的扩散预测。

（2）CLIP：用于将输入的正、反向提示词转换为 U-Net 模型能够理解的语义向量，引导 U-Net 模型扩散。

（3）VAE：用于像素空间图像的编码处理和潜空间图像的解码处理。

3.1.2 步骤2：添加正、反向提示词节点

扫码看视频

在ComfyUI的工作流中，“CLIP文本编码器”节点主要用于正向提示词和反向提示词的输入。下面介绍添加“CLIP文本编码器”节点的操作方法。

★ 专 家 提 醒 ★

“CLIP 文本编码器”节点是一个功能强大的工具，它利用先进的 CLIP 模型将用户输入的文本提示转换成一种特定的嵌入形式。这种嵌入是一种高维的数学表示，能够捕捉文本中的语义信息，并用于指导后续的图像生成过程。

在使用这个节点时，用户需要提供两个关键输入：一个是预先训练好的 CLIP 模型，另一个是需要被编码的文本提示。CLIP 模型的任务是将输入的文本转换为一种能够被机器学习模型理解和处理的嵌入形式；而文本提示则是用户希望模型能够理解和生成相关图片的具体内容，它可以是任何描述性的短语、句子或段落。

一旦文本提示被 CLIP 模型编码成嵌入，这个嵌入就会被作为条件（Conditioning）传递给后续的扩散模型。扩散模型是一种生成模型，它根据这个条件及一些随机噪声来生成符合用户要求的图片。通过这种方式，“CLIP 文本编码器”节点为从文本到图像的生成过程提供了一个重要的桥梁，使得用户能够通过简单的文本输入来生成具有特定内容和风格的图片。

步骤 01 在空白画布上单击鼠标右键，在弹出的快捷菜单中选择“新建节点”|“条件”|“CLIP文本编码器”命令，如图3-7所示。

步骤 02 执行操作后，即可在画布上添加一个“CLIP文本编码器”节点，如图3-8所示。

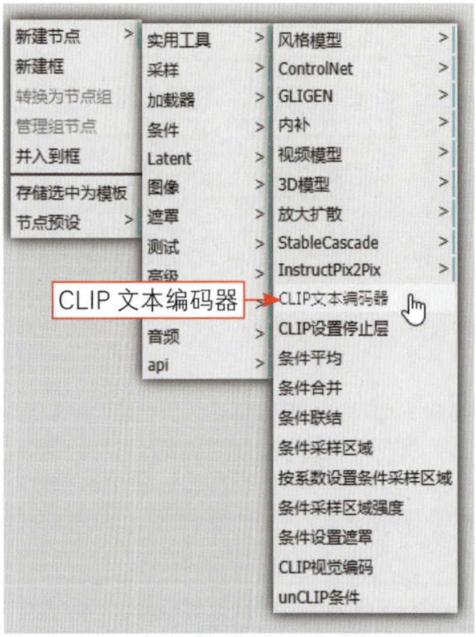

图 3-7 选择“CLIP 文本编码器”命令

图 3-8 添加“CLIP 文本编码器”节点

步骤 03 选择“CLIP文本编码器”节点，按【Ctrl+C】组合键，复制该节点，并按【Ctrl+V】组合键粘贴复制的节点，适当调整其位置，如图3-9所示。

步骤 04 在“CLIP文本编码器”节点的输入框中，分别输入相应的正、反向提示词，作为引导模型扩散的条件信息，如图3-10所示。

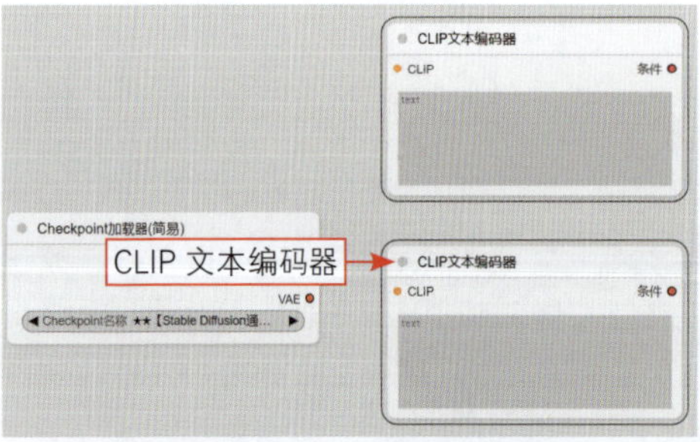

图 3-9 复制“CLIP 文本编码器”节点

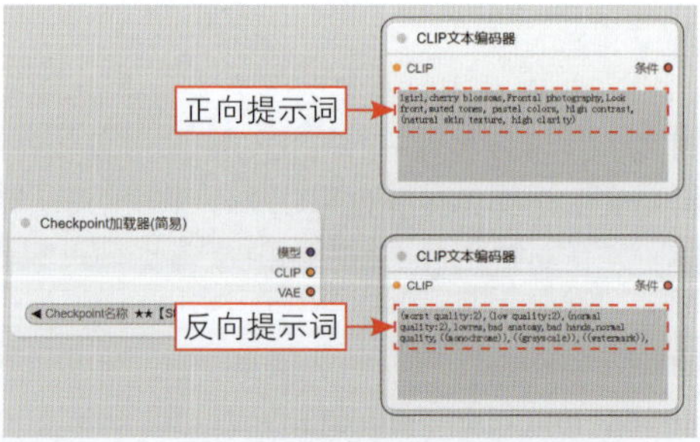

图 3-10 输入相应的正、反向提示词

步骤 05 从“Checkpoint加载器（简易）”节点的CLIP输出接口拉出一条线，将其连接到上方的“CLIP文本编码器”节点的CLIP输入接口上，如图3-11所示，连接这两个节点，作为正向提示词。

步骤 06 使用相同的操作方法，连接下方的“CLIP文本编码器”节点，如

图3-12所示，作为反向提示词。

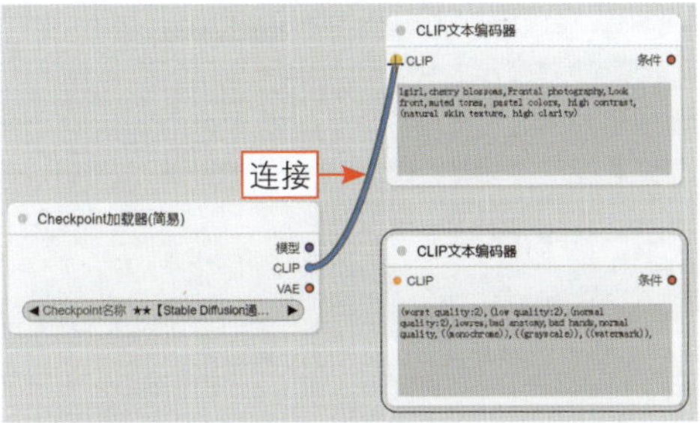

图 3-11　连接“CLIP 文本编码器”节点

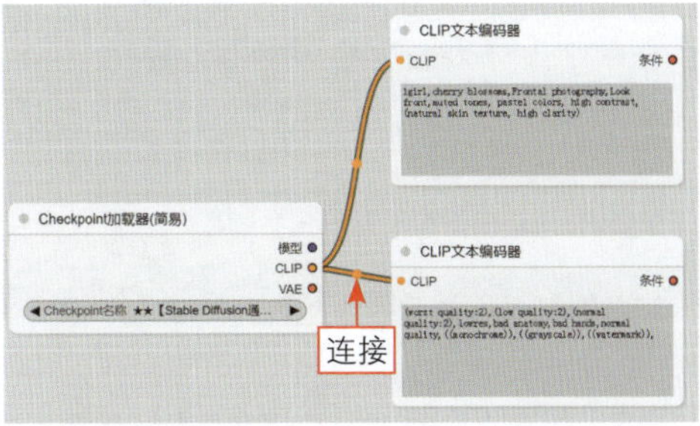

图 3-12　连接其他“CLIP 文本编码器”节点

★ 专 家 提 醒 ★

“CLIP 文本编码器”节点的相关参数和接口说明如下。

（1）CLIP：作为输入接口，用于接收对提示词进行编码的 CLIP 模型。

（2）文本输入参数：用于输入正向提示词或反向提示词。正向提示词用于描述希望生成的图像内容；反向提示词用于排除不希望出现在图像中的元素。

（3）条件：作为输出接口，用于输出提示词经过 CLIP 编码后引导模型扩散的条件信息。

3.1.3　步骤3：添加“K采样器”节点

扫码看视频

“K采样器”（KSampler）节点的主要作用是对潜空间噪声图进行去噪处理，从而生成更加清晰、逼真的图像。

★ 专 家 提 醒 ★

潜空间是指图像生成模型中的一个内部表示空间，其中包含用于生成图像的潜在特征或信息。在这个空间中，图像被表示为一种抽象的、高维的数据形式。通过操作潜空间中的特征，可以实现对图像内容和风格的修改和生成。

下面介绍添加“K采样器”节点的操作方法。

步骤 01 从上方的“CLIP文本编码器”节点的“条件”输出接口上，按住鼠标左键并拖曳，拉出一条连接线，如图3-13所示。

步骤 02 释放鼠标左键后，在弹出的快捷菜单中选择“新建节点”命令，如图3-14所示。

步骤 03 执行操作后，在弹出的子菜单中选择“采样”|“K采样器”命令，如图3-15所示。

步骤 04 执行操作后，即可添加一个“K采样器”节点，并自动连接到“正面条件”输入接口上，如图3-16所示。

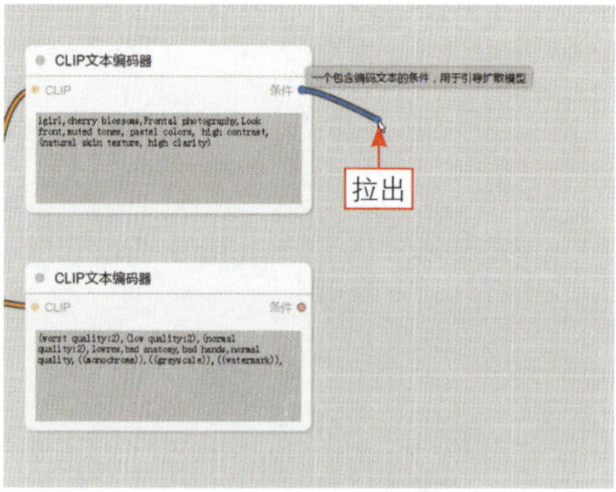

图 3-13　拉出一条连接线

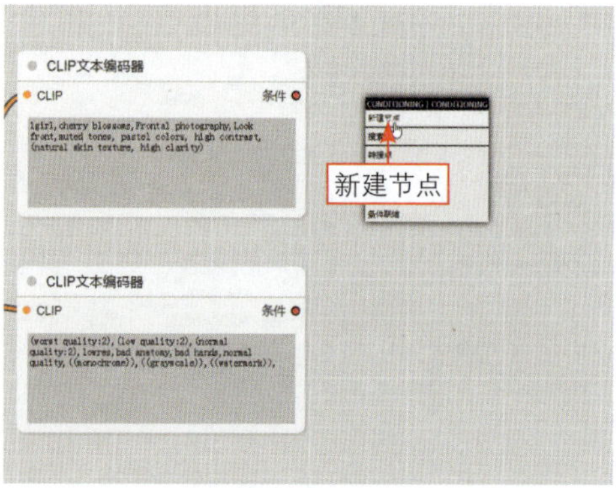

图 3-14　选择“新建节点”命令

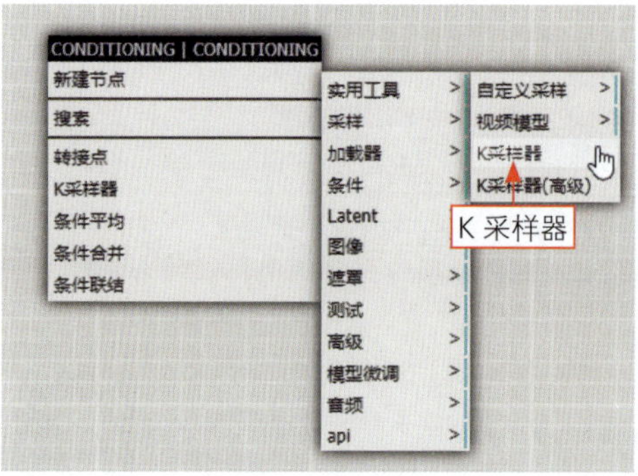

图 3-15　选择“K 采样器”命令

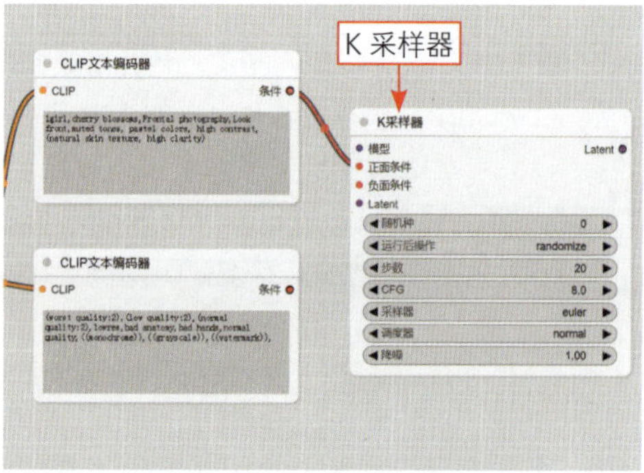

图 3-16　添加“K 采样器”节点

★ 专家提醒 ★

“K 采样器”节点的相关接口功能如下。

（1）模型：负责接收并处理来自大模型的输入数据。

（2）正面条件：接纳经过 CLIP 编码后的正向提示词信息，这些信息用于指导图像生成的正面特征。

（3）负面条件：接收经过 CLIP 编码的反向提示词信息，这些信息用于排除或减弱图像中不希望出现的特征。

（4）Latent（输入接口）：接收潜空间中的图像信息，该信息包含图像在潜空间的表示形式及其尺寸。

（5）Latent（输出接口）：输出采样去噪后的潜空间图像。

“K 采样器”节点的相关参数介绍如下。

（1）随机种（即随机数种子，seed）：用于生成初始噪声图的起点，确保图像生成的随机性和多样性。

（2）运行后操作（control_after_generate）：即生成图像后的控制方式，具体包括以下几种。

· 固定（fixed）：在生成图像的过程中，随机数种子保持不变，确保图像生成的一致性。

· 增加（increment）：每次生成图像后，随机数种子值增加 1，用于创造一系列略有差异的图像。

·减少（decrement）：每次生成图像后，随机数种子值减少 1，提供与递增相反的图像变化序列。

·随机（randomize）：每次生成图像后，随机数种子值随机改变，以获得高度多样化的图像输出。

（3）步数（即迭代步数，steps）：指定采样器进行去噪处理的迭代次数，其作用可以理解为“控制生成图像的精细程度”。适当的步数值可以确保图像从噪声中逐渐清晰，同时避免过度处理导致的图像失真。

（4）CFG（Classifier Free Guidance，即引导系数）：调节提示词对最终图像生成结果的影响程度。较高的值可以强化提示词的作用，但过高可能导致图像生成失败或质量下降。CFG 的参数值建议设置为 7 ~ 12，过低的参数值会导致图像的色彩饱和度降低；而过高的参数值则会产生粗糙的线条或过度锐化的图像细节，甚至可能导致图像严重失真。

（5）采样器（sampler）：用于设置进行去噪的采样器，不同的采样器具有各自的特点和适用场景。采样的简单理解就是执行去噪的方式，Stable Diffusion 中的不同采样器就相当于不同的画家，每种采样方法对图片的去噪方式都不一样，生成的图像风格也就不同。

（6）调度器（scheduler）：确定每一步去噪的程度和方式。

（7）降噪：通常与迭代算法中的步数或迭代次数相关联，降低该值会保留原图的大部分内容，从而实现图生图。

步骤 05 将“K采样器”节点中的“负面条件”输入接口连接到反向提示词节点的“条件”输出接口上，并将“模型”输入接口连接到“Checkpoint加载器（简易）”节点的对应输出端，并适当设置相应的参数，完成“K采样器”节点的连接，如图3-17所示。

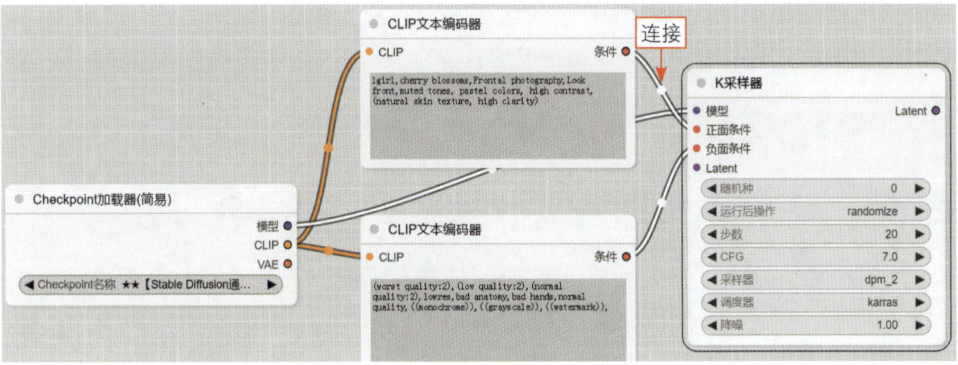

图 3-17　完成“K 采样器”节点的连接

3.1.4　步骤4：添加“空Latent”节点

扫码看视频

“空Latent”是一个专门用于生成纯噪声潜空间图像的节点，同时它允许用户自定义生成图像的具体尺寸及所需图像的数量。下面介绍添加“空Latent”节点的操作方法。

步骤01 从“K采样器”节点的Latent输入接口上，按住鼠标左键并拖曳，拉出一条连接线，如图3-18所示。

步骤02 释放鼠标左键后，在弹出的快捷菜单中选择“空Latent”命令，如图3-19所示。

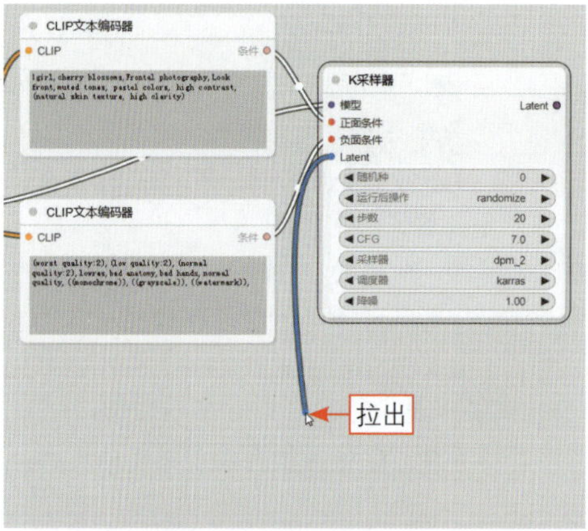

图 3-18　拉出一条连接线

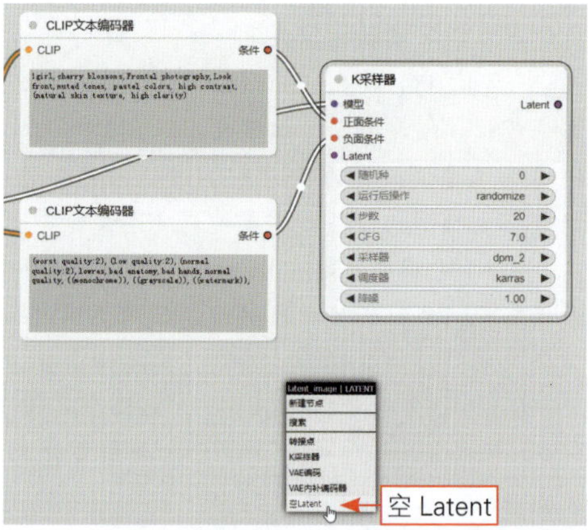

图 3-19　选择“空 Latent”命令

步骤03 执行操作后，即可添加一个“空Latent”节点，如图3-20所示。

步骤04 在“空Latent”节点中，单击“高度”参数，在弹出的对话框中设置Value（值）为680，如图3-21所示，单击OK按钮确认，即可调整生成图像的高度尺寸。

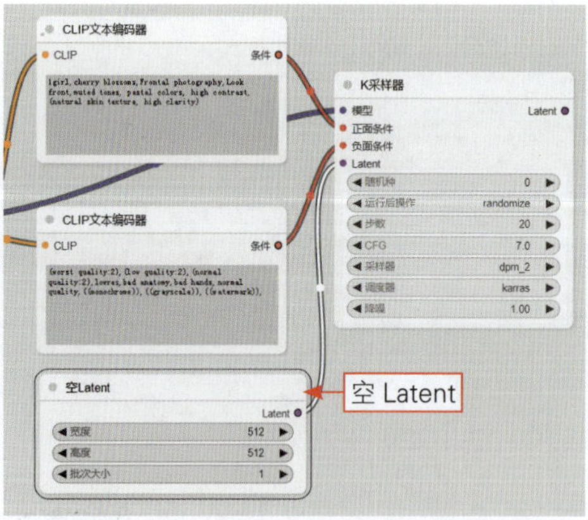

图 3-20　添加“空 Latent”节点

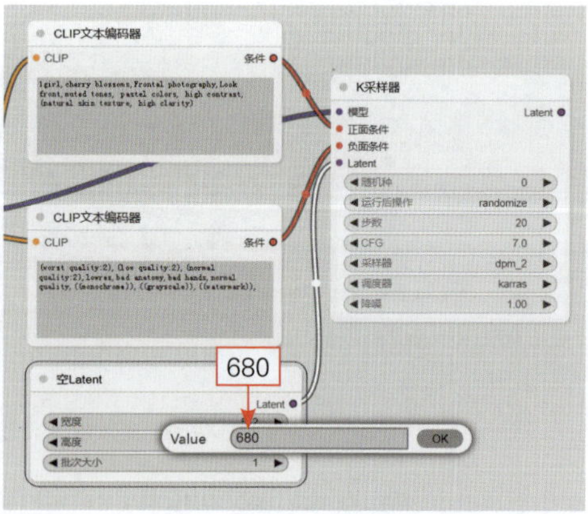

图 3-21　设置 Value 参数

★ 专 家 提 醒 ★

“空 Latent”节点的相关接口和参数说明如下。

（1）Latent：输出结果是一个包含指定大小和数量的潜空间图像的集合。这些图像将完全由随机噪声构成，且所有图像的尺寸都与用户输入的“高度”和“宽度”参数值相匹配。

（2）宽度（width）：此参数用于设定生成图像的宽度，用户可以根据自己的需求输入相应的像素值。

（3）高度（height）：此参数用于设定生成图像的高度，同样的，用户可以根据自己的需求输入相应的像素值。

（4）批次大小（batch_size）：此参数用于指定需要生成的图像数量，用户可以根据实际需求输入一个正整数。

3.1.5　步骤5：添加“VAE解码”节点

扫码看视频

“VAE解码”节点利用先进的变分自编码器技术，将潜在空间图像高效地转换为像素空间中的图像，从而生成可视化的图像效果。下面介绍添加“VAE解码”节点的操作方法。

步骤 01 在空白画布上双击，在弹出的搜索框中输入VAE，在下方的搜索结果中选择“VAE解码”选项，如图3-22所示。

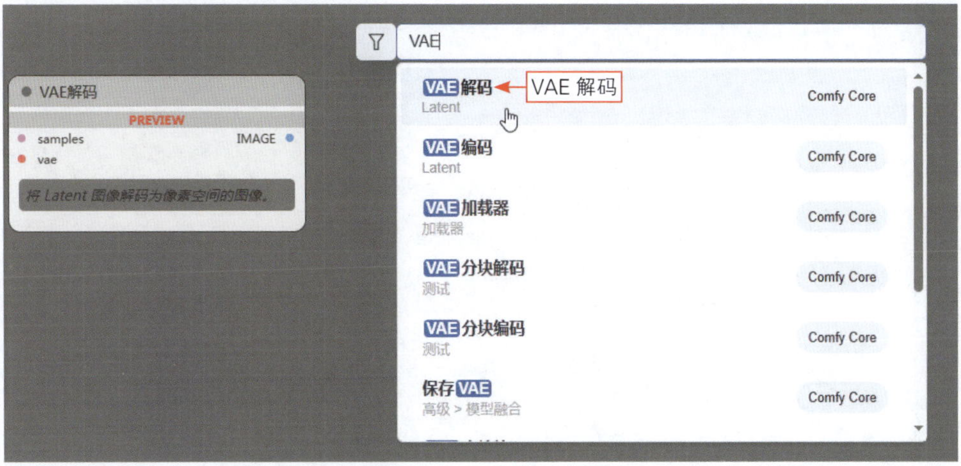

图 3-22　选择“VAE 解码”选项

步骤 02 执行操作后，即可添加一个“VAE解码”节点，如图3-23所示。

步骤 03 将“VAE解码”节点的Latent输入接口连接到“K采样器”节点的对应接口上，如图3-24所示，用于对降噪后的Latent进行解码。

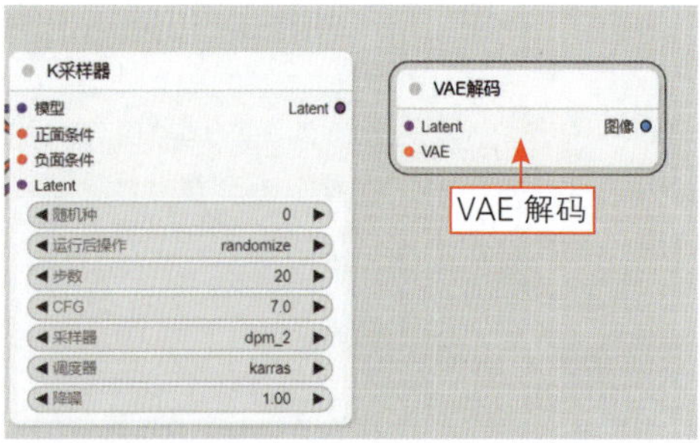

图 3-23　添加“VAE 解码”节点

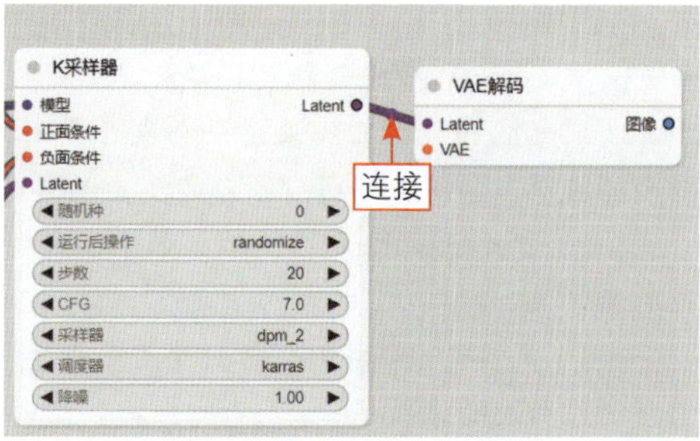

图 3-24　连接 Latent 接口

★ 专家提醒 ★

“VAE 解码”节点的相关接口功能如下。

（1）Latent：接收经过 KSampler（即 K 采样器）处理的潜空间图像数据，这些图像数据位于潜空间中，是解码过程的起始点。

（2）VAE：接收用于解码潜空间图像的 VAE 模型。在大多数情况下，这个模型是从一个预先训练好的 Checkpoint 文件中加载的。

（3）图像：“VAE 解码”节点的输出结果是解码后的像素空间图像。这些图像是潜空间图像在像素空间中的可视化表示，可用于进一步分析或可视化任务。

步骤 04 将“VAE解码”节点的VAE输入接口连接到“Checkpoint加载器（简易）”节点的对应输出端，如图3-25所示，使用大模型自带的VAE模型进行解码。

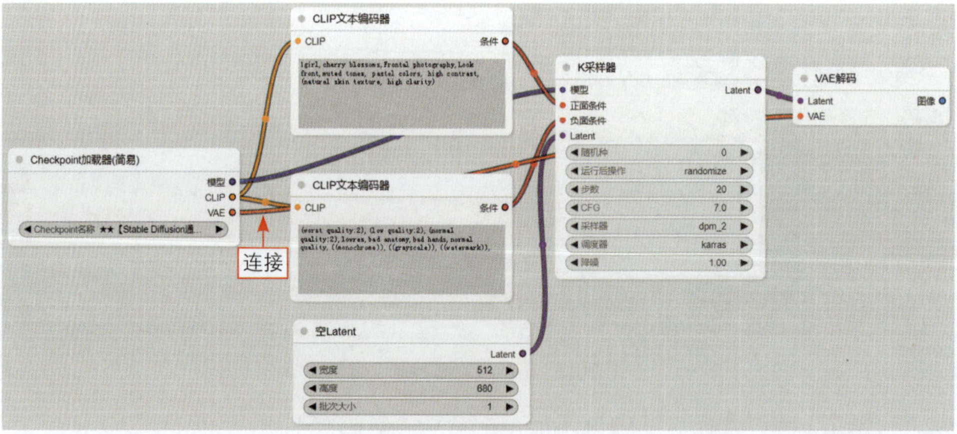

图 3-25　连接 VAE 接口

步骤 05 用户也可以添加一个“VAE加载器”节点，将其与“VAE解码”节点的对应接口连接，如图3-26所示。

步骤06 在“VAE加载器”节点的“vae名称”下拉列表框中，选择合适的VAE模型，如图3-27所示，该VAE模型的出图效果接近实际拍摄的效果。

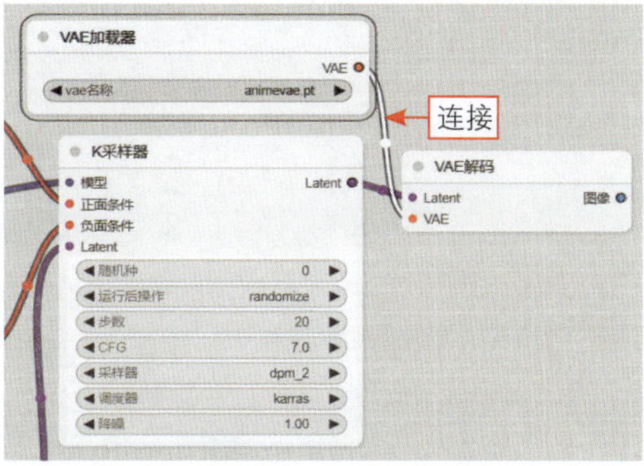

图 3-26　添加并连接“VAE 加载器”节点

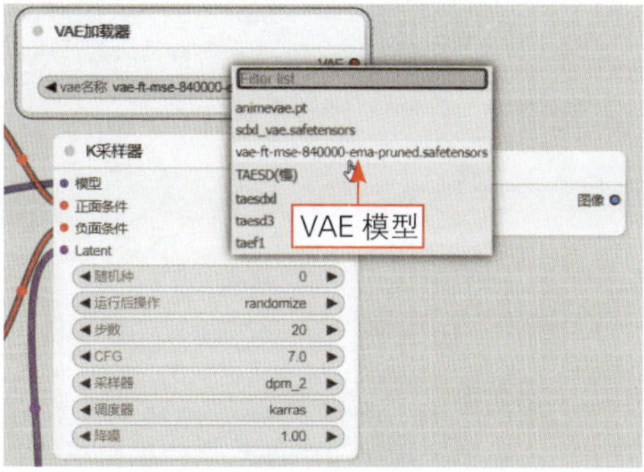

图 3-27　选择合适的 VAE 模型

3.1.6　步骤6：添加“预览图像”节点

扫码看视频

“预览图像”是一个专为在工作流中即时查看图像而设计的节点，它的主要作用是接收像素图像作为输入，并在工作流内直接展示该图像的预览效果。“预览图像”节点允许用户在工作流的编辑过程中，无须离开编辑环境即可预览图像内容，从而快速判断图像质量或效果。下面介绍添加“预览图像”节点的操作方法。

步骤01 从“VAE解码”节点的“图像”输出接口上，按住鼠标左键并拖曳，拉出一条连接线，如图3-28所示。

步骤02 释放鼠标左键后，在弹出的快捷菜单中选择“预览图像”命令，如图3-29所示。

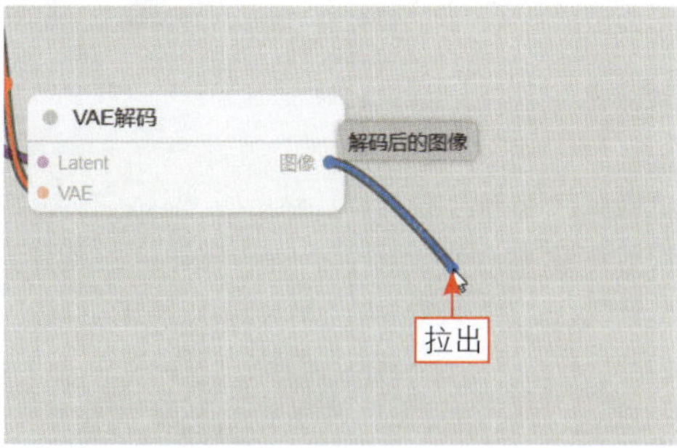

图 3-28　拉出一条连接线

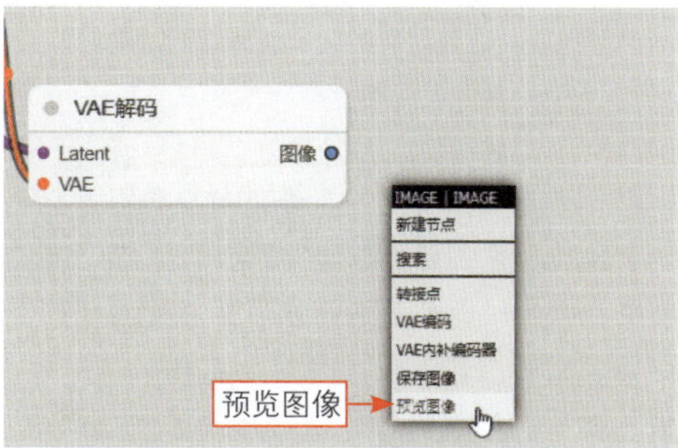

图 3-29　选择“预览图像”命令

步骤03 执行操作后，即可添加一个“预览图像”节点，如图3-30所示。

步骤04 使用相同的操作方法，添加一个“保存图像”节点，如图3-31所示。

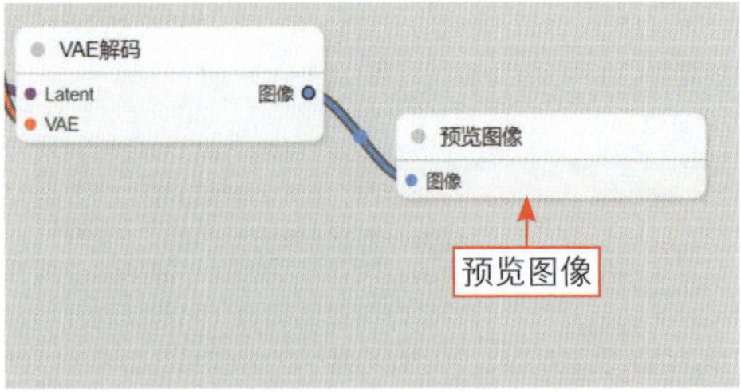

图 3-30　添加“预览图像”节点

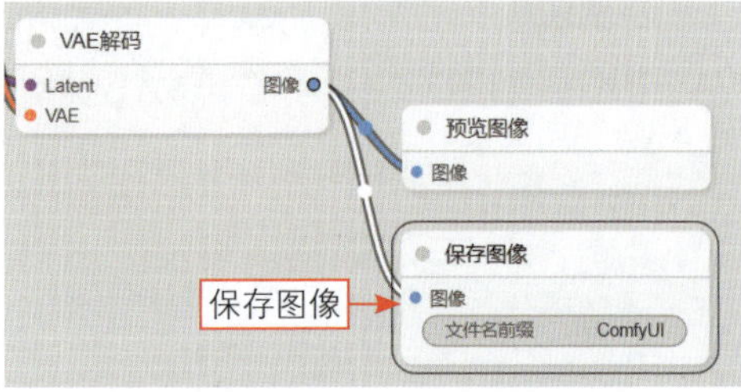

图 3-31　添加“保存图像”节点

★ 专 家 提 醒 ★

“预览图像”节点只有一个“图像”（images）输入接口，用于接收用户希望预览的像素图像。只需将待预览的图像数据连接到该输入接口，即可在节点中看到图像的预览效果。需要注意的是，“预览图像”节点不产生任何输出数据，其核心价值在于提供即时的图像预览功能，帮助用户更高效地处理图像数据。

步骤 05 执行上述操作后，即可完成文生图工作流的搭建，单击右下角的“执行队列”按钮，即可生成相应的图像，如图3-32所示。

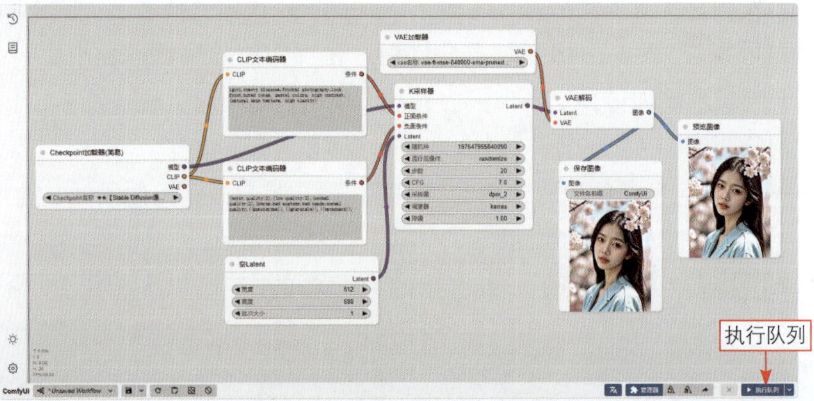

图 3-32　文生图工作流与生成的图像

★ 专 家 提 醒 ★

“保存图像”是一个专门用于将图像数据保存到存储设备上的节点。如果用户仅需在工作流中快速浏览图像，那么“预览图像”节点将是理想的选择。然而，当用户面对大量生成的图像，需要高效地进行管理和组织时，“保存图像”节点便显得尤为重要。

“保存图像”节点允许用户通过连接一个带有文件前缀的小部件，向输出节点传递特定格式的字符串，以此来帮助用户更好地整理这些图像。“保存图像”节点的相关接口和参数说明如下。

（1）图像：接收用户想要保存的图像数据。

（2）文件名前缀：用户可以为即将保存的图像文件指定一个前缀，以便在存储设备上更轻松地识别和管理它们。

注意，“保存图像”节点在完成任务后，也不会产生任何输出数据，它的主要功能是将图像保存到指定的位置，并依据用户提供的文件名前缀进行组织。

3.2 掌握文生图工作流的进阶玩法

在踏入ComfyUI文生图工作流的进阶阶段时，大家往往会发现，掌握了基础搭建方法仅仅是旅程的起点。当用户已经熟悉了基本的ComfyUI文生图工作流，便可以在此基础上进一步探索，添加更多的节点，以此解锁工作流的无限潜能，创造出更加丰富多样、令人惊叹的图像作品。

3.2.1 搭建LoRA模型工作流

扫码看视频

LoRA模型是一种轻量级参数调整模型，它通过仅更新少量参数来适应不同的任务或风格，而不需要重新训练整个模型。LoRA模型的核心特性包括高效性、泛化性和还原度，这使得它在保持原有模型性能的同时，能够快速适应新的任务或风格。

LoRA模型的应用场景非常广泛，例如在生成摄影风格的图像时，可以使用LoRA模型，效果对比如图3-33所示。

图 3-33 效果对比

★ 专家提醒 ★

LoRA 模型的优点包括训练速度快、计算需求低、训练权重小。因为原始模型被冻结，通过注入新的可训练层，可以将新层的权重保存为一个约 3MB 大小的文件，比 U-Net 模型的原始容量小了近一千倍。

下面介绍搭建LoRA模型工作流的操作方法。

步骤 01 展开ComfyUI的工作流菜单，单击“浏览”按钮，如图3-34所示。

步骤 02 执行操作后，弹出“打开”对话框，选择相应的文生图工作流文件，如图3-35所示。

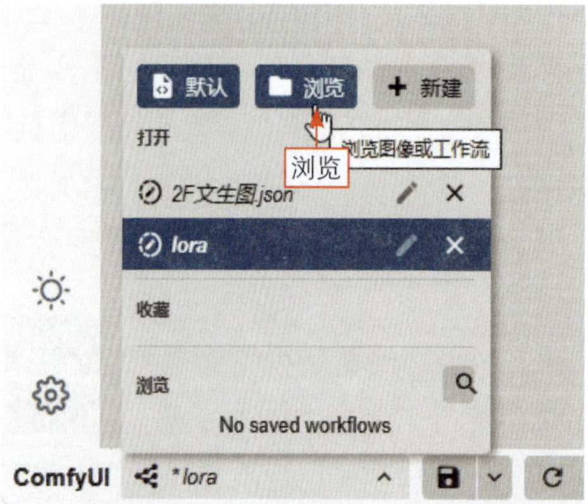

图 3-34　单击“浏览”按钮

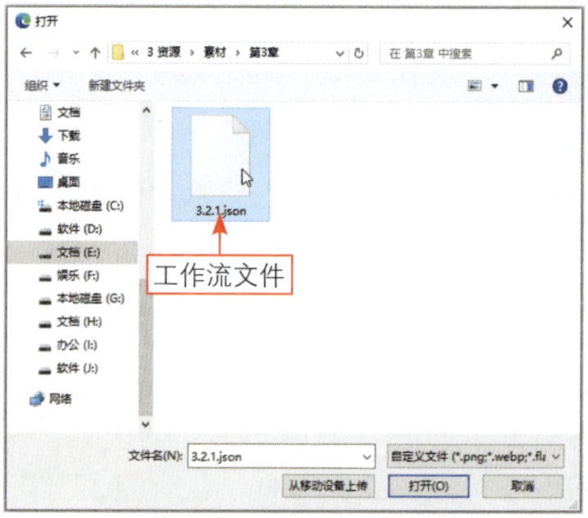

图 3-35　选择相应的工作流文件

步骤 03 单击“打开”按钮，即可在ComfyUI中导入该工作流文件，这是一个基本的文生图工作流，其中已经设置好了提示词和生成参数，单击“执行队列”按钮，即可运行工作流，生成相应的风景图片，效果如图3-36所示。

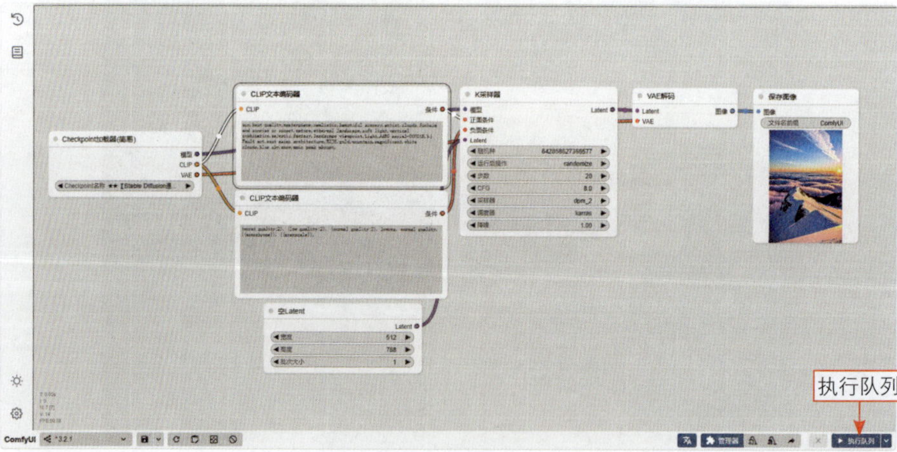

图 3-36　运行文生图工作流生成相应的风景图片

步骤 04 在空白画布上双击，在弹出的搜索框中输入LoRA，在下方的搜索结果中选择“LoRA加载器”选项，如图3-37所示。

步骤 05 执行操作后，即可添加一个“LoRA加载器”节点，如图3-38所示。

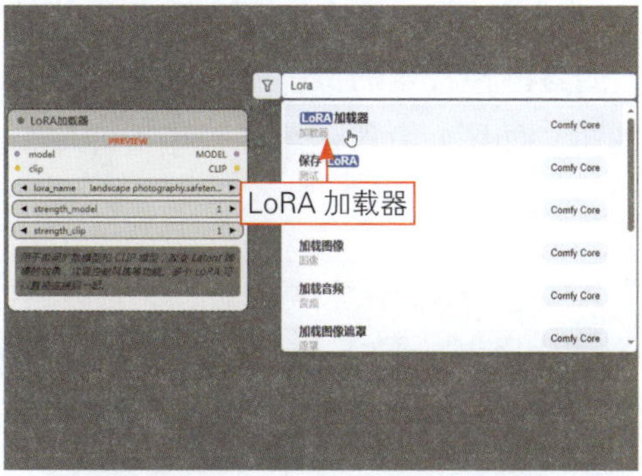

图 3-37　选择“LoRA 加载器”选项

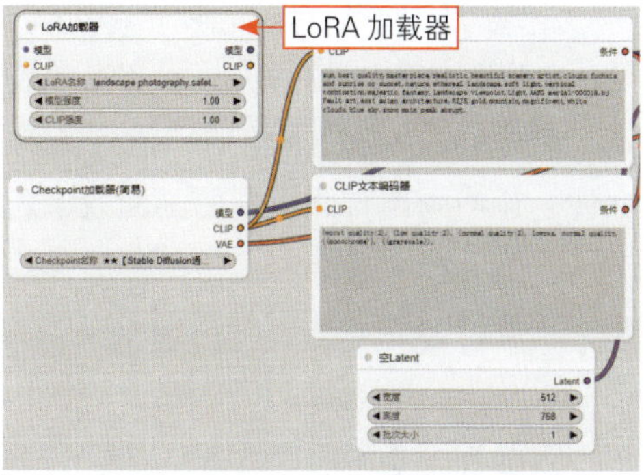

图 3-38　添加“LoRA 加载器”节点

步骤 06 将“Checkpoint加载器（简易）”节点的“模型”和CLIP输出接口连接到“LoRA加载器”节点的对应输入端，并将“LoRA加载器”节点的“模型”和CLIP输出接口分别连接到相应的节点上，完成“LoRA加载器”节点的连接，整体工作流如图3-39所示。

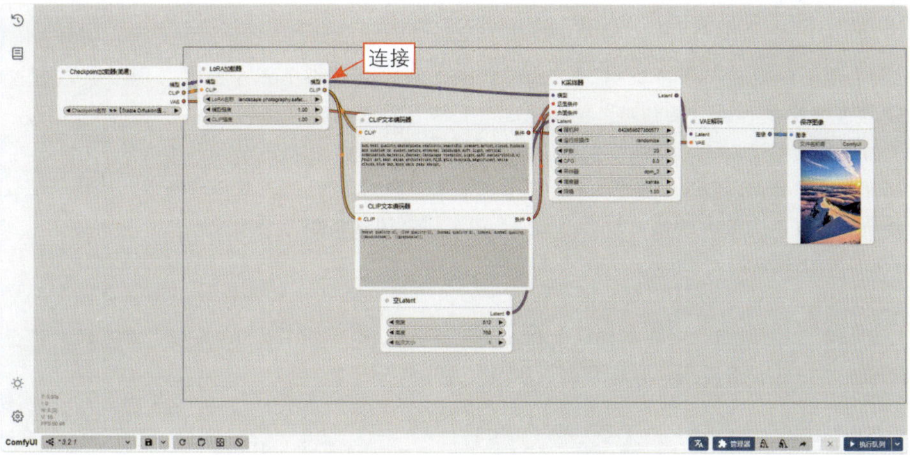

图 3-39　完成“LoRA 加载器”节点的连接

★ 专家提醒 ★

“LoRA 加载器”节点的相应接口和参数说明如下。

（1）模型（输入接口）：用于接收一个待修改的扩散模型。

（2）CLIP（输入接口）：用于接收一个待修改的 CLIP 模型。

（3）模型（输出接口）：经过 LoRA 模型调整的扩散模型。

（4）CLIP（输出接口）：经过 LoRA 模型调整的 CLIP 模型。

（5）LoRA 名称：指定要加载的 LoRA 模型的名称。

（6）模型强度：用于控制对扩散模型的修改强度。

（7）CLIP 强度：用于控制对 CLIP 模型的修改强度，同样支持负数设定。

步骤07 在“LoRA加载器”节点的“LoRA名称”下拉列表框中，选择相应的LoRA模型，如图3-40所示，该LoRA模型能够模拟特定的摄影风格。

步骤08 单击右下角的“执行队列”按钮，如图3-41所示，即可生成相应的图像，让AI画出日照金山的画面效果。

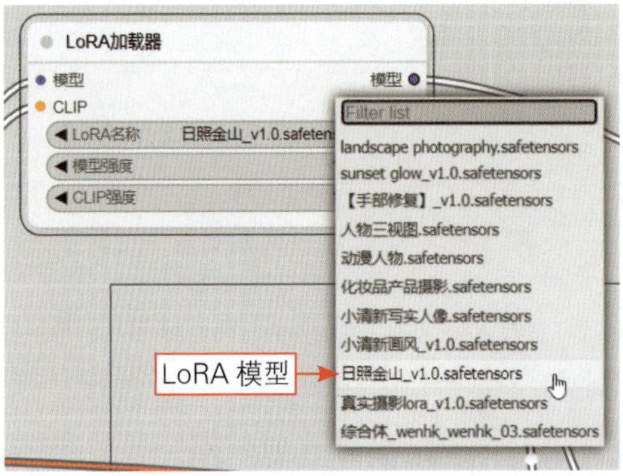

图 3-40　选择相应的 LoRA 模型

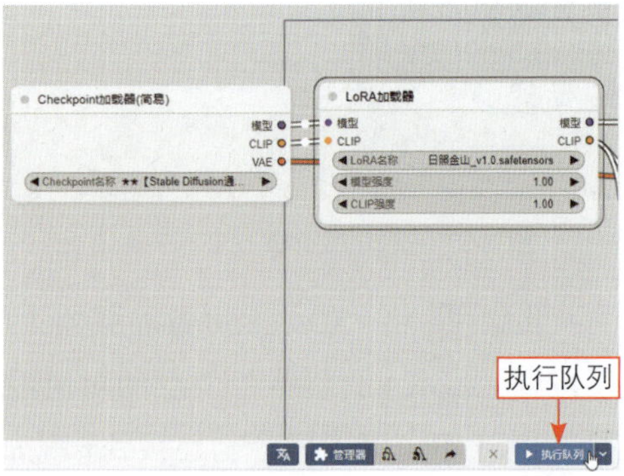

图 3-41　单击“执行队列”按钮

★ 专家提醒 ★

“LoRA 加载器”节点允许用户加载 LoRA 模型。这些 LoRA 模型在调整扩散模型和 CLIP 模型方面发挥着重要作用，主要通过改变潜在因素的降噪机制来生成图像。常见的应用场景包括向模型注入特定风格的生成能力，或者提升对特定主题或动作的生成效果。

值得注意的是，LoRA 模型的强度值是可以设定为负数的。在某些情况下，这样的设置可能会带来意想不到且有趣的效果。不过，LoRA 模型的强度值尽量不要超过 1，否则容易生成效果很差的图像。

另外，用户还可以将多个 LoRA 模型串联起来混用，以进一步细化模型的修改，相关的工作流如图 3-42 所示。混用不同的 LoRA 模型时要注意，不同的 LoRA 模型对不同大模型的干扰程度不一样，需要用户自行测试。

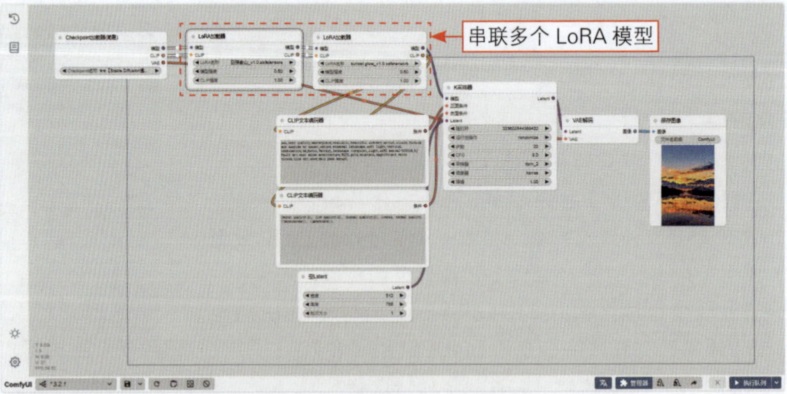

图 3-42　串联多个 LoRA 模型

3.2.2 应用Embedding模型工作流

扫码看视频

Embedding模型通常放在反向提示词中，可以提升AI生成的图像质量。例如，避免错误画手、脸部变形等信息都可以通过调用Embedding模型来解决，著名的EasyNegative就是这类模型。

EasyNegative模型可以有效地提升画面的精细度，避免模糊、灰色调等情况，效果对比如图3-43所示。

图 3-43 效果对比

★ 专 家 提 醒 ★

使用反向提示词可以让扩散模型更加准确地满足用户的需求，避免生成不必要的内容或特征。但需要注意的是，反向提示词可能会对生成的图像产生一定的限制，因此用户需要根据具体需求进行权衡和调整。

下面介绍搭建Embedding模型工作流的操作方法。

步骤 01 展开ComfyUI的工作流菜单，单击“默认”按钮，如图3-44所示。

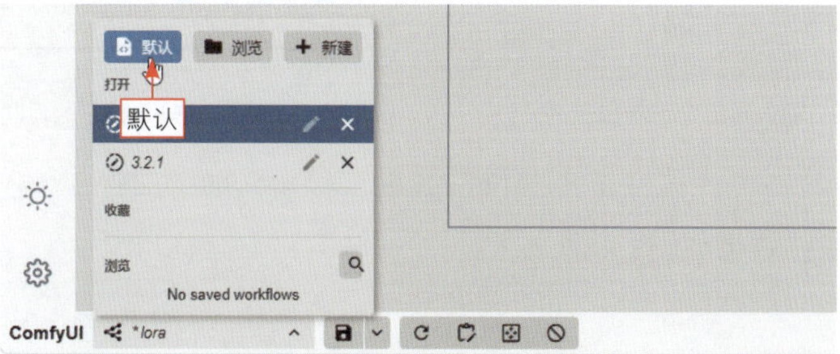

图 3-44 单击“默认”按钮

步骤 02 执行操作后，即可加载默认的文生图工作流，如图3-45所示。

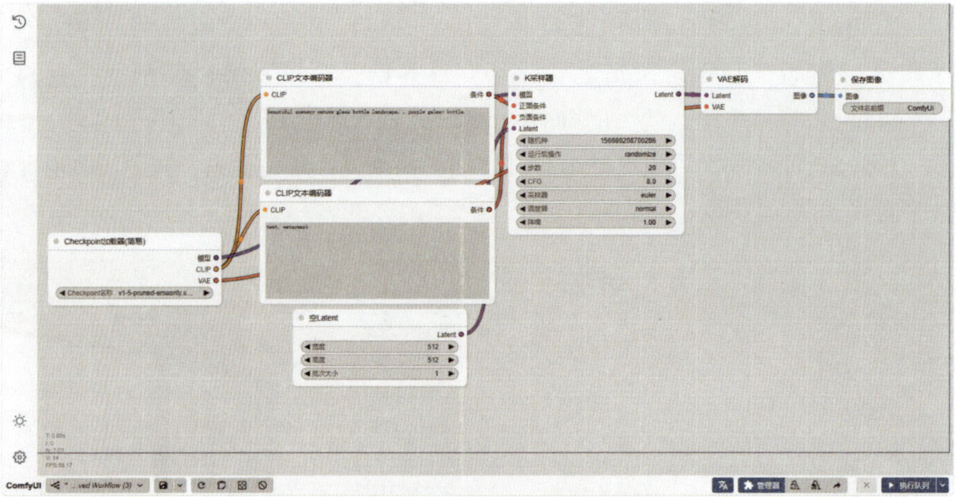

图 3-45 加载默认的文生图工作流

步骤 03 在“Checkpoint加载器（简易）”节点中选择一个写实风格的大模型，在上方的“CLIP文本编码器”节点中输入相应的正向提示词，用于指导AI生成图像，如图3-46所示。

步骤 04 在下方的“CLIP文本编码器”节点中输入相应的反向提示词，其中使用了Embedding模型，基本格式为“embedding:模型名称”，如图3-47所示。

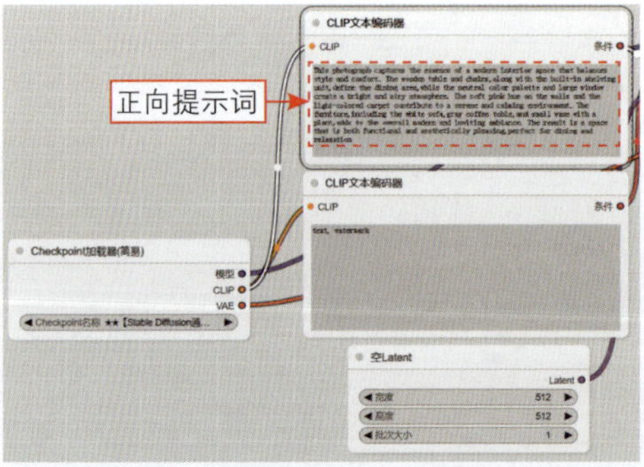

图 3-46 输入相应的正向提示词

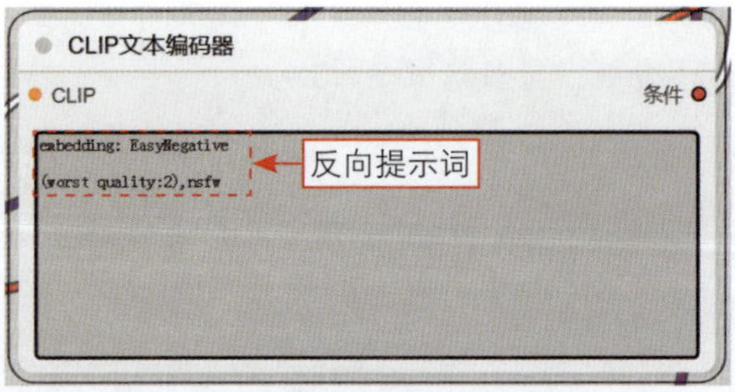

图 3-47 输入相应的反向提示词

步骤 05 执行操作后，单击“执行队列”按钮，即可运行文生图工作流，生成相应的图像，效果如图3-48所示。

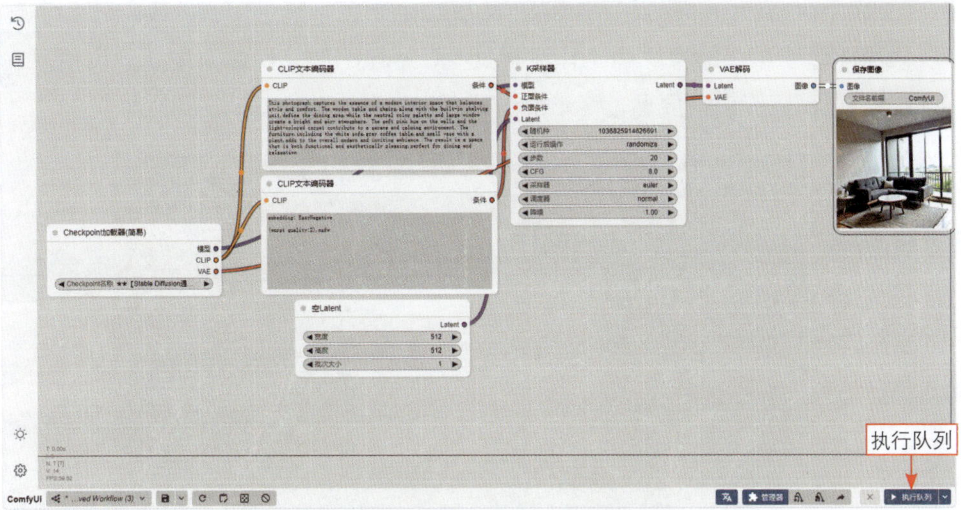

图 3-48　运行文生图工作流生成相应的图像

3.2.3　应用面部修复工作流

Adetailer（全称为After Detailer）可以自动修复低分辨率下生成的人物全身照的脸部，轻松解决低显存下人物脸部变形的情况。本案例通过使用ADetailer搭建面部修复工作流后，不仅让人物的五官更加立体，整个脸部的细节也变得更丰富，而且脸部还呈现了更明显的高光，效果对比如图3-49所示。

扫码看视频

★ 专 家 提 醒 ★

ADetailer是AUTOMATMIC1111的一个扩展工具，它具备一项独特的功能：自动应用修复技术来优化和修复图像中的面部细节。在ComfyUI平台中，与ADetailer相对应的节点被命名为Face Detailer（也称为DDetailer，面部细化），该节点是ComfyUI Impact pack的重要组成部分。

ComfyUI Impact pack 是一个集合了多种自定义节点的软件包，这些节点被精心设计出来，旨在大幅度提升和扩展ComfyUI 的功能性和实用性。通过使用这些节点，用户可以更加高效地处理图像，实现更加出色的创作效果。

图 3-49　效果对比

下面介绍搭建面部修复工作流的操作方法。

步骤 01 将相应的文生图工作流拖曳至ComfyUI的空白画布中，弹出信息提示框，出现相应的报错信息，这是由于节点缺失造成的，如图3-50所示。

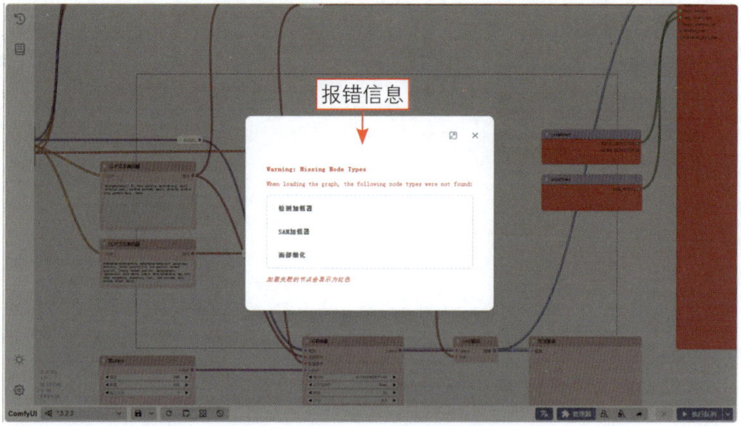

图 3-50　出现相应的报错信息

步骤 02 关闭信息提示框，单击“管理器”按钮，弹出“ComfyUI管理器”对话框，单击“安装缺失节点”按钮，如图3-51所示。

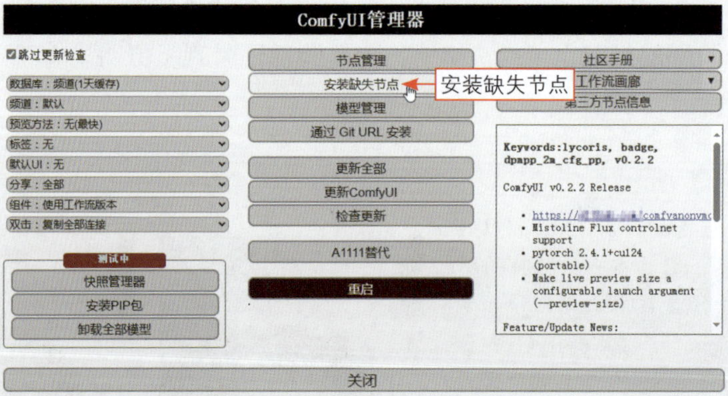

图 3-51　单击“安装缺失节点”按钮

步骤 03 执行操作后，弹出相应的对话框，系统会自动搜索出工作流中的缺失节点，单击Install按钮，如图3-52所示，安装该节点。

步骤 04 节点安装成功后，重启ComfyUI，此时可以看到工作流没有出现报错信息，之前的红色节点也恢复正常，说明节点安装成功，如图3-53所示。

步骤 05 放大工作流后可以看到，该工作流主要是在文生图工作流的基础上，增加了“面部细化”节点和相应的模型加载器节点，如图3-54所示。

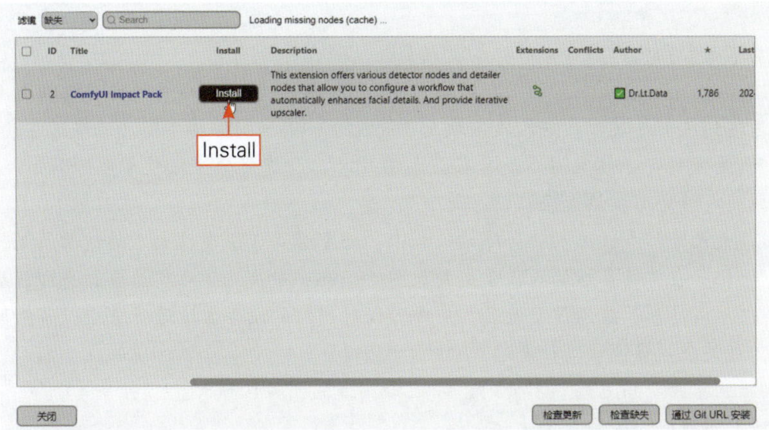

图 3-52　单击 Install 按钮

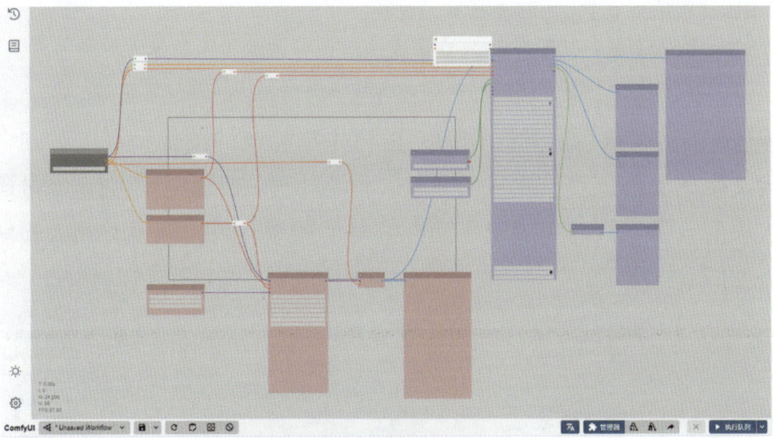

图 3-53　节点安装成功

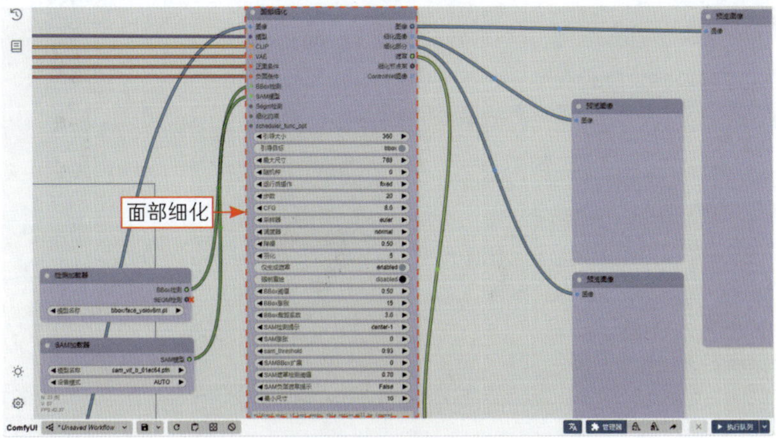

图 3-54　放大工作流

★ 专家提醒 ★

下面是“面部细化”节点中的一些重点参数说明。

（1）引导大小：当检测到的人脸区域尺寸小于此引导值时，该功能会自动放大人脸区域，直至其短边达到该引导尺寸；若人脸区域大于此尺寸，则原图保持不变，不进行重绘。

（2）引导目标：此参数用于设定在放大图片时，是将裁剪区域放大至“引导大小”，还是将检测到的人脸矩形框放大至“引导大小”。

（3）最大尺寸：在放大人脸区域的过程中，此参数用于限制放大后的边长最大值。

（4）羽化：在将修复后的人脸合成到原图时，此参数决定了人脸边缘的平滑程度。

（5）仅生成遮罩：启用该功能后，采样器仅对图像的遮罩区域进行重绘；若禁用该功能，则采样器会对整个裁剪区域进行重绘。

（6）强制重绘：当启用该功能时，即使检测到的图片区域大于“引导大小”，采样器也会进行重绘，同时检测区域不会被放大。

（7）BBox阈值：用于设定识别的置信度阈值，仅当对象的置信度高于此值时才会被检测。

（8）BBox膨胀：用于扩展遮罩区域的边界。

（9）BBox裁剪系数：用于扩展裁剪区域，以便将人脸周围的像素也纳入考虑。若此值设置过小，可能导致恢复效果不佳，因为无法充分获取人脸周围的环境信息。

步骤 06 单击“执行队列”按钮，即可生成相应的图像，可以看到下方的人脸图像为文生图工作流直接生成的效果，而右上角的人脸图像则是经过面部修复工作流生成的效果，同时还展示了面部修复的蒙版，可以明显看到人脸的高光更加突出，如图3-55所示。

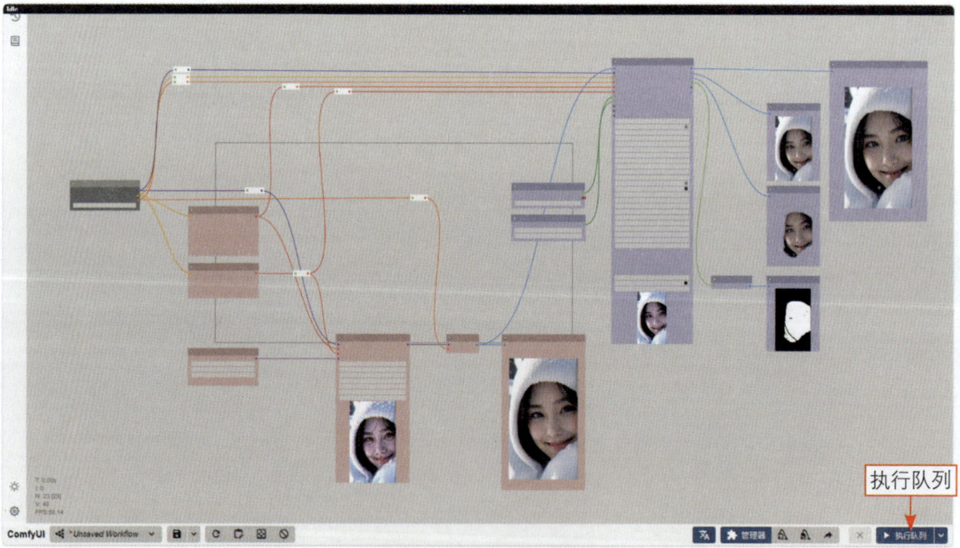

图 3-55　生成相应的图像

3.2.4　应用高清修复工作流

高清修复（Hires Fix）工作流主要是在普通文生图工作流的基础上添加“Latent缩放”节点来形成的，首先以较小的分辨率生成初步图像，接着放大图像，然后在不更改构图的情况下改进其中的细节，效果对比如图3-56所示。

扫码看视频

图3-56　效果对比

★ 专家提醒 ★

高清修复工作流的前面部分与文生图流程一致，随后，工作流会进入潜空间，对图像进行放大处理，并附加一系列额外的采样步骤。在此过程中，会向图像引入初始噪声，并应用特定强度的去噪处理。最后，利用VAE解码器对潜空间中放大的图像进行解码，从而生成放大的图像。

对于显存较小的显卡，可以通过使用高清修复工作流，把“宽度”和“高度”尺寸设置得小一些，然后在“Latent缩放”节点中设置更大的生成尺寸，这样不会占用过多的显存。

下面介绍搭建高清修复工作流的操作方法。

步骤 01 将相应的工作流拖曳至ComfyUI的空白画布中，即可导入高清修复工作流，如图3-57所示。

步骤 02 将工作流放大后可以看到，该工作流的核心模块为Hires Fix（高清修复），其中在“Latent缩放”节点后面增加了一个“K采样器”节点，使工作流实现普通的文生图功能，同时还可以将文生图的效果放大输出，如图3-58所示。

步骤 03 单击“执行队列”按钮，运行工作流，可以看到同时生成了两张图片，首先会生成小图，然后再经过“Latent缩放”节点生成放大的图像，如图3-59所示。

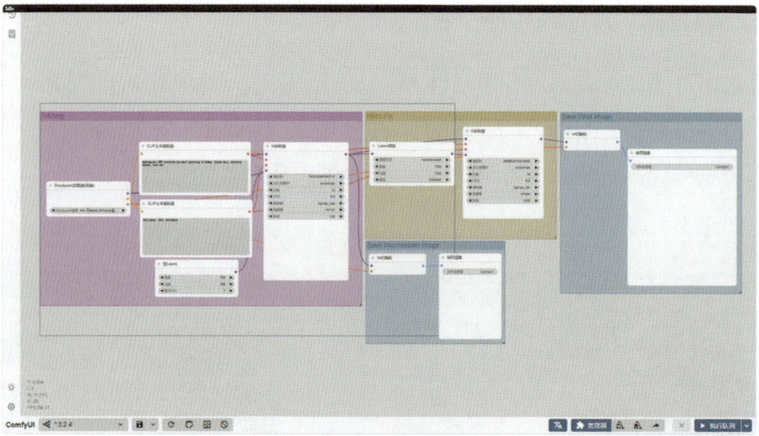

图 3-57　导入高清修复工作流

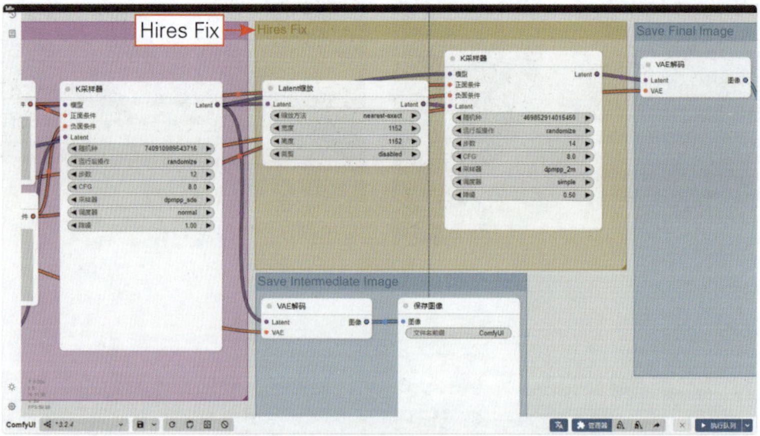

图 3-58　放大工作流

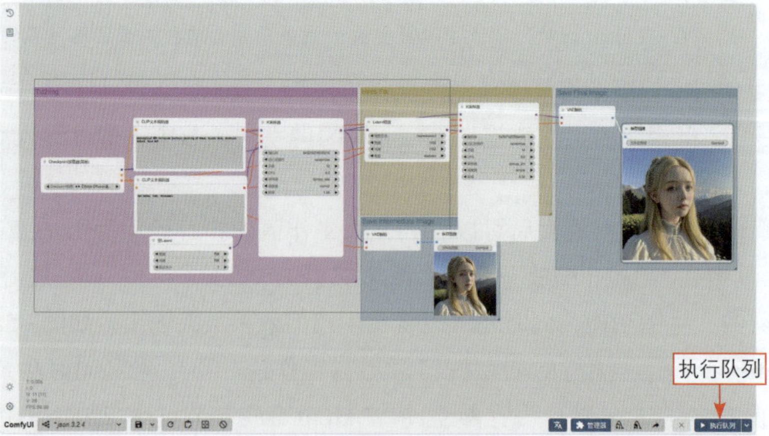

图 3-59　生成相应的图像

3.2.5　搭建SD放大工作流

扫码看视频

SD放大工作流主要使用SD Ultimate Upscale（在ComfyUI中又称为UltimateSDUpscale）插件，用于对生成的图像进行高清放大处理，效果对比如图3-60所示。

图 3-60　效果对比

下面介绍搭建SD放大工作流的操作方法。

步骤 01 要添加UltimateSDUpscale节点，需要在“节点管理器”中搜索并安装该节点，如图3-61所示。

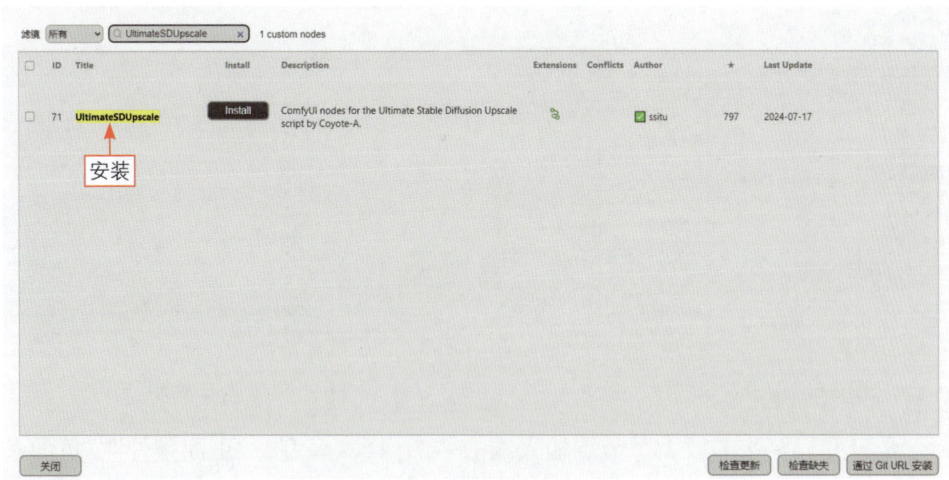

图 3-61　安装 UltimateSDUpscale 节点

步骤 02 安装节点后，导入一个普通的文生图工作流，如图3-62所示。

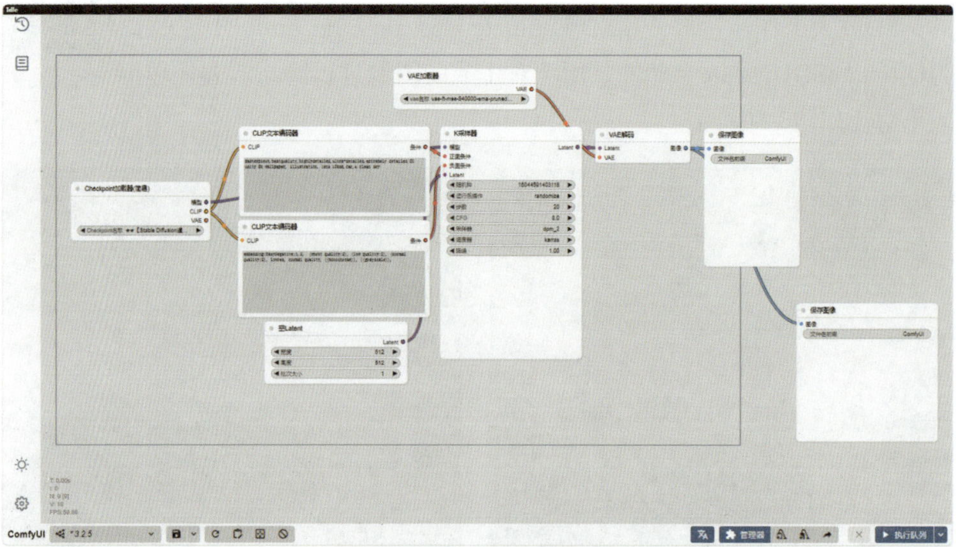

图 3-62　导入文生图工作流

步骤 03 在空白画布上单击鼠标右键，在弹出的快捷菜单中选择“新建节点”|“图像”|“放大”|“SD放大”命令，如图3-63所示。

步骤 04 执行操作后，即可添加一个“SD放大”节点，如图3-64所示。

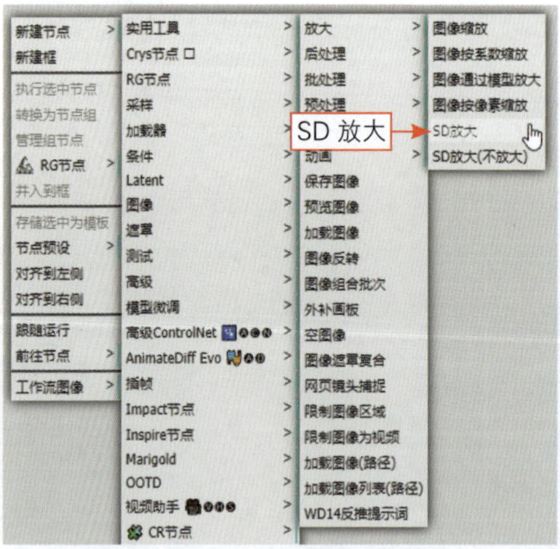

图 3-63　选择“SD 放大”命令

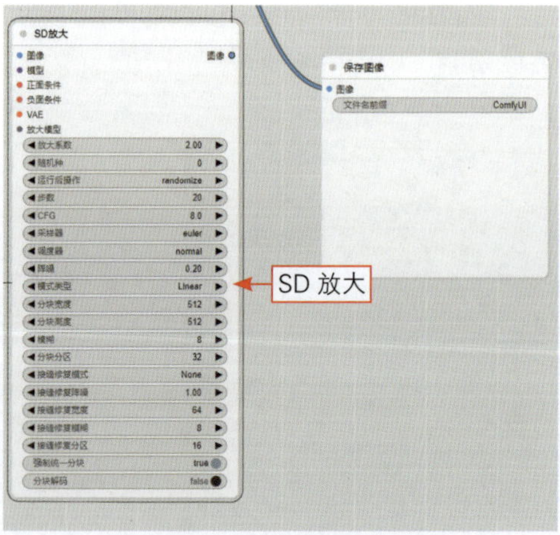

图 3-64　添加“SD 放大”节点

步骤 05 将“SD放大”节点输入端的“图像”“模型”“正面条件”“负面条件”，以及VAE等接口连接到对应的文生图工作流节点上，如图3-65所示。

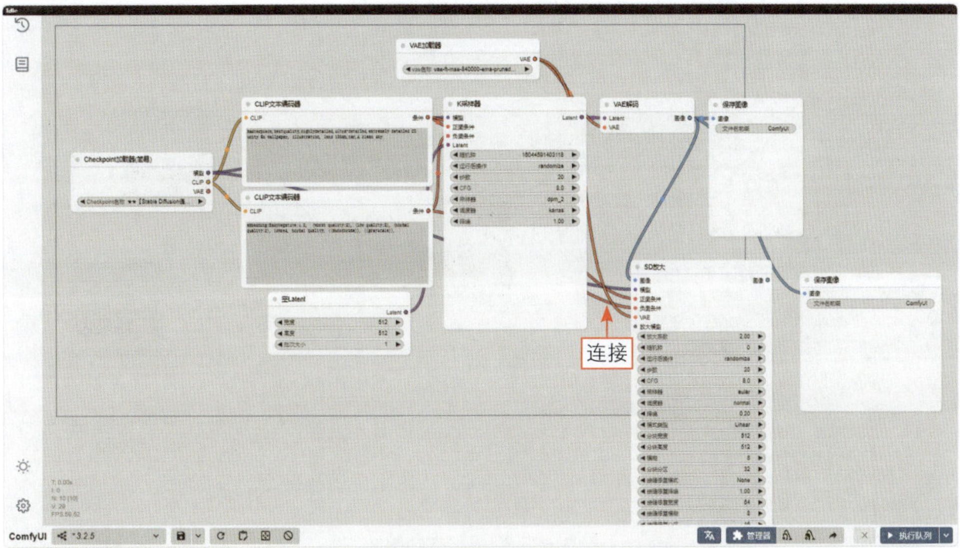

图 3-65　连接“SD 放大”节点的输入接口

步骤 06 从“SD放大”节点的“放大模型”输入接口拉出一条连接线，在弹出的快捷菜单中选择“放大模型加载器”选项，如图3-66所示。

步骤 07 执行操作后，即可创建一个“放大模型加载器”节点，并选择相应的放大模型，用于实现写实类图像的放大处理，如图3-67所示。

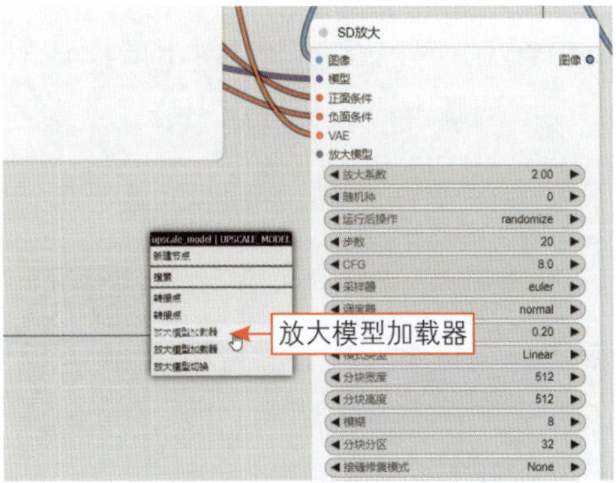

图 3-66　选择“放大模型加载器”选项

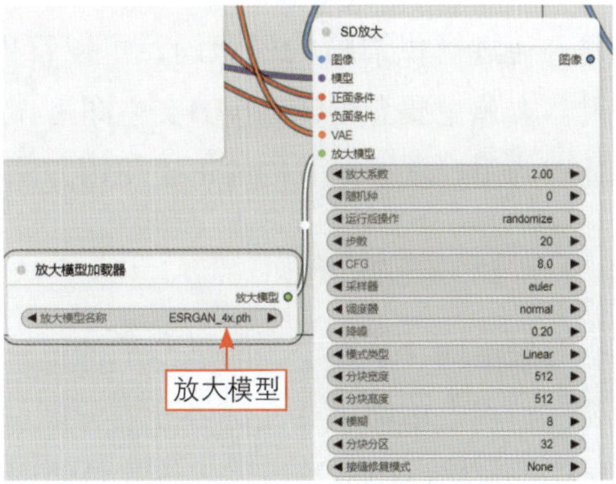

图 3-67　选择相应的放大模型

步骤 08 将“SD放大”节点的“图像”输出接口连接到右侧的“保存图像”节点上，并断开原有的连接线，使放大后的图像能够自动保存。单击“执行队列”按钮，运行工作流，可以看到同时生成了两张图片。首先会生成小图，然后再经过“SD放大”节点生成放大的图像，如图3-68所示。

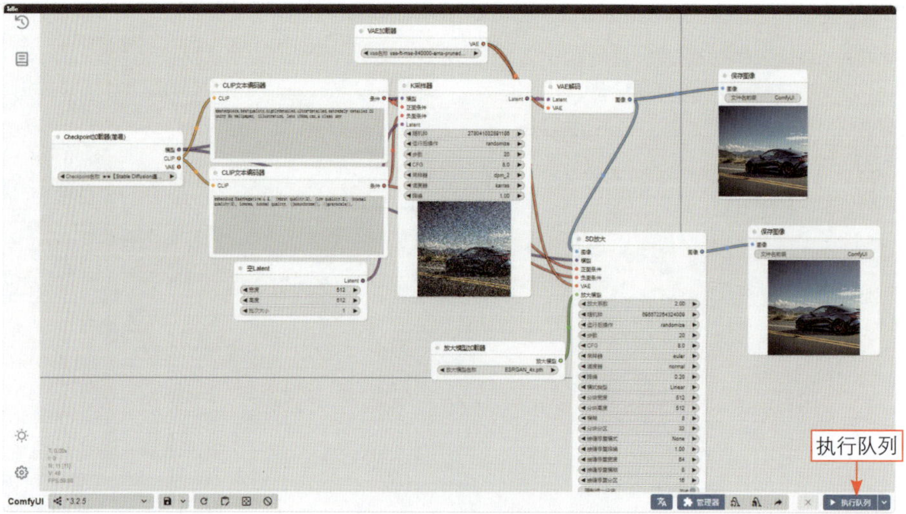

图 3-68　生成相应的图像

3.3　文生图工作流的提示词写法

ComfyUI中的提示词也叫tag，它是一种文本描述信息，用于指导生成图像的方向和画面内容。提示词可以是关键词、短语或句子，用于描述所需的图像样式、主题、风格、颜色、纹理等。

通过提供清晰的提示词，可以帮助ComfyUI生成更符合用户需求的图像效果。本节主要介绍ComfyUI文生图工作流的提示词基本语法和特殊用法，帮助零基础的用户掌握提示词的正确使用方法，以提升AI绘画的创作效果。

3.3.1　提示词的基本语法

扫码看视频

提示词并非判定，而是给AI的提示或参考，支持英文单词和自然语言，多个单词用英文逗号分隔。提示词的先后顺序有权重影响，但建议按自然语序书写，因为权重可使用括号单独设置。

在一组提示词中，各个提示词的权重具有先后顺序，越靠前的提示词，影响程度越大。通常先描述整体画风，再描述局部画面，最后控制光影效果。然而，如果不对提示词中的个别元素进行控制，只是简单地堆砌提示词，权重效果通常并不明显。因此，需要使用语法来更加精准地控制图像的输出结果。

例如，在下面这个案例中，通过减少花元素的提示词权重，可以看到人物手中的花元素不再那么明显了，效果对比如图3-69所示。

图 3-69　效果对比

下面介绍调整提示词权重的操作方法。

步骤 01 在ComfyUI中导入一个文生图工作流，单击“执行队列”按钮，运行工作流，可以看到生成的图像中花元素比较明显，如图3-70所示。

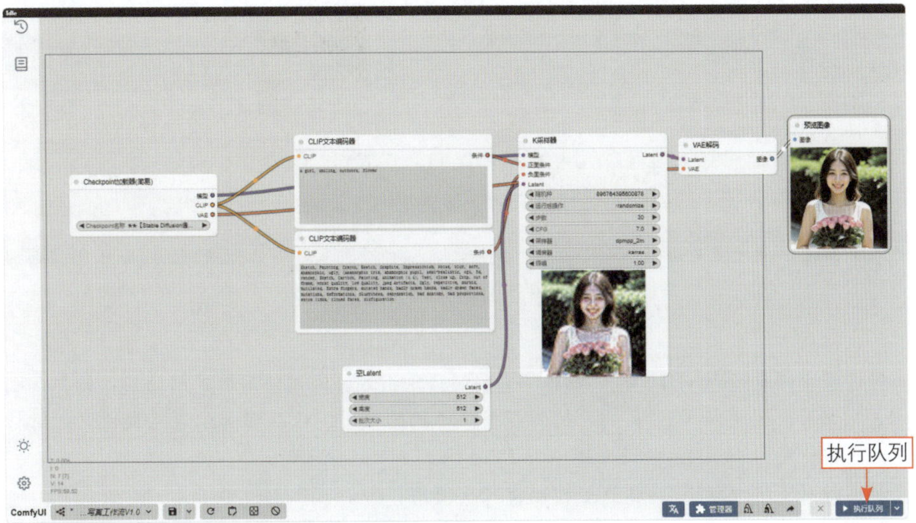

图 3-70　生成的图像中花元素比较明显

步骤 02 在正向提示词的“CLIP文本编码器”节点中，选中flower（花）这个提示词，如图3-71所示。

步骤 03 按住【Ctrl】键的同时，连续按【↓】方向键，即可降低所选提示词的权重值，如图3-72所示。

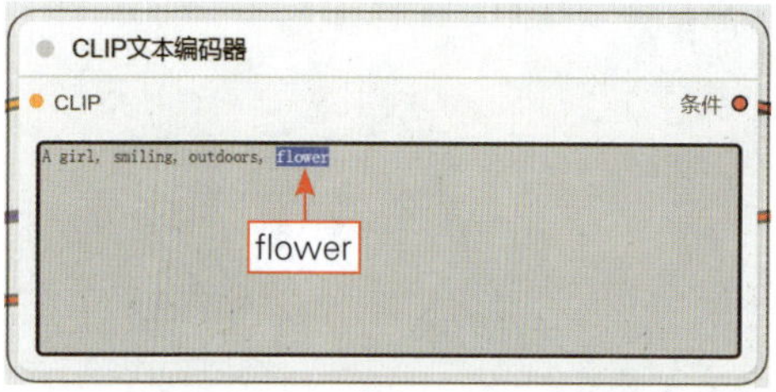

图 3-71　选中相应的提示词

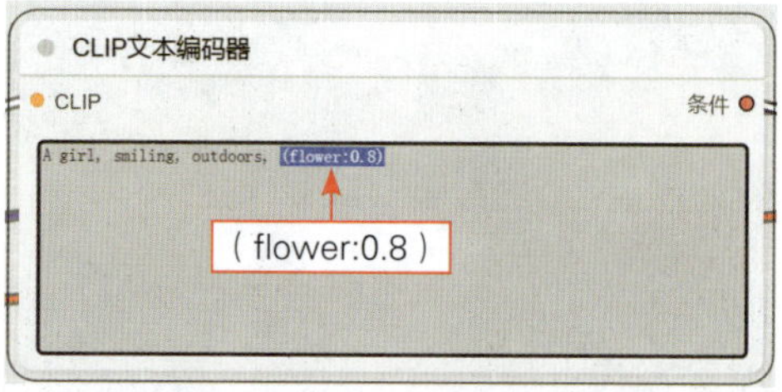

图 3-72　降低提示词的权重值

步骤 04 单击“执行队列”按钮，再次运行工作流，可以看到生成的图像中人物手上的花元素少了一些，如图3-73所示。

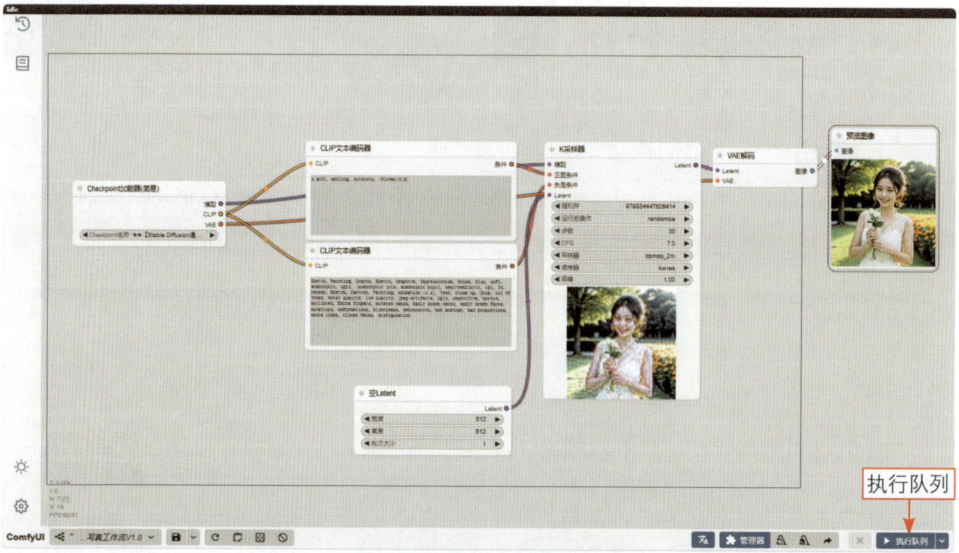

图 3-73　生成的图像中花元素更少一些

★ 专 家 提 醒 ★

强调提示词是ComfyUI中的一种非常重要的语法格式，通过使用特定的语法结构，如小括号( )、中括号[ ]和大括号{ }，用户可以调整提示词的权重，从而影响AI在生成图像时对特定元素的重视程度。

通常情况下，大括号{ }在权重控制中较少使用，而小括号( )和中括号[ ]更为常见。通过灵活运用这些括号类型，用户可以更好地控制AI在绘图过程中提示词的权重，从而获得更加符合期望的图像效果。

权重用于控制生成图像中相应提示词的影响程度，具体作用如下。

当权重数值较高时，AI会更加重视该提示词，并在生成图像时更加突出该部分元素，这意味着，在最终生成的图像中，与高权重提示词相关的内容会更加明显和突出；相反，如果权重数值较低，AI对提示词的重视程度会降低，最终生成的图像中与该提示词相关的内容会相对较少或不明显。

3.3.2 提示词的特殊用法

扫码看视频

在图像生成领域，提示词的应用尤为广泛，它是一种调节AI模型的方法。通过输入想要的内容和效果，AI模型就能理解用户想表达的含义，并据此生成相应的图像。提示词为用户提供了一种简单而直观的方式来控制绘图模型的行为，使得用户可以轻松地完成各种复杂的图像生成任务。下面介绍一些ComfyUI中提示词的特殊用法，帮助用户更好地控制AI生成的画面效果。

1. 分步绘制

分步绘制又称为渐变绘制，该语法的原理是通过参数来控制整个图像生成过程中用于绘制特定内容的步数占比。例如，在下面的案例中，可以看到随着沙漠（desert）在采样迭代步数中占比的提升，接着绘制的森林（forest）已经很难影响画面主体内容，画面基本都是沙漠，效果对比如图3-74所示。

图 3-74 效果对比

下面介绍分步绘制的操作方法。

步骤 01 在ComfyUI中导入一个文生图工作流，在正向提示词中，[desert:forest:0.2]表示前面20%的步骤画沙漠，后面80%的步骤画森林，单击“执行队列”按钮，运行工作流，可以看到生成的图像中森林特征非常明显，如图3-75所示。

步骤 02 将正向提示词改为[desert:forest:0.8]，表示前面80%的步骤画沙漠，后面20%的步骤画森林，单击“执行队列”按钮，运行工作流，可以看到生成的图像中全是沙漠，如图3-76所示。

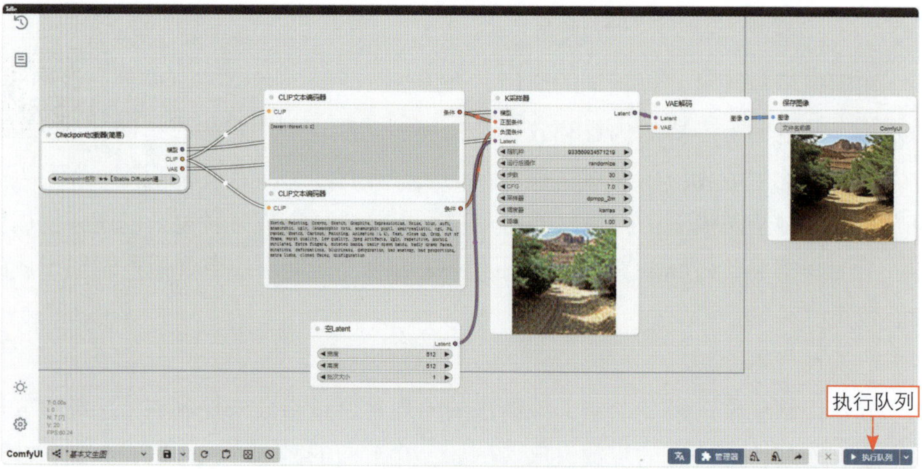

图 3-75　生成的图像中森林特征非常明显

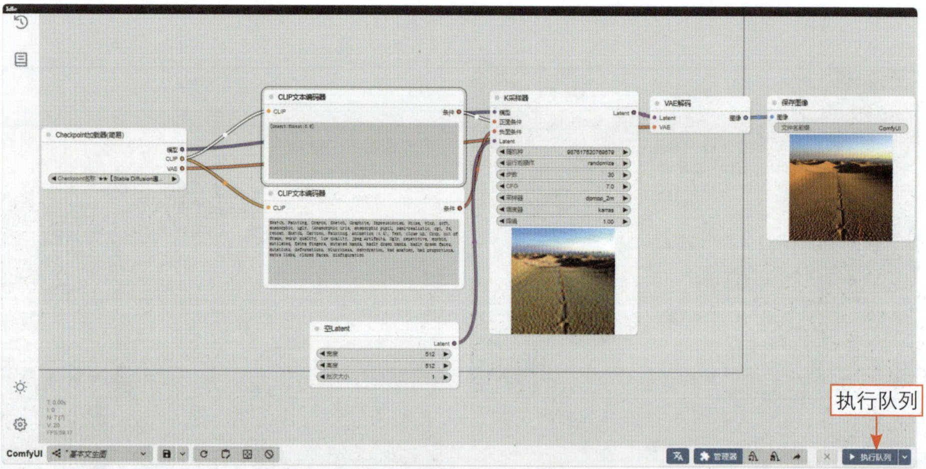

图 3-76　生成的图像中全是沙漠

★ 专 家 提 醒 ★

分步绘制的语法为使用英文格式的 :（冒号）符号，可以按照指定的权重融合两种元素，常用的书写格式有以下 3 种。

（1）[from:to:when]（[从 : 到 : 何时]）：使用 when 来控制画面中不同元素的融合比例。当 when 小于 1 的时候，表示迭代步数（参与总步骤数）的百分比；当 when 大于 1 的时候，则表示在前多少步时作为 A 渲染，之后则作为 B 渲染。需要注意的是，提示词的权重总和建议设置为 100%，如果超过 100%，可能会出现 AI 失控的现象。

（2）[to:when]：例如，提示词为 [yellow hair:0.2]，表示后面 20% 的步骤画黄色的头发，前面 80% 的步骤不画。

（3）[from::when]：例如，提示词为 [yellow hair::0.2]，表示前面 20% 的步骤画黄色的头发，后面 80% 的步骤不画。

2. 融合语法

在模型绘图的过程中，融合语法（也称为混合语法）会将提示词中的前后元素特征关联起来，最终呈现出融合图像的特征。融合语法的格式为A AND B，即用AND（和）将提示词A和B连接起来。注意：AND必须大写。用户也可以使用|（竖杠）符号来代替AND，表示逻辑或操作，即两个元素会交替出现，达到融合的效果。

例如，要实现yellow hair（黄色头发）和green hair（绿色头发）的渐变效果，可以写成2yellow hair | green hair或yellow hair AND green hair（黄头发和绿头发），AI在处理这两个tag时，会按照画一步黄色头发，再画一步绿色头发的方式循环进行绘画，效果对比如图3-77所示。

图 3-77　效果对比

图3-77左图中，使用提示词yellow hair AND green hair，可以生成黄色和绿色混合的人物发色；在图3-77中的右图中，在提示词中加入了权重值，如2yellow hair AND 1green hair，可以看到生成的图像中黄色头发变得更明显，而绿色则相对少了一些。

3. 打断语法

打断语法是指断开前后提示词之间的联系，从而在一定程度上减少提示词相互干扰的情况出现。打断语法的格式相对简单易懂，只需在前后提示词之间添加BREAK（打断）即可断开前后提示词之间的联系，AI会将前后内容视为两段话来理解。

使用打断语法的前后出图效果对比如图3-78所示。在图3-78中的左图中，正向提示词中指定了画面各元素的颜色，如pink hair（粉红色头发）、white shirt（白色衬衫）、red tie（红色领带）、black eyeglass frame（黑色眼镜架），其中眼镜架的颜色被领带“污染”成了红色；而图3-78中的右图则使用了打断语法适当修改正向提示词，“污染”问题得到了解决，眼镜架呈现出正确的黑色。

图 3-78　效果对比

★ 专家提醒 ★

AI模型在理解提示词时，并不会像人类那样逐字逐句地阅读，而是会结合上下文内容进行统一分析并解读。因此，AI模型在运行过程中，有时会出现前后某些提示词相互影响的情况，这种现象被称为“污染”。

第 4 章

从图像到图像：搭建SD ComfyUI图生图工作流

为了更加高效、便捷地处理和生成图像，SD ComfyUI图生图工作流应运而生。图生图工作流旨在将输入的图像转化为符合预期的输出图像，通过智能化的处理手段，实现图像的快速生成与编辑。本章将深入介绍图生图工作流的搭建技巧，轻松实现从图像到图像的转换。

4.1 基础图生图工作流的搭建

图生图（Image to Image）是一种基于深度学习技术的图像生成方法，它可以将一张图片通过转换得到另一张与之相关的新图片，这种技术广泛应用于计算机图形学、视觉艺术等领域。

本节将介绍ComfyUI图生图工作流的搭建方法，并通过实际案例演示，让大家了解如何利用这些技巧来创造出独特而有趣的图像效果。

4.1.1 搭建常规图生图工作流

扫码看视频

ComfyUI的图生图工作流允许用户输入一张图片，并通过添加文本描述的方式输出修改后的新图片，原图与效果图对比如图4-1所示。图生图工作流突破了AI完全随机生成的局限性，为图像创作提供了更多的可能性，进一步提高了ComfyUI在数字艺术创作等领域的应用价值。

图 4-1　原图与效果图对比

下面介绍搭建常规图生图工作流的操作方法。

步骤 01 在ComfyUI中导入一个文生图工作流，如图4-2所示。

步骤 02 在工作流中选择“空Latent”节点，单击鼠标右键，在弹出的快捷菜单中选择“移除”命令，如图4-3所示，删除“空Latent”节点。

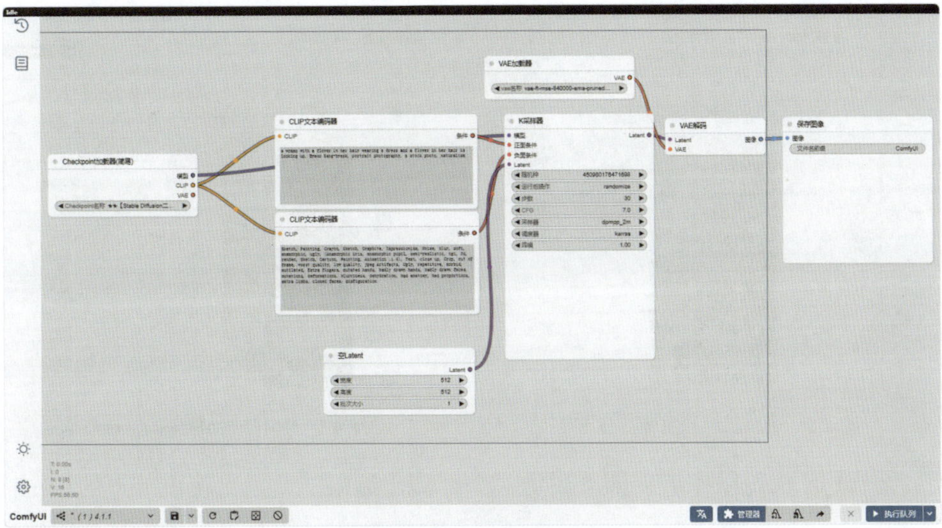

图 4-2　导入文生图工作流

步骤 03 在空白画布上单击鼠标右键，在弹出的快捷菜单中选择“新建节点”|“图像”|“加载图像”命令，如图4-4所示。

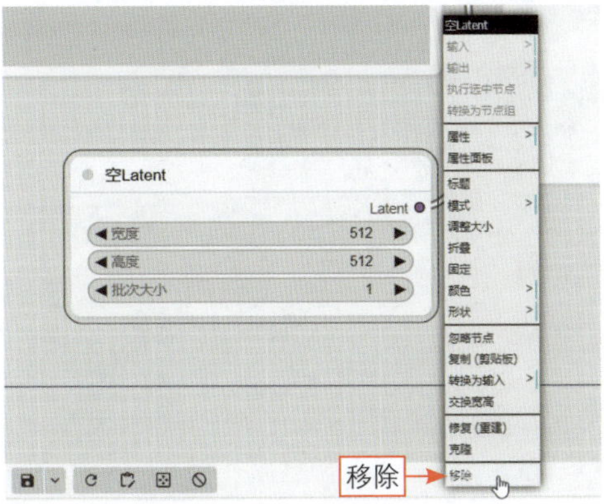

图 4-3　选择“移除”命令

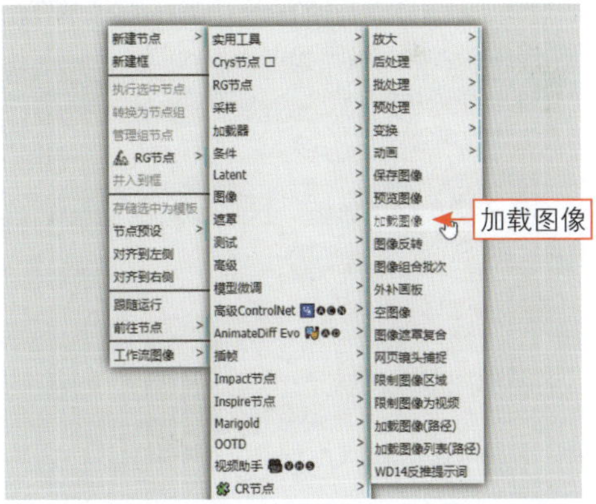

图 4-4　选择“加载图像”命令

★ 专 家 提 醒 ★

“加载图像”节点的功能非常简单，允许用户选择一张图片作为图生图工作流的起始输入。值得注意的是，该节点的输出端具备两种模式：在图像模式下，输出的图像将被直接用作图像数据；在遮罩模式下，输出的图像将作为蒙版数据使用。

步骤 04 执行操作后，即可添加一个“加载图像”节点，如图4-5所示。

步骤 05 从“加载图像”节点的“图像”输出接口中拉出一条连接线，在弹出的快捷菜单中选择“VAE编码”命令，如图4-6所示。

图 4-5　添加“加载图像”节点

图 4-6　选择“VAE 编码”命令

步骤 06 执行操作后，即可添加一个“VAE编码”节点，将该节点的VAE输入端口连接到“Checkpoint加载器（简易）”节点上，并将Latent输出接口连接到“K采样器”节点上，如图4-7所示。

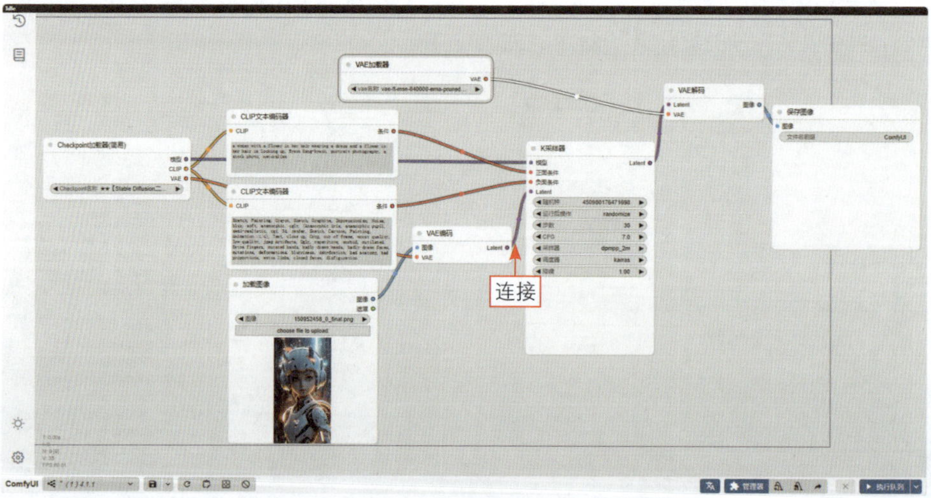

图 4-7　连接节点

★ 专家提醒 ★

“VAE 编码”节点的作用是将图像从像素空间转换到潜空间，以便用户在后面的生成流程中使用。

步骤 07 在“加载图像”节点中，单击choose file to upload（选择要上传的文件）按钮，如图4-8所示。

步骤 08 执行操作后，弹出“打开”对话框，选择一张参考图，如图4-9所示。

图 4-8　单击 choose file to upload 按钮

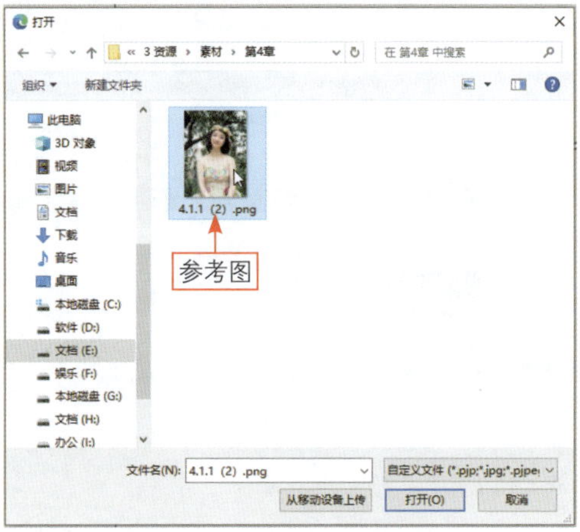

图 4-9　选择一张参考图

步骤 09 单击“打开”按钮，即可将参考图上传至“加载图像”节点中，如图4-10所示。

步骤 10 在“K采样器”节点中，设置“降噪”为0.60，让AI生成的新图更接近参考图，如图4-11所示。

图 4-10　上传参考图

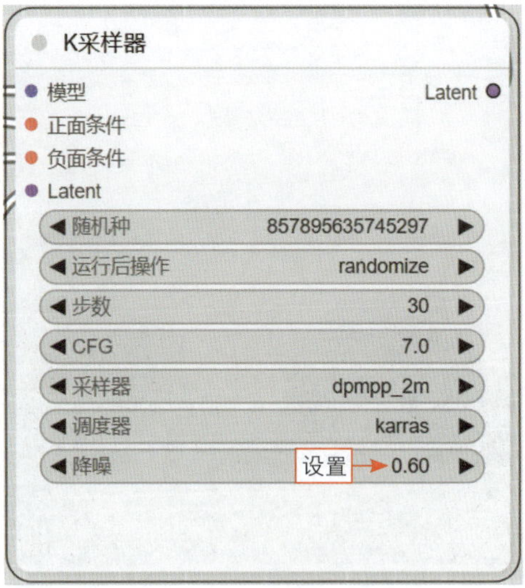

图 4-11　设置“降噪”参数

步骤 11 单击“执行队列”按钮，运行工作流，即可根据参考图生成相应的新图，效果如图4-12所示。

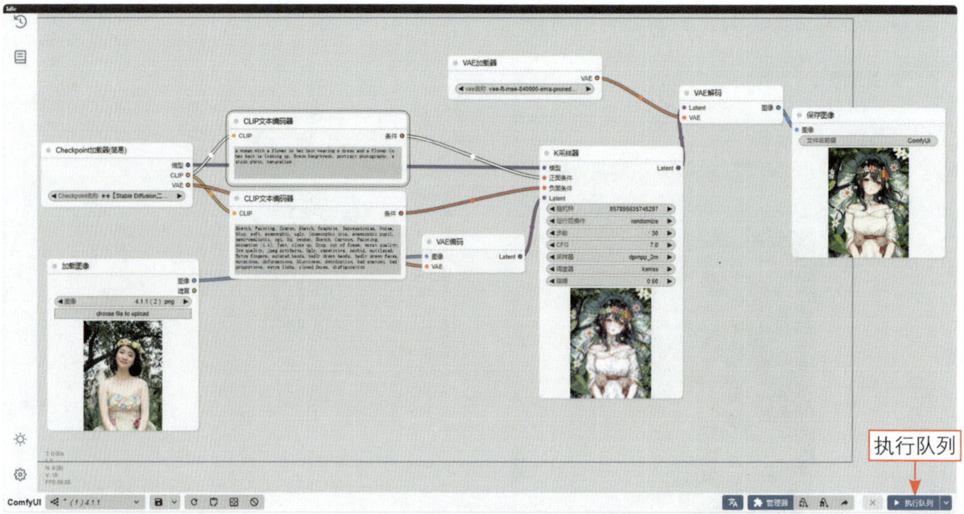

图 4-12　根据参考图生成相应的新图

4.1.2　调整图生图工作流生图的尺寸

扫码看视频

在图生图工作流中，当参考图和用户设置的新图尺寸参数不一致的时候，用户可以通过“图像缩放”节点来选择图片处理模式，使出图效果更合理，原图与效果图对比如图4-13所示。

图 4-13　原图与效果图对比

下面介绍调整图生图工作流生图尺寸的操作方法。

步骤 01 在ComfyUI中导入一个图生图工作流，在“加载图像”节点中上传相应的参考图，如图4-14所示。

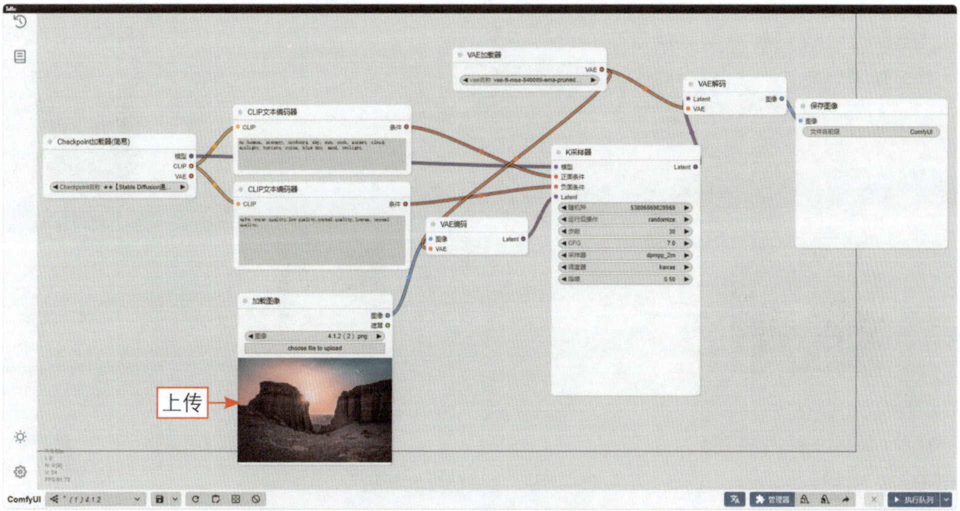

图 4-14　上传相应的参考图

步骤02 在空白画布上单击鼠标右键，在弹出的快捷菜单中选择“新建节点”|“图像”|“放大”|“图像缩放”命令，创建一个“图像缩放”节点，将其连接到“加载图像”节点和“VAE编码”节点的中间，并设置“裁剪”为center（中心），如图4-15所示，这样AI会自动调整图像的大小，使整个目标分辨率都被图像填充，并裁剪多出来的部分。

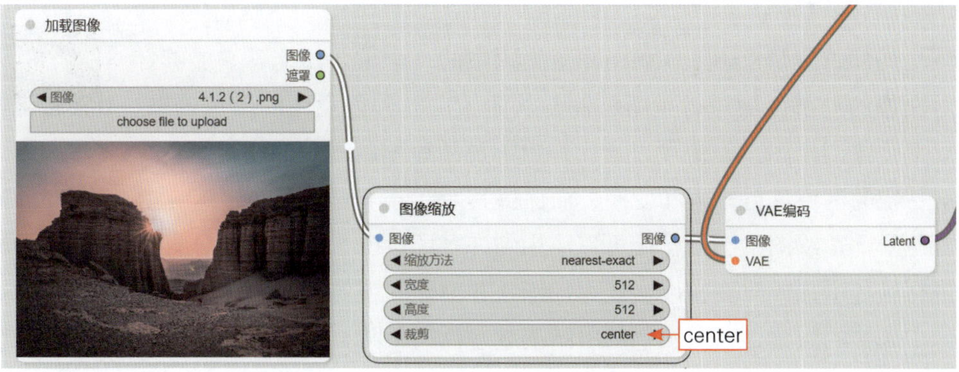

图 4-15　添加并设置“图像缩放”节点

步骤03 单击“执行队列”按钮，运行工作流，即可根据参考图生成相应的新图，同时将图像尺寸调整为方图，如图4-16所示。

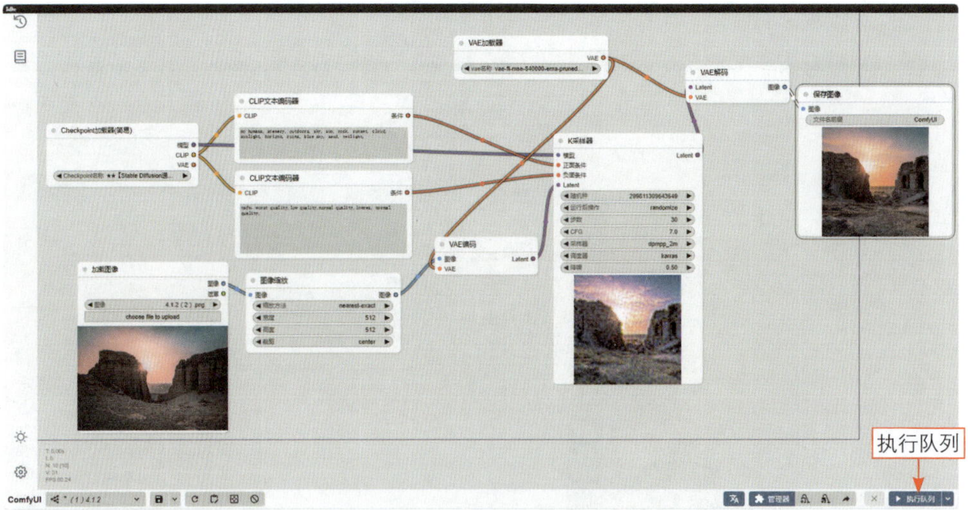

图 4-16　生成相应的新图

4.2　掌握图生图工作流的进阶玩法

本节主要介绍一些图生图工作流的进阶玩法，如局部重绘、图片扩展、模型放大和图像裁剪等，通过掌握这些工作流的搭建技巧，大家将能够创作出更加独特和富有艺术感的图像效果。

4.2.1　搭建局部重绘图生图工作流

扫码看视频

局部重绘是Stable Diffusion图生图中的一个重要功能，它能够针对图像的局部区域进行重新绘制，从而做出各种创意性的图像效果。局部重绘图生图工作流可以让用户更加灵活地控制图像的变化，它只对特定的区域进行修改和变换，而保持其他部分不变。

局部重绘图生图工作流可以应用到许多场景中，用户可以对图像的某个区域进行局部增强或改变，以实现更加细致和精确的图像编辑。例如，可以只修改图像中人物的眼睛，将灰褐色的眼睛变成蓝色的眼睛，而保留其他部分的原貌，使肖像更加生动传神，原图与效果图对比如图4-17所示。

下面介绍搭建局部重绘图生图工作流的操作方法。

步骤 01 在ComfyUI中导入一个图生图工作流，在“加载图像”节点中上传相应的参考图，如图4-18所示。

图 4-17　原图与效果图对比

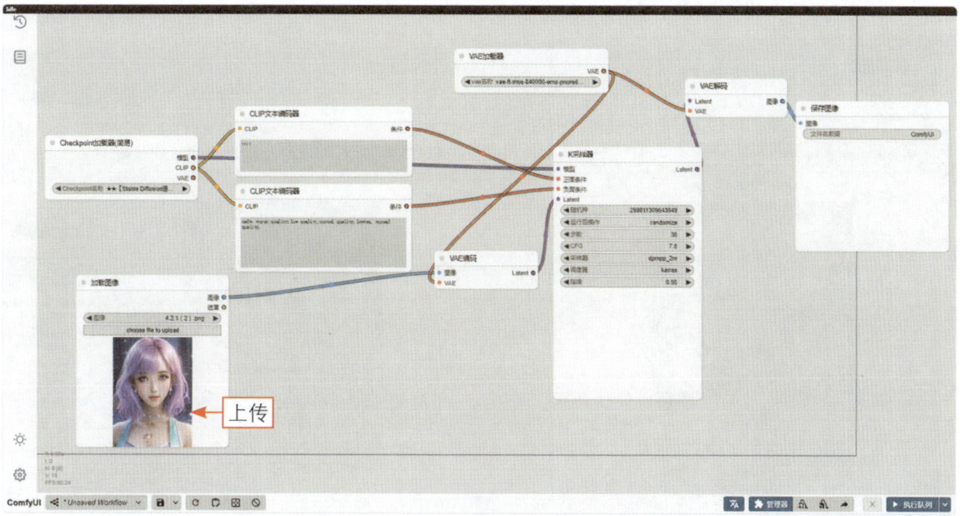

图 4-18　上传相应的参考图

步骤 02 在参考图上单击鼠标右键，在弹出的快捷菜单中选择“在遮罩编辑器中打开”命令，如图4-19所示。

步骤 03 执行操作后，打开遮罩编辑器，适当调整画笔大小，涂抹人物的眼睛部分，创建遮罩蒙版，如图4-20所示。

图 4-19　选择“在遮罩编辑器中打开”选项

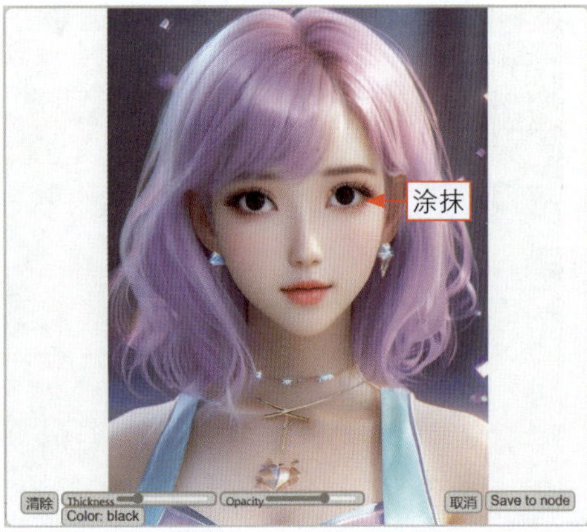

图 4-20　创建遮罩蒙版

步骤 04 单击Save to node（保存到节点）按钮，即可在人物眼部创建一个白色的遮罩蒙版，指定图像的重绘区域，如图4-21所示。

步骤 05 从“加载图像”节点的“遮罩”输出接口拉出一条连接线，在弹出的快捷菜单中选择“VAE内补编码器”命令，如图4-22所示。

图 4-21　指定重绘区域

图 4-22　选择“VAE 内补编码器”命令

步骤 06 执行操作后，即可添加一个“VAE内补编码器”节点。有了该节点后就不再需要“VAE编码”节点了，删除“VAE编码”节点即可。将“VAE内补编码器”节点的“图像”和“遮罩”输入接口连接到“加载图像”节点，同时将VAE输入接口连接到对应的“VAE加载器”节点，Latent输出接口则与“K采样器”节点连接，完成“VAE内补编码器”节点的连接，如图4-23所示。

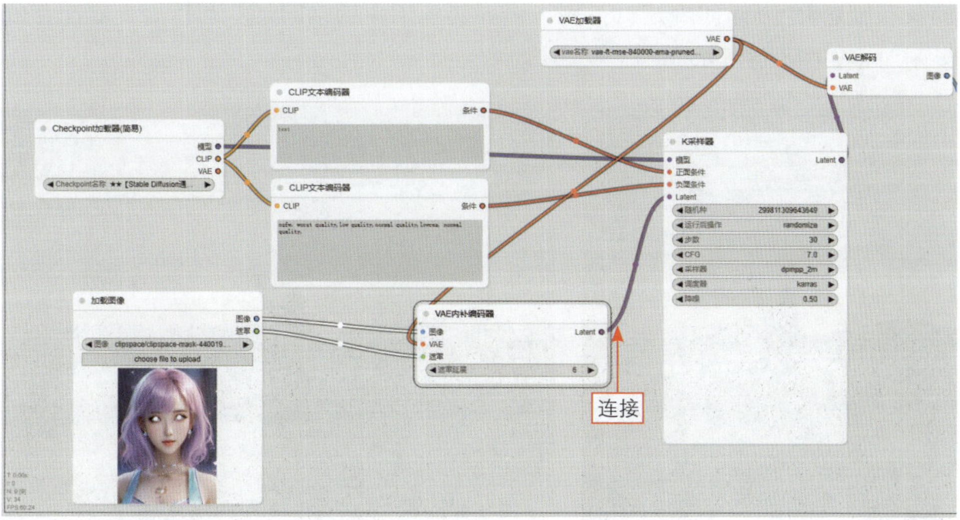

图 4-23 添加并连接“VAE 内补编码器”节点

步骤 07 输入相应的正向提示词，这里只需输入重绘的内容即可。单击“执行队列”按钮，运行工作流，即可重绘人物的眼睛部分，如图4-24所示。

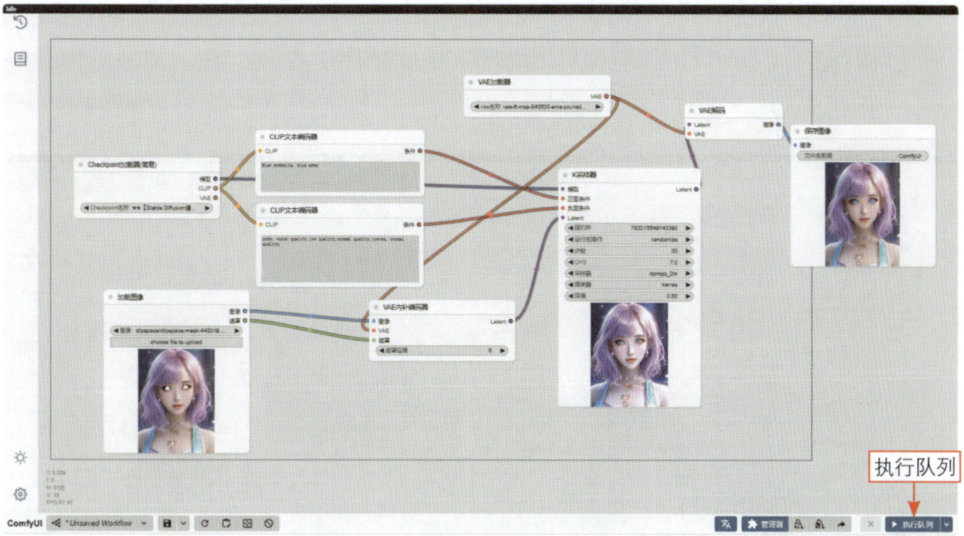

图 4-24 重绘人物的眼睛部分

4.2.2 搭建图片扩展图生图工作流

扫码看视频

图片扩展图生图工作流的核心在于“外补画板”节点的应用，该节点具备强大的图像扩展能力，它能够从参考图像的上方、下方、左侧及右侧这4个方向向外进行扩展，进而实现图像场景的延伸与拓展，原图与效果图对比如图4-25所示。

图 4-25　原图与效果图对比

下面介绍搭建图片扩展图生图工作流的操作方法。

步骤 01 在ComfyUI中导入一个局部重绘图生图工作流，在“加载图像”节点中上传相应的参考图，如图4-26所示。

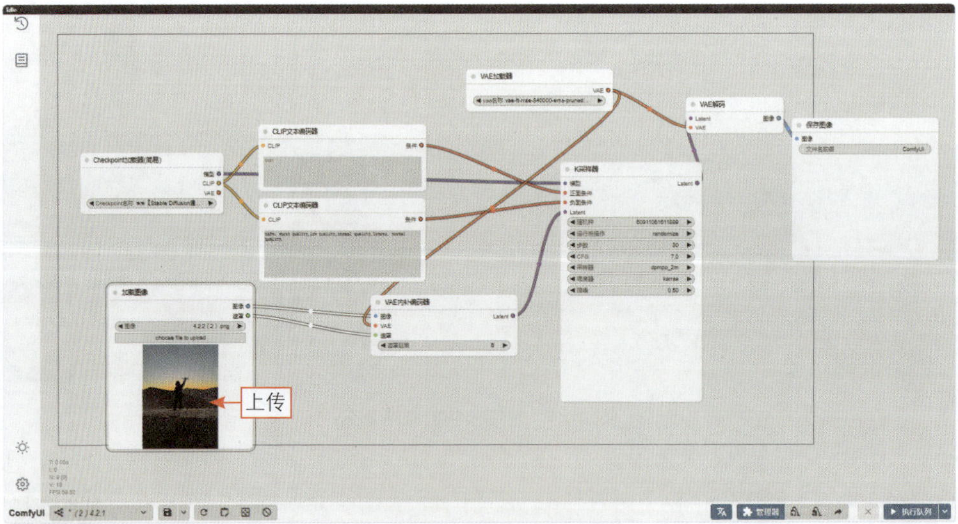

图 4-26　上传相应的参考图

步骤 02 在空白画布上单击鼠标右键，在弹出的快捷菜单中选择“新建节

点”|“图像”|“外补画板”命令，添加一个“外补画板”节点，将其连接到“加载图像”节点和“VAE内补编码器”节点的中间，调整各连接线，并设置“左”为120、“右”为120、“羽化”为50，如图4-27所示，意味着图像将在其原始宽度的基础上，分别从左侧和右侧各自向外扩展120像素，同时会在扩展区域与原始图像之间创建一个柔和的过渡区域。

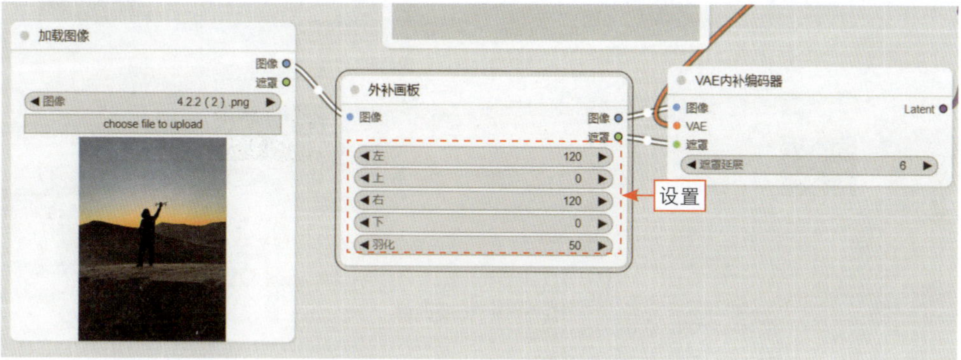

图 4-27　添加并设置“外补画板”节点参数

步骤 03 在正向提示词的“CLIP文本编码器”节点中，输入相应的提示词，用于指导AI将要在扩展区域中绘制的内容，如图4-28所示。

步骤 04 在“K采样器”节点中，设置“降噪”为1.00，让AI拥有更大的灵活度，如图4-29所示。

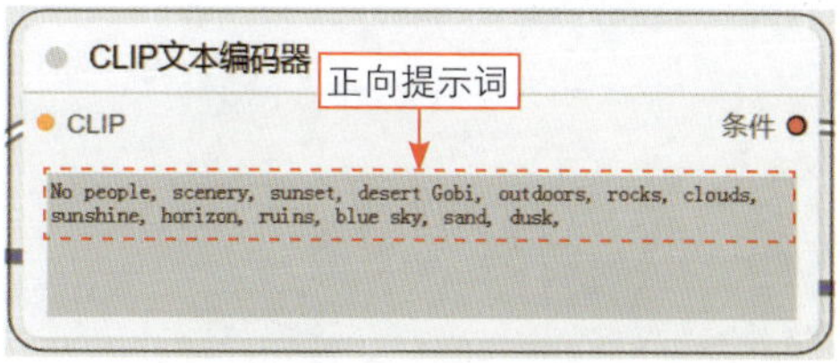

图 4-28　输入相应的提示词

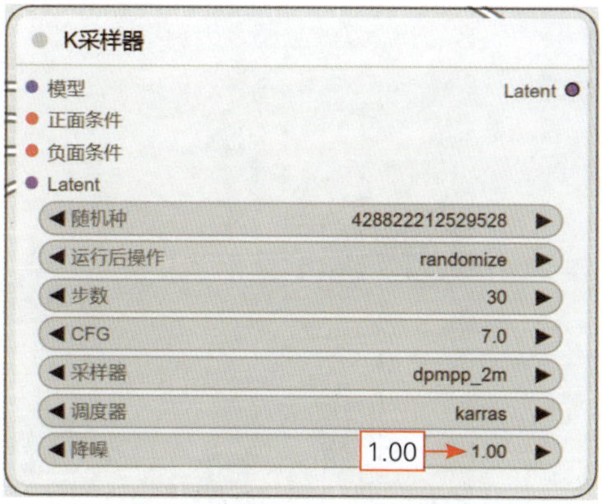

图 4-29　设置“降噪”参数

步骤 05 单击“执行队列”按钮，运行工作流，即可轻松地对原本有限的图像空间进行扩展，为图像增添更多的内容与元素，使其更具表现力和视觉冲击力，如图4-30所示。

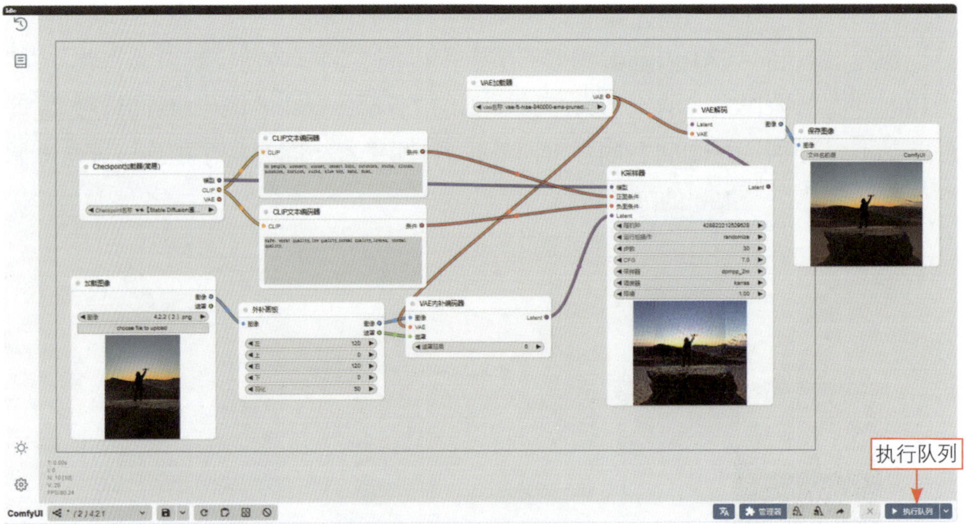

图 4-30　扩展图像

4.2.3　搭建模型放大图生图工作流

扫码看视频

模型放大（也称为算法放大）图生图工作流的工作原理与WebUI上的后期处理放大如出一辙，它们均依赖先进的放大算法来实现对图像的直接放大，即所谓的图像空间放大，效果如图4-31所示。

图 4-31　效果展示

下面介绍搭建模型放大图生图工作流的操作方法。

步骤 01 清空ComfyUI的画布，添加一个“加载图像”节点，上传相应的参考图，如图4-32所示。

步骤 02 在空白画布上单击鼠标右键，在弹出的快捷菜单中选择“新建节点”|“图像”|“放大”|“图像通过模型放大”命令，添加一个“图像通过模型放大”节点，将其连接到“加载图像”节点的图像输出接口上，如图4-33所示。

图 4-32　上传相应的参考图

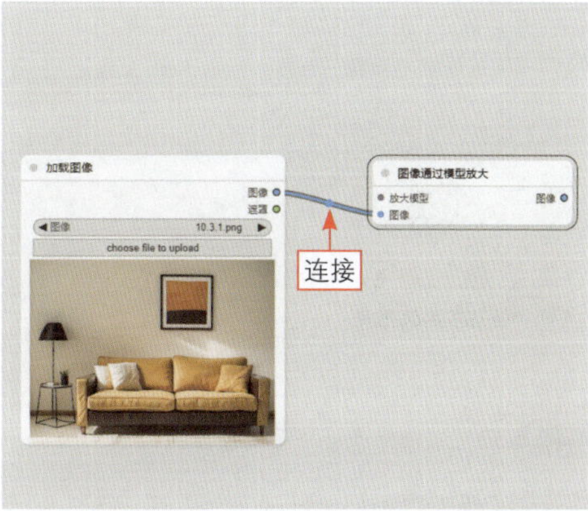

图 4-33　添加并连接“图像通过模型放大”节点

步骤 03 从“图像通过模型放大”节点的“放大模型”输入接口上拉出一条连接线，在弹出的快捷菜单中选择“放大模型加载器”命令，如图4-34所示。

步骤 04 执行操作后，即可添加一个“放大模型加载器”节点，在“放大模型名称”下拉列表框中选择ESRGAN_4x.pth选项，该模型可以直接将图像放大4倍，如图4-35所示。

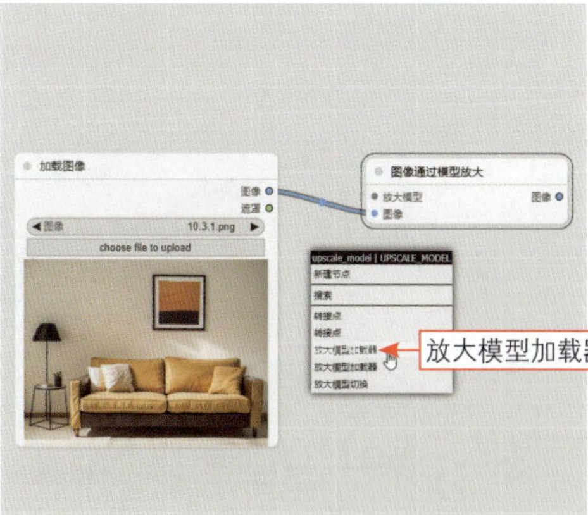

图 4-34　选择“放大模型加载器”选项

图 4-35　选择 ESRGAN_4x.pth 选项

步骤 05 在空白画布上单击鼠标右键，在弹出的快捷菜单中选择“新建节点”|“图像”|“放大”|“图像按系数缩放”命令，添加一个“图像按系数缩放”节点，将其连接到“图像通过模型放大”节点的“图像”输出接口上，如图4-36所示。

步骤 06 在“图像按系数缩放”节点中，设置“系数”为0.50，也就是在放大4倍的基础上再减半，即达到放大两倍的效果，如图4-37所示。

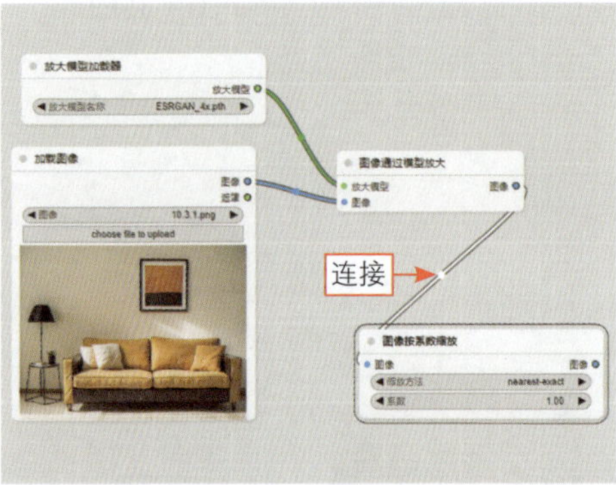

图 4-36　添加并连接“图像按系数缩放”节点

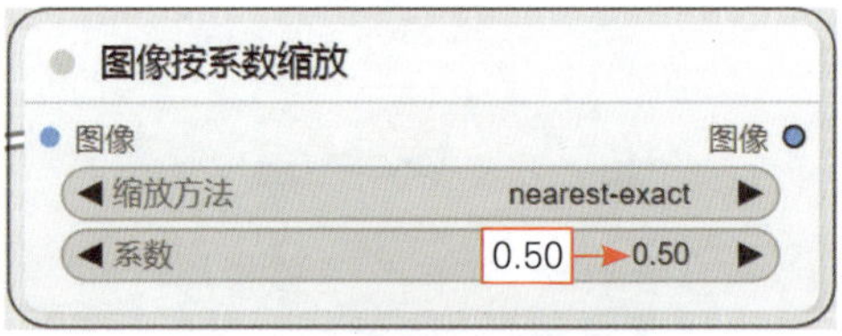

图 4-37　设置“系数”参数

步骤 07 从“图像按系数缩放”节点的“图像”输出接口中拉出一条连接线，添加一个“保存图像”节点，即可完成整个工作流的搭建。单击“执行队列”按钮，运行工作流，即可将原图等比例放大两倍，能够为用户提供清晰细腻、质量上乘的图像放大效果，如图4-38所示。

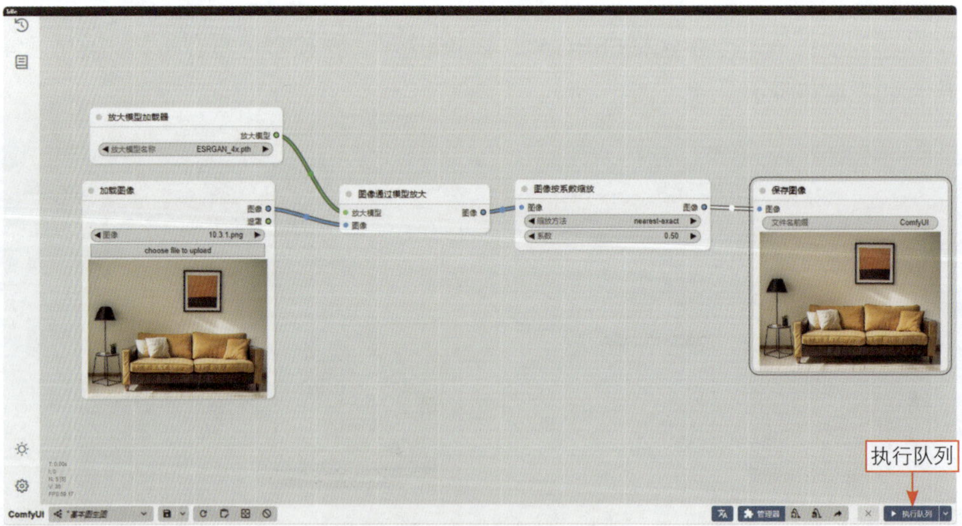

图 4-38　将原图等比例放大两倍

4.2.4　搭建图像裁剪图生图工作流

在图像处理的众多环节中，图像裁剪是一个至关重要的步骤。为了高效地实现这一目标，可以利用ComfyUI中的“图像裁剪”节点，来搭建一个图像裁剪并生成新图像的工作流程，原图与效果图对比如图4-39所示。

扫码看视频

图 4-39　原图与效果图对比

下面介绍搭建图像裁剪图生图工作流的操作方法。

步骤 01 清空ComfyUI的画布，添加一个“加载图像”节点，上传相应的参考图，如图4-40所示。

步骤 02 在空白画布上单击鼠标右键，在弹出的快捷菜单中选择“新建节点”|“图像”|“变换”|“图像裁剪”命令，如图4-41所示。

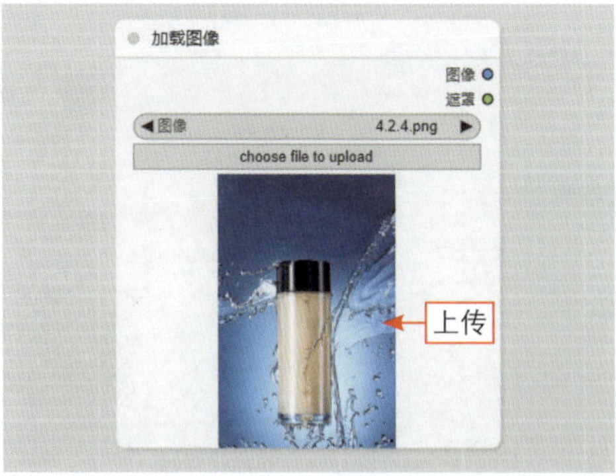

图 4-40　上传相应的参考图

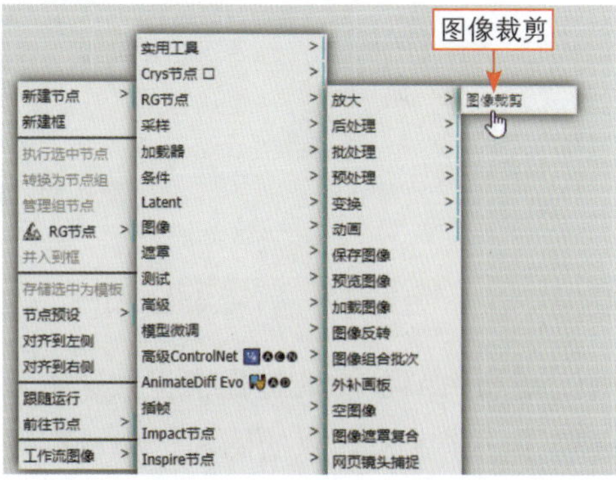

图 4-41　选择“图像裁剪”命令

步骤 03 执行操作后，即可添加一个“图像裁剪”节点，将其“图像”输入接口连接到“加载图像”节点上，如图4-42所示。

步骤 04 在“图像裁剪”节点中，设置“宽度”为1024、“高度”为1024、*Y*为400，调整裁剪图像的尺寸和范围，如图4-43所示。

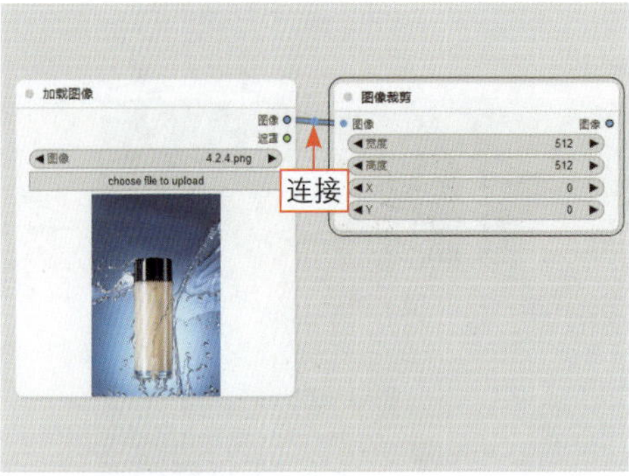

图 4-42　添加并连接“图像裁剪”节点

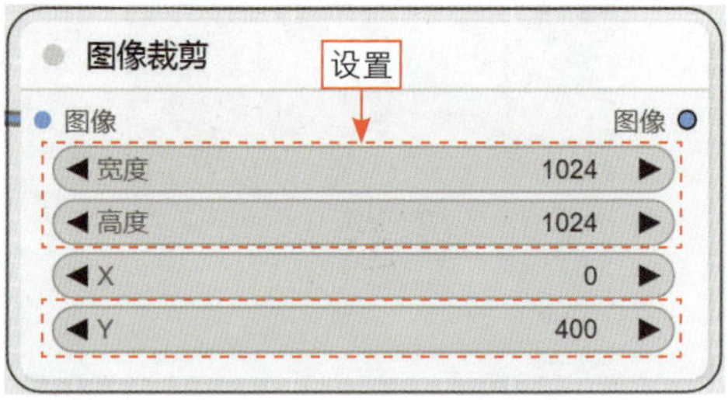

图 4-43　设置相应的参数

步骤 05 从“图像裁剪”节点的“图像”输出接口中拉出一条连接线，添加一个“保存图像”节点，即可完成整个工作流的搭建。单击“执行队列”按钮，运行工作流，即可自动裁剪图像，如图4-44所示。

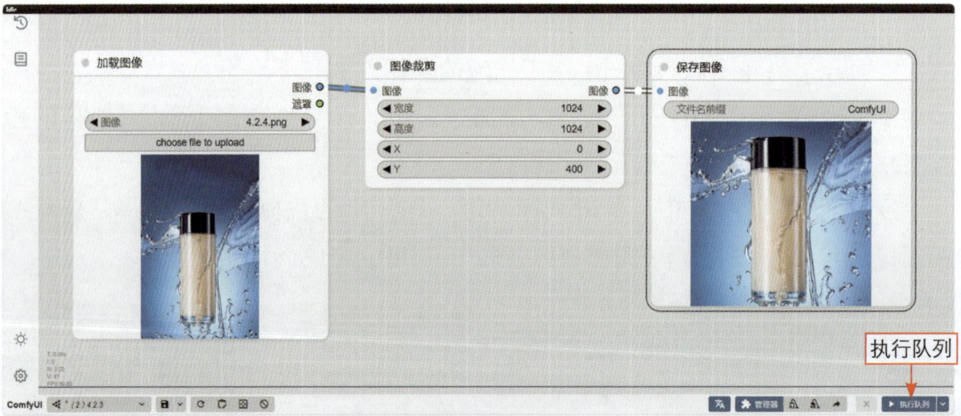

图 4-44　自动裁剪图像

4.2.5　搭建图片反推图生图工作流

扫码看视频

在利用AI绘画的过程中，大家常常会遇到这种情况：看到其他人创作了一张令人惊叹的图片，但没有提供任何Prompt，让人难以使用合适的提示词来描述该画面。

当面对这种情况时，可以反推这张图片的提示词。反推提示词是ComfyUI图生图工作流中的常用功能之一，能够实现间接的“以图生文”效果，原图与效果图对比如图4-45所示。

图 4-45　原图与效果图对比

下面介绍搭建图片反推图生图工作流的操作方法。

步骤 01 在ComfyUI中导入一个图生图工作流，在“加载图像”节点中上传相应的参考图，如图4-46所示。

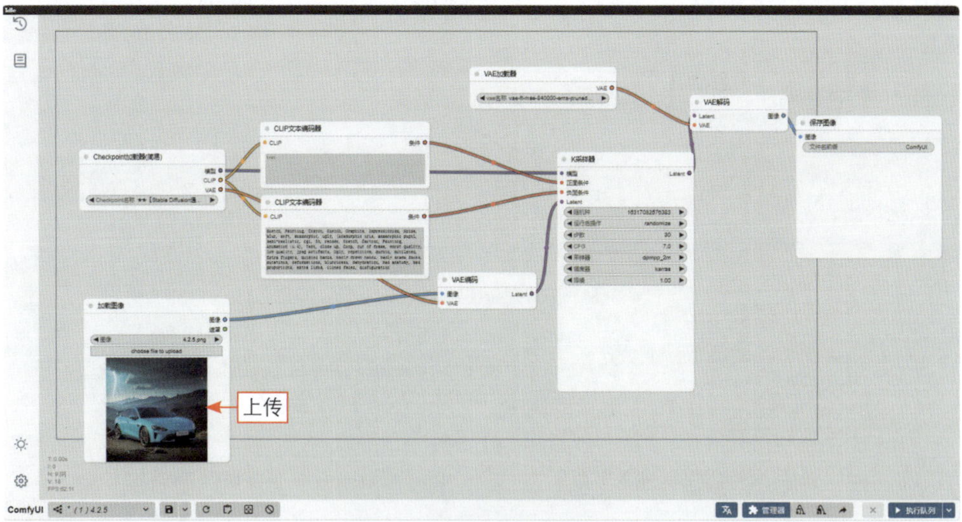

图 4-46　上传相应的参考图

步骤 02 在空白画布上双击，在弹出的搜索框中输入WD，在下方的搜索结果中选择“WD14反推提示词”选项，如图4-47所示。

步骤 03 执行操作后，即可添加一个“WD14反推提示词”节点，并将其“图像”输入接口连接到“加载图像”节点上，如图4-48所示。

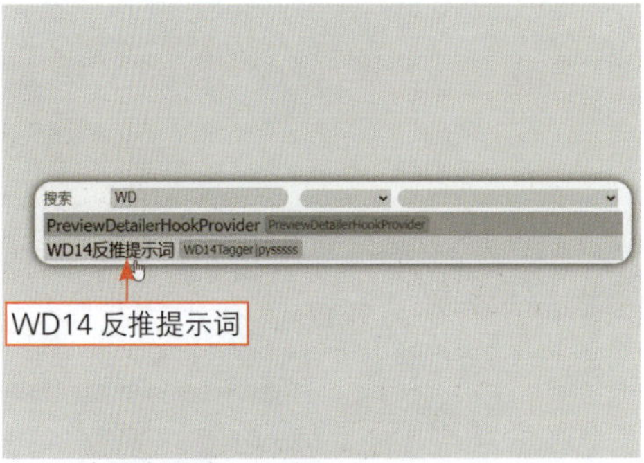

图 4-47　选择“WD14 反推提示词”选项

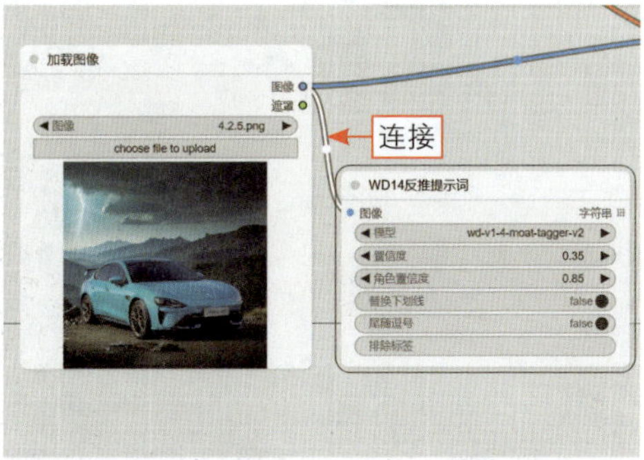

图 4-48　添加并连接“WD14 反推提示词”节点

步骤 04 选择正向提示词的“CLIP文本编码器”节点，单击鼠标右键，在弹出的快捷菜单中选择“转换为输入”|“转换文本为输入”命令，如图4-49所示，将文本通道提取出来。

步骤 05 执行操作后，即可将“WD14反推提示词”节点的“字符串”输出接口连接到“CLIP文本编码器”节点的“文本”输入接口上，如图4-50所示，从而让图像反推出来的提示词能够自动填入到正向提示词文本框中。

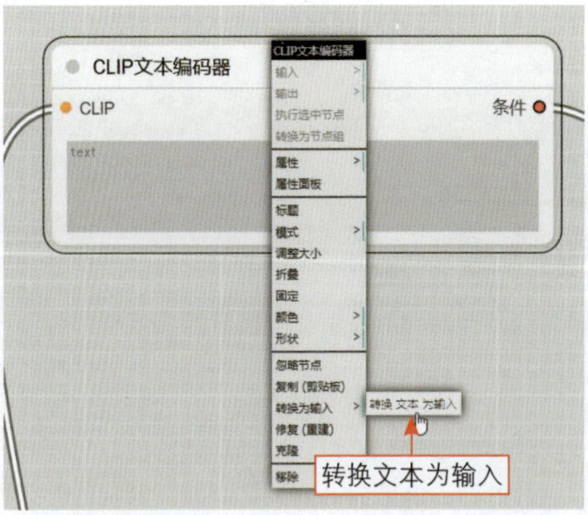

图 4-49　选择“转换文本为输入”命令

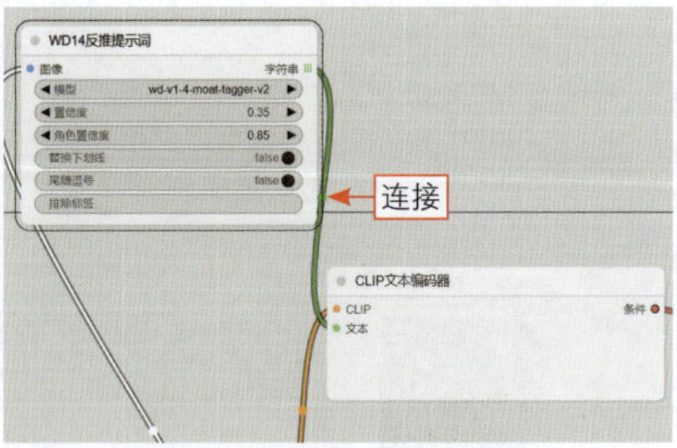

图 4-50　连接相应节点的接口

步骤 06 单击“执行队列”按钮，运行工作流，可以看到在“WD14反推提示词”节点中会显示反推的提示词，同时结合该提示词和参考图来共同生成新的图像，效果如图4-51所示。

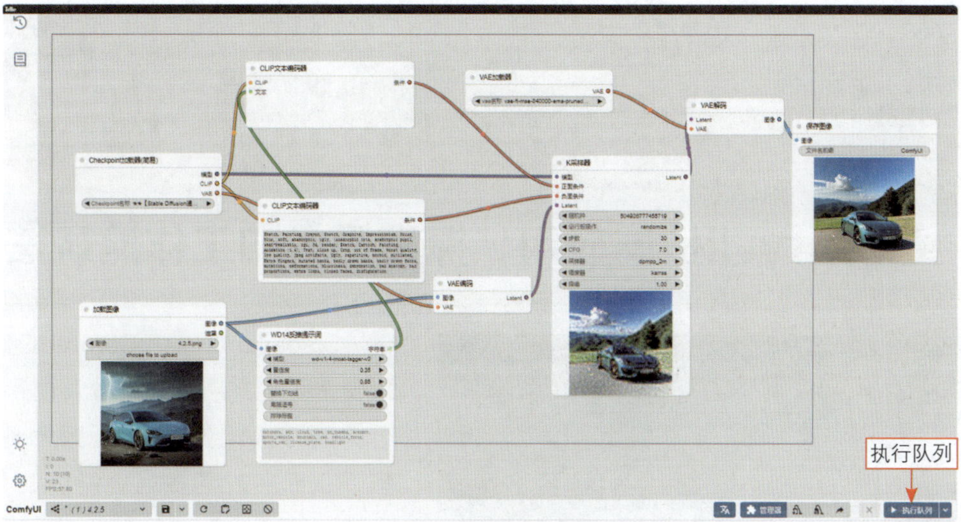

图 4-51　自动裁剪图像

★ 专 家 提 醒 ★

“WD14 反推提示词”节点（即 ComfyUI WD 1.4 Tagger）主要利用 Tagger 模型反推提示词，能够以高准确率识别图像中的内容，并将其转化为描述性的标签或提示词。ComfyUI WD 1.4 Tagger 是一个基于 ComfyUI 的扩展插件，能够自动下载和使用预训练模型进行图像标签的提取。

用户可以在 ComfyUI 的节点管理器中搜索并安装该插件，如图 4-52 所示。另外，用户还需要进入 Hugging Face 网站中下载对应的模型文件，并将其放入 ComfyUI 安装目录的 custom_nodes\ComfyUI-WD14-Tagger\models 文件夹中。

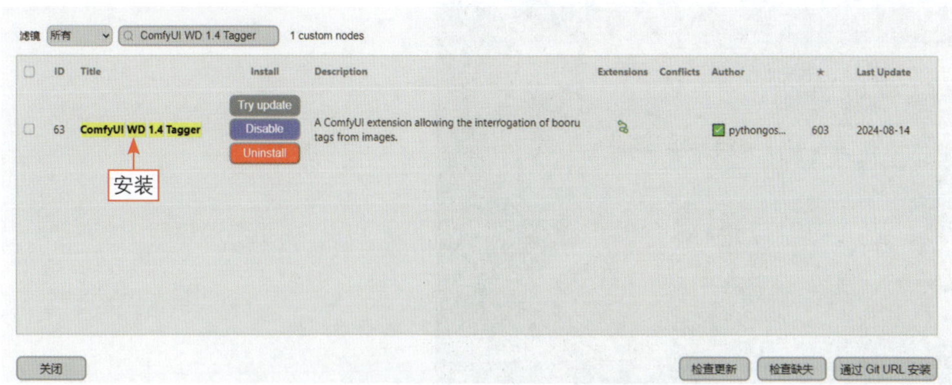

图 4-52　搜索并安装 ComfyUI WD 1.4 Tagger 插件

第5章

ComfyUI扩展应用：探索更多的工作流玩法

Stable Diffusion ComfyUI可以安装各种扩展插件，以及使用各类热门的AI绘画和AI视频大模型，从而实现更多的功能玩法。本章主要介绍ComfyUI的扩展功能和热门工作流应用技巧，为用户带来前所未有的AI创作体验。

5.1　常用 ComfyUI 扩展插件的应用技巧

ComfyUI中的扩展插件其实就是应用在工作流中的各种节点，不仅非常丰富，而且功能多种多样，能够帮助用户提升AI绘画的出图质量和效率。本节将介绍两种常用的扩展插件，帮助大家进一步提高ComfyUI超强的绘图能力。

5.1.1　应用预设样式插件

扫码看视频

comfyui-styles-all插件内包含丰富多样的预设样式效果，能够极大地提升设计效率与创意实现。在使用该插件时，用户只需简单地将插件节点与Prompt进行连接，然后将Prompt节点的text（文本）模式转换为输入模式，从而便于节点的连接。完成这一步骤后，用户只需将已转换为文本输入模式的Prompt节点与预设样式节点进行连接，即可应用预设样式效果，如图5-1所示。

图 5-1　效果展示

★ 专家提醒 ★

更为便捷的是，用户可以在 comfyui-styles-all 插件的节点中直接输入自定义的提示词，以实现更加个性化和精准的生成效果。

下面介绍应用预设样式插件的操作方法。

步骤 01 在ComfyUI中导入一个基本的文生图工作流，选择“CLIP文本编码器”节点，单击鼠标右键，在弹出的快捷菜单中选择“转换为输入”|“转换文本为输入”命令，如图5-2所示。

步骤02 执行操作后，即可将“CLIP文本编码器”节点转换为输入模式，使用相同的操作方法，转换另一个“CLIP文本编码器”节点为输入模式，如图5-3所示。

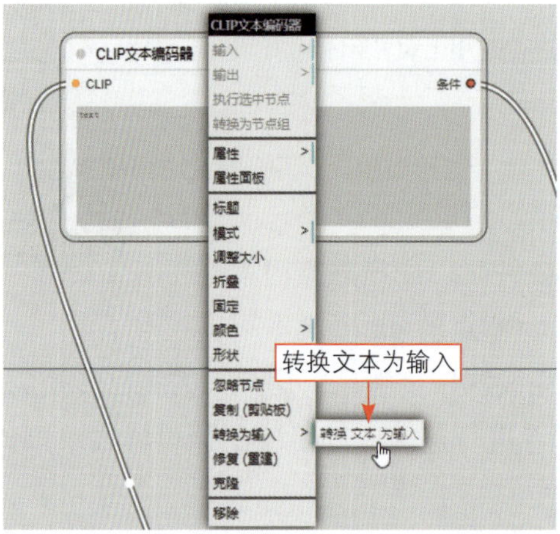

图 5-2　选择“转换文本为输入”命令

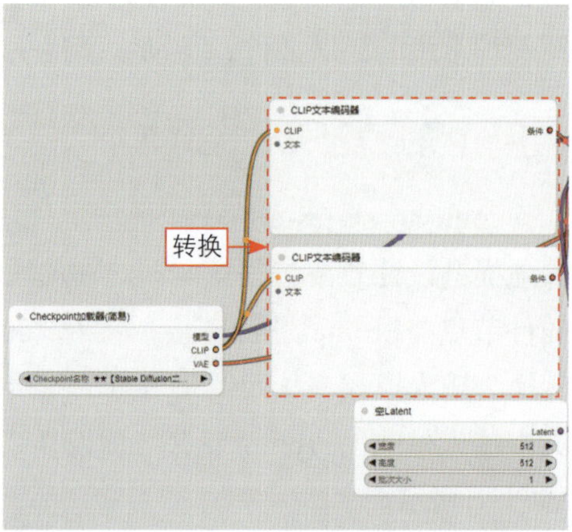

图 5-3　将另一个“CLIP 文本编码器”节点转换为输入模式

步骤03 在空白画布上双击，在弹出的搜索框中输入Anime Styler（动漫样式），在下方的搜索结果中选择对应的选项，如图5-4所示。

步骤04 执行操作后，即可添加一个Anime Styler节点，将该节点的text positive（文本正面）和text negative（文本否定）输出接口分别连接到对应的Prompt节点“文本”输入端，完成节点的连接，如图5-5所示。

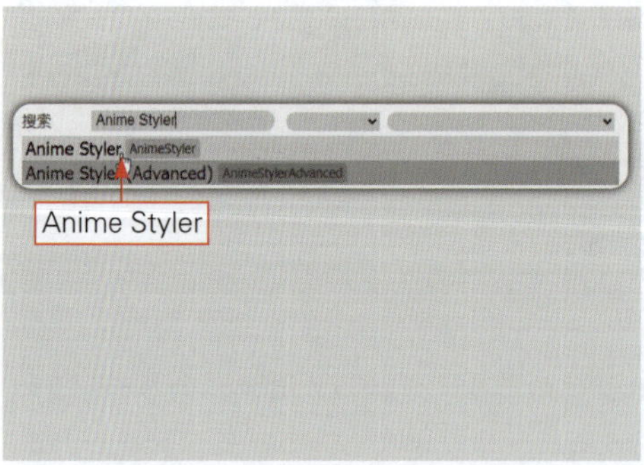

图 5-4　选择 Anime Styler 选项

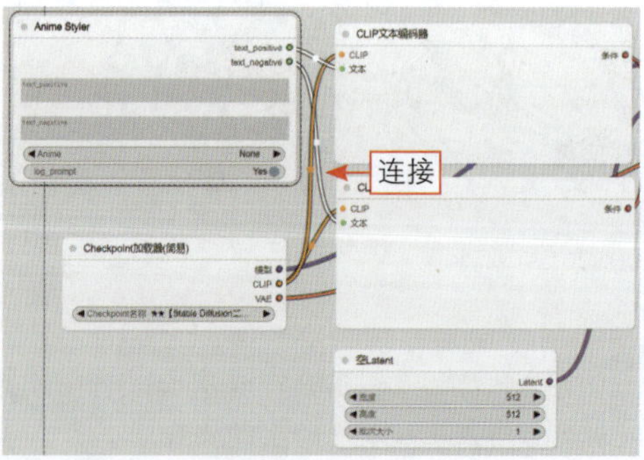

图 5-5　添加并连接 Anime Styler 节点

步骤05 在Anime Styler节点中输入相应的正、反向提示词，并设置Anime为Fairy Tale Anime（童话动漫），单击“执行队列”按钮，运行工作流，即可应用comfyui-styles-all插件中的预设样式和提示词生成相应的图像，效果如图5-6所示。

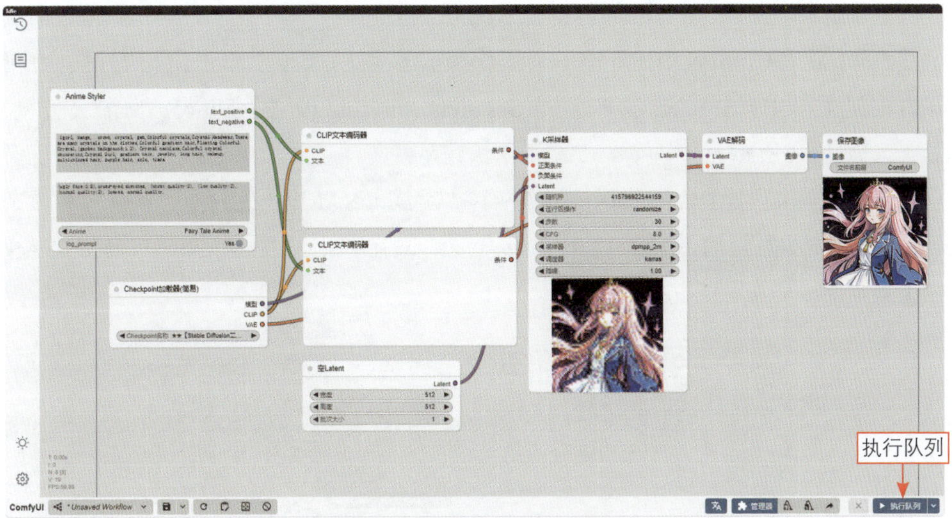

图 5-6 生成相应的图像效果

5.1.2 应用语义分割插件

扫码看视频

Segment Anything插件的本质是一种图像语义分割（将图像中的每个像素分配到对应的类别）模型，该模型使用了一种新的方法，可以在不需要大量标注数据的情况下，对图像中的任意物体进行分割，生成的图像与蒙版如图5-7所示。

图 5-7 生成的图像与蒙版

下面介绍应用语义分割插件的操作方法。

步骤 01 在ComfyUI中新建一个工作流，在空白画布上单击鼠标右键，在弹出的快捷菜单中选择“新建节点”| Segment Anything |“G-DinoSAM语义分割”命令，如图5-8所示。

步骤 02 执行操作后，即可添加一个“G-DinoSAM语义分割”节点，在该节点的“SAM模型”输入接口拉出一条连接线，在弹出的快捷菜单中选择“SAM加载器”命令，如图5-9所示。

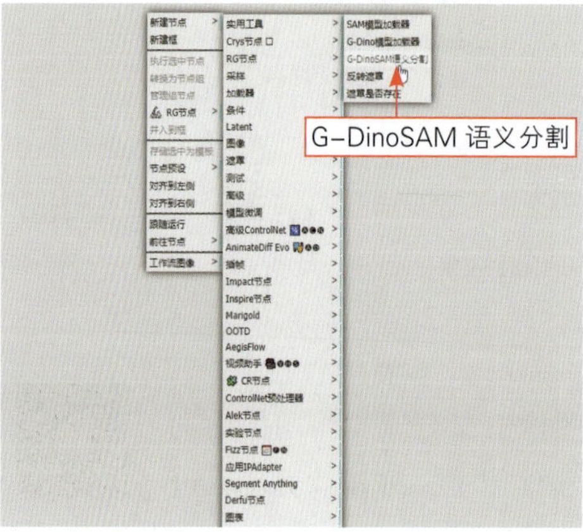

图 5-8　选择“G-DinoSAM 语义分割”命令

图 5-9　选择“SAM 加载器”命令

步骤 03 执行操作后，即可添加一个“SAM加载器”节点，如图5-10所示，用于加载SAM模型。

步骤 04 在“SAM加载器”节点中，设置“设备模式”为Prefer GPU，表示优先使用GPU进行处理，如图5-11所示。

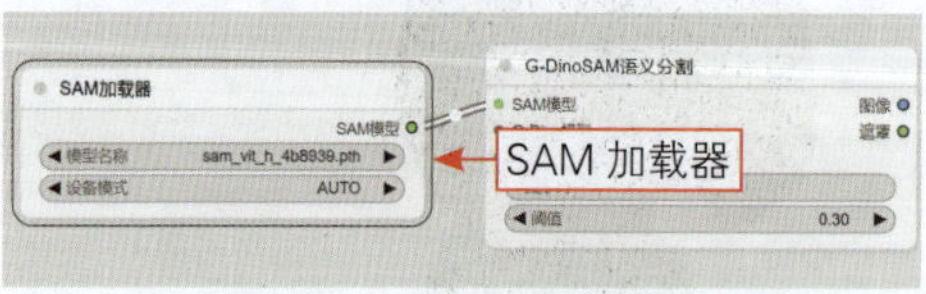

图 5-10　添加“SAM 加载器”节点

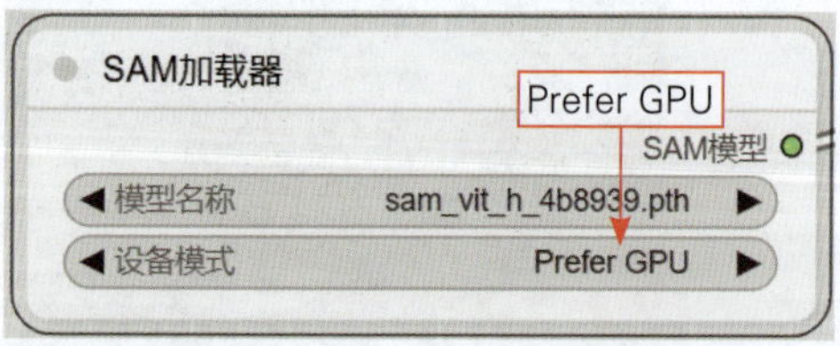

图 5-11　设置“设备模式”参数

★ 专家提醒 ★

SAM 全称为 Segmentation and Masking Model，即分段任意模型，是一种用于图像分割的深度学习模型。SAM 模型利用了一种基于注意力机制的方法，称为分段注意力机制，它可以将图像分成多个片段，并仅对需要的部分进行处理。

步骤 05 从“G-DinoSAM语义分割”节点的G-Dino模型输入接口拉出一条连接线，在弹出的快捷菜单中选择“G-Dino模型加载器”命令，如图5-12所示。

步骤 06 执行操作后，即可添加一个“G-Dino模型加载器”节点，如图5-13所示，用于加载G-Dino模型。

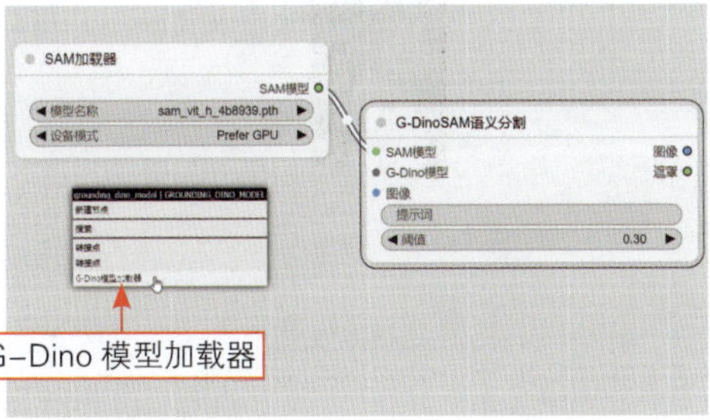

图 5-12　选择“G-Dino 模型加载器”命令

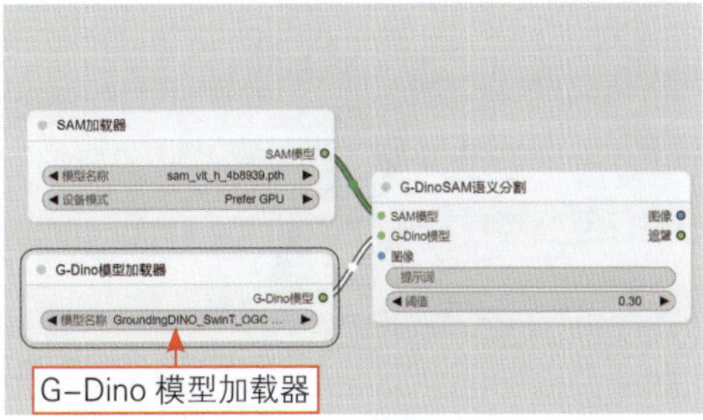

图 5-13　添加“G-Dino 模型加载器”节点

★ 专 家 提 醒 ★

G-Dino 模型的核心能力在于能够在没有直接类别标签的情况下，通过自然语言指令来定位和识别图像中的物体。

步骤 07 从“G-DinoSAM语义分割”节点的“图像”输入接口拉出一条连接线，添加一个“加载图像”节点，如图5-14所示。

步骤 08 在“加载图像”节点中上传一张参考图，如图5-15所示。

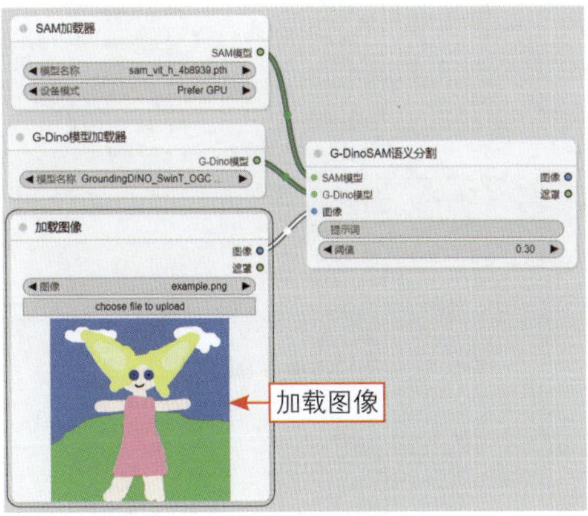

图 5-14　添加“加载图像”节点

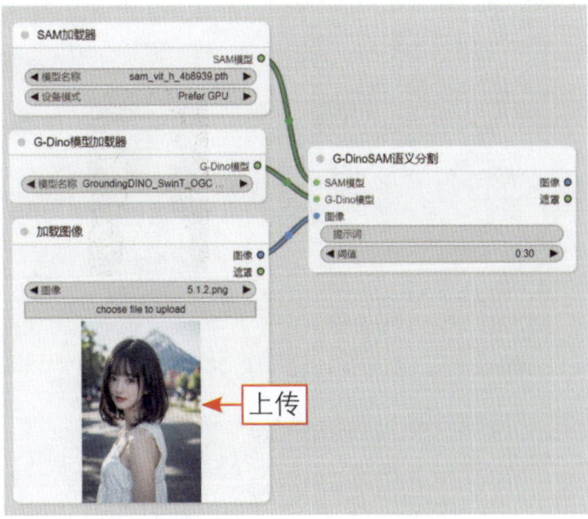

图 5-15　上传一张参考图

步骤 09 从“G-DinoSAM语义分割”节点的“图像”输出接口拉出一条连接线，添加一个“保存图像”节点，并设置“提示词”为character（人物）。单击“执行队列”按钮，运行工作流，即可生成仅包含人物的图像，如图5-16所示。

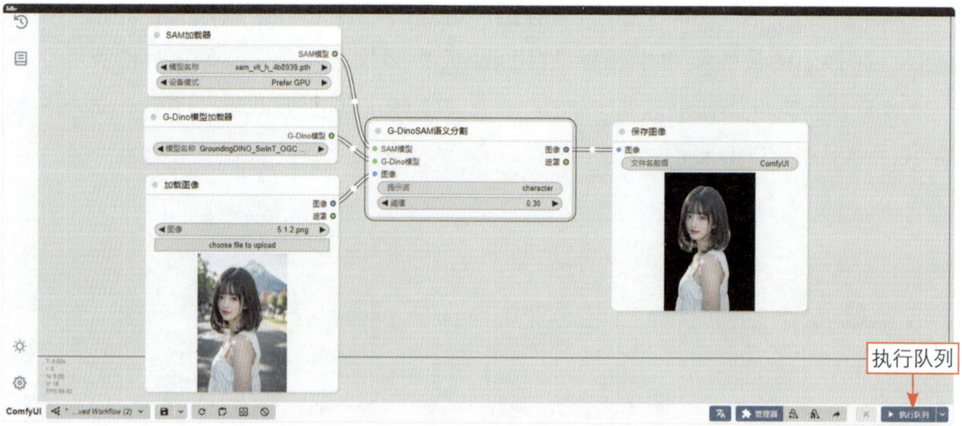

图 5-16　生成仅包含人物的图像

步骤 10 在空白画布上单击鼠标右键，在弹出的快捷菜单中选择“新建节点”| Segment Anything |“反转遮罩”命令，添加一个“反转遮罩”节点，并将其“遮罩”输入接口连接到“G-DinoSAM语义分割”节点的对应输出端，如图5-17所示。

步骤 11 在空白画布上单击鼠标右键，在弹出的快捷菜单中选择“新建节点”|“遮罩”|“遮罩到图像”命令，如图5-18所示。

图 5-17　添加并连接“反转遮罩”节点

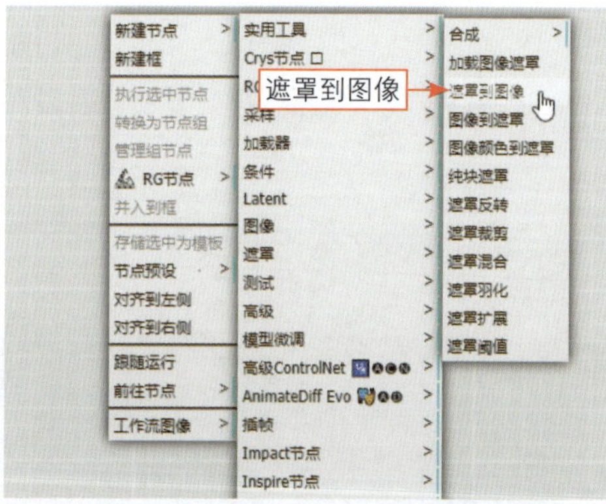

图 5-18　选择“遮罩到图像”命令

★ 专家提醒 ★

遮罩，即遮挡、遮盖，使用遮罩可以遮挡部分图像内容，并显示特定区域的图像内容。“反转遮罩”节点能够将遮罩效果进行反转，原本被遮罩的部分将变得可见，而原本可见的部分则会被遮罩。“遮罩到图像”节点能够将遮罩效果应用于图像。

步骤 12 执行操作后，添加一个“遮罩到图像”节点，并将其“遮罩”输入接口连接到“反转遮罩”节点的对应输出端，如图5-19所示。

步骤 13 从“遮罩到图像”节点的“图像”输出接口拉出一条连接线，添加一个“保存图像”节点，如图5-20所示。

图 5-19　添加并连接“遮罩到图像”节点

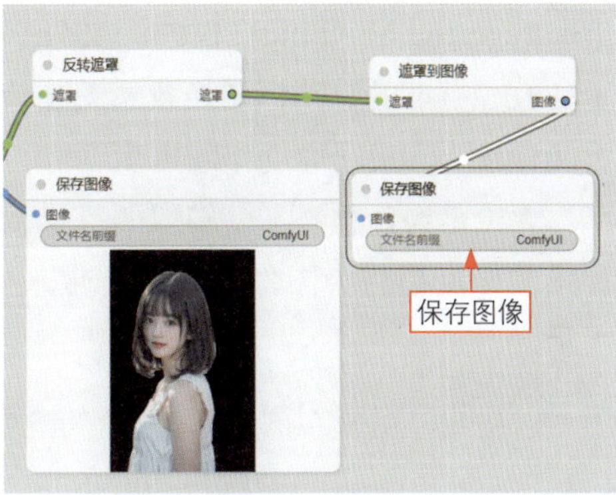

图 5-20　添加“保存图像”节点

步骤 14 单击“执行队列”按钮，运行工作流，生成仅包含人物的图像，同时还生成了一个黑白蒙版，如图5-21所示。

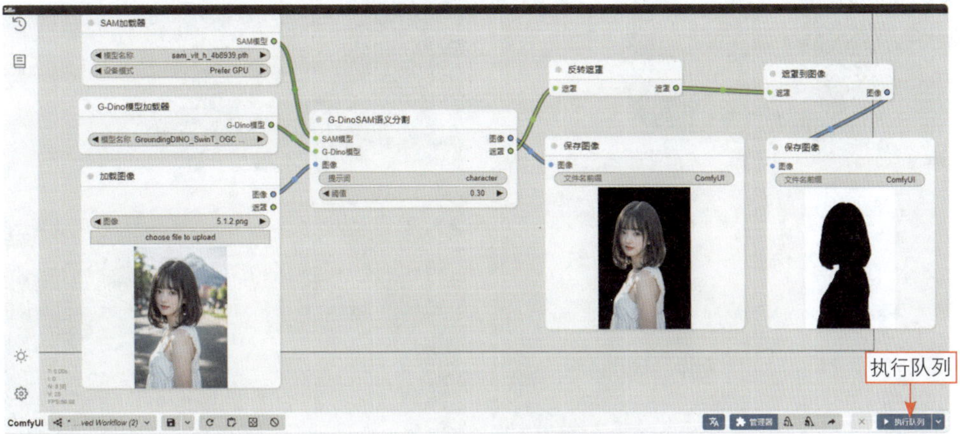

图 5-21　生成相应的图像和蒙版

5.2　热门 ComfyUI 工作流的搭建与应用技巧

在利用AI生成绘画和视频的浪潮中，ComfyUI凭借其独特的节点式图形用户界面迅速崛起，成为众多AI爱好者的首选工具。ComfyUI不仅提供了极高的自由度和灵活性，还支持高度的定制化和工作流复用功能。

本节将深入介绍ComfyUI热门工作流的搭建和应用技巧，从基础配置到高级技巧，全面解析如何利用ComfyUI实现高效、个性化的AI创作流程。

5.2.1 搭建自动抠图换背景工作流

扫码看视频

在图像处理领域，自动抠图换背景是一项极具实用价值的技术。借助Segment Anything插件的语义分割功能，用户能够轻松搭建起一个高效、精准的自动抠图换背景工作流，以便轻松地为图像中的人物更换背景，实现图像创作的更多可能。

无论是为人物添加梦幻般的场景，还是去除不需要的背景元素，自动抠图换背景工作流都将为图像处理工作带来极大的便利和创造力，效果对比如图5-22所示。

图 5-22 效果对比

下面介绍搭建自动抠图换背景工作流的操作方法。

步骤 01 复制上一例的工作流，在ComfyUI中导入一个基本的文生图工作流，并将上一例的工作流节点粘贴到文生图工作流的下方，如图5-23所示。

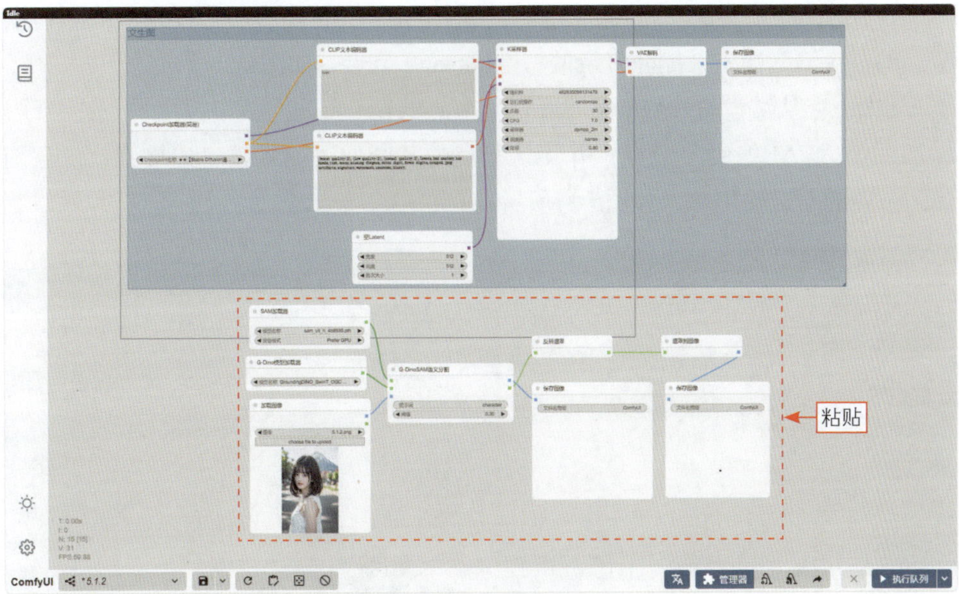

图 5-23　粘贴上一例的工作流节点

步骤 02 在“G-DinoSAM语义分割”节点的“遮罩”输出接口拉出一条连接线，在弹出的快捷菜单中选择“设置Latent噪波遮罩”命令，如图5-24所示。

步骤 03 执行上述操作后，即可添加一个“设置Latent噪波遮罩”节点，如图5-25所示。

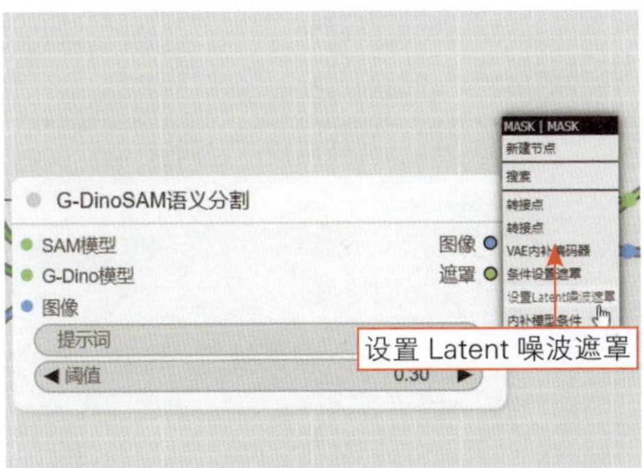

图 5-24　选择“设置 Latent 噪波遮罩”命令

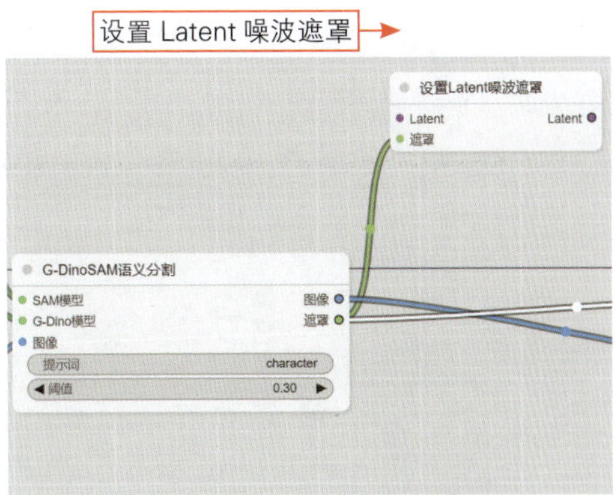

图 5-25　添加“设置 Latent 噪波遮罩”节点

★ 专 家 提 醒 ★

Latent 噪波遮罩是指在潜在空间中对图像进行的一种遮罩处理，其中添加了噪波（Noise）元素。噪波是一种随机干扰，用于增加遮罩的复杂性和多样性。通过添加噪波，可以使重绘区域在保持原图特征的基础上，产生一定的变化，从而实现更加自然和丰富的图像编辑效果。

步骤04 将“设置Latent噪波遮罩”节点的Latent输出接口连接到“K采样器”节点的对应输入端，并删除多余的“空Latent”节点，如图5-26所示。

步骤05 从“设置Latent噪波遮罩”节点的Latent输入接口拉出一条连接线，添加一个“VAE编码”节点，并将该节点的“图像”输入接口连接到“加载图像”节点的对应输出端，如图5-27所示。

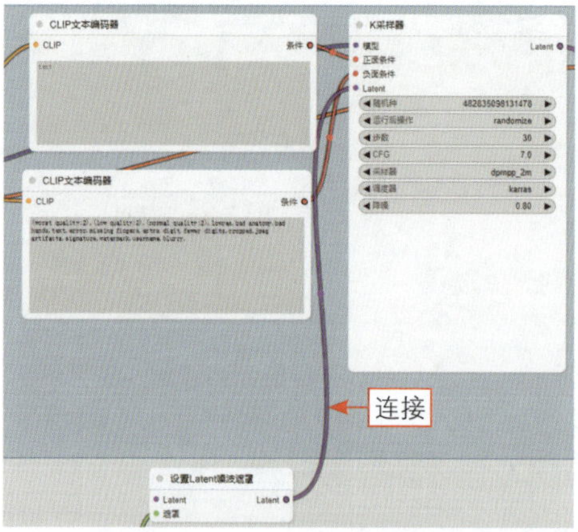

图 5-26 连接 Latent 输出接口

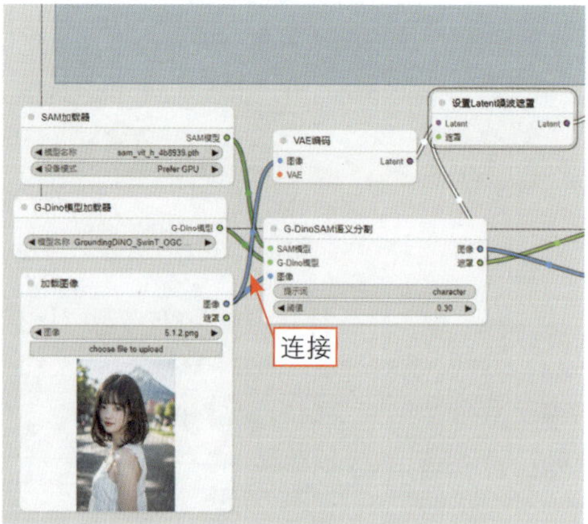

图 5-27 连接“图像”输入接口

步骤06 将“VAE编码”节点的VAE输入接口连接到“Checkpoint加载器（简易）”节点的对应输出端，直接调用大模型附带的VAE模型。单击“执行队列”按钮，运行工作流，生成的图像中人物被替换，而背景则被保留，如图5-28所示。

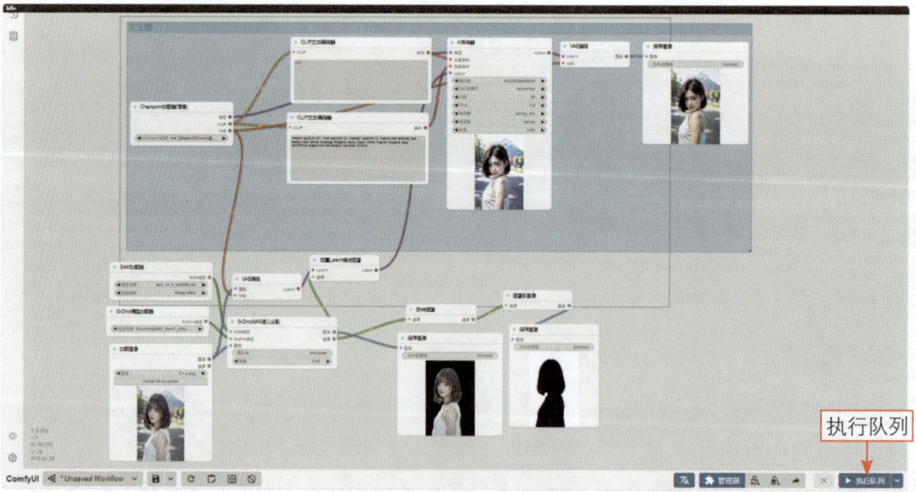

图 5-28 图像人物被替换

步骤 07 将“设置Latent噪波遮罩”节点的“遮罩”输入接口连接到“反转遮罩”节点的对应输出端，如图5-29所示，使用“反转遮罩”节点的蒙版来重绘画面背景。

步骤 08 在相应的“CLIP文本编码器”节点中输入正向提示词，用于描述重绘背景的画面内容，如图5-30所示。

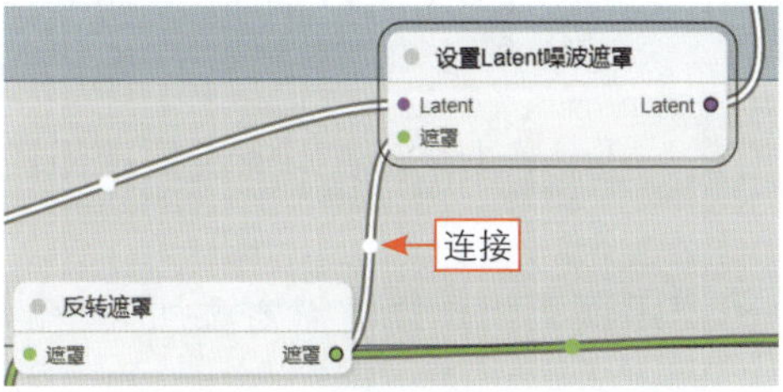

图 5-29 连接“遮罩”接口

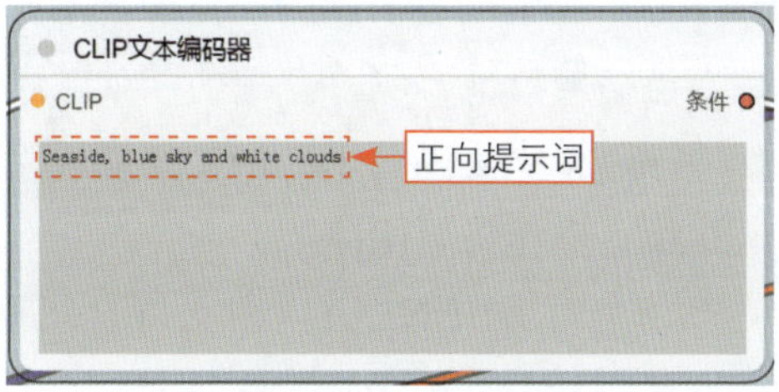

图 5-30 输入正向提示词

步骤 09 再次单击“执行队列”按钮，运行工作流，即可替换人物图像的背景，效果如图5-31所示。

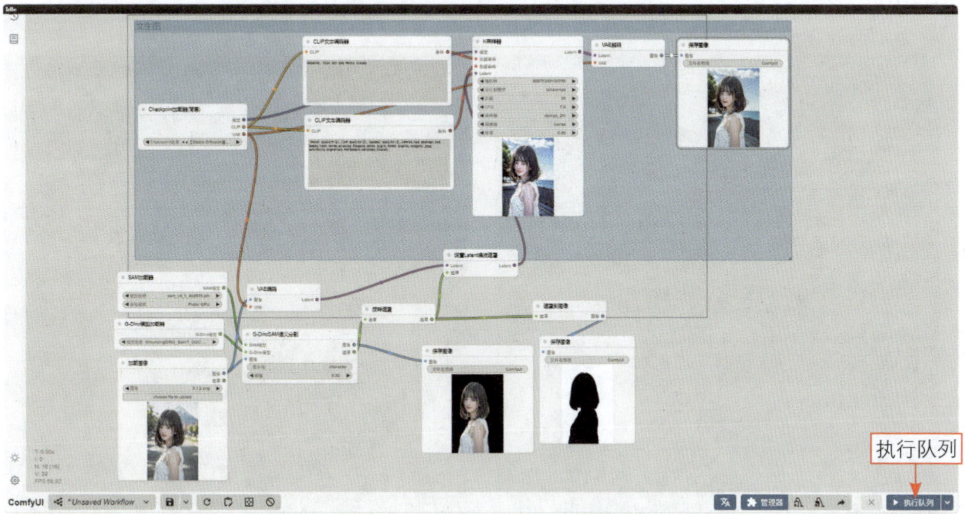

图 5-31 替换人物图像的背景

5.2.2 应用SDXL大模型工作流

扫码看视频

Stable Diffusion XL（简称SDXL）是Stability AI公司推出的图像大模型，相比之前的SD v1～v2.1模型，它的难度更低、训练参数更大、生成效果更好。SDXL大模型的优势如下。

（1）用1024×1024分辨率的图片训练，生成图片建议最小用1024×1024分辨率，更清晰，解决了之前高分辨率输出的错乱问题。

（2）能直接生成带文字的图片，提示词可用“某物品上面写着某某文字”句式，生成效果逐渐接近及格线，领先其他模型，突破文字生成难题，激活更多创新。

（3）能生成更精准的人体解剖结构，解决人物肢体和面部变形问题，初步识别人体结构特征，改善“画手”难题。

（4）提供更多艺术风格，如无风格、增强、动漫等十余种，可通过提示词轻松切换，操作将更便捷。

（5）官方SDXL大模型支持自然语言写提示词，相比之前需要添加大量的高质量提示词，现在SDXL用较少的提示词就能有不错的效果，降低写提示词的难度。

下面导入一个基本的SDXL大模型工作流，经过Base模型和Refiner模型二次采样，首先使用Base模型进行文生图的输出，再将输出的图使用Refiner模型在图生图中进行精炼处理，以获得更好的图片效果，如图5-32所示。

图 5-32 效果展示

下面介绍应用SDXL大模型工作流生成图像的操作方法。

步骤 01 在ComfyUI中导入一个SDXL大模型工作流，在上方的“Checkpoint

加载器（简易）”节点的“Checkpoint名称”下拉列表框中，选择相应的Base模型，如图5-33所示。

步骤 02 在正向提示词节点中，分别输入相应的text_g和text_l提示词，text_g是指要编码的全局文本描述（生成相应的视觉表示），text_l则是指要编码的局部文本描述（提供额外的细节或上下文），如图5-34所示。

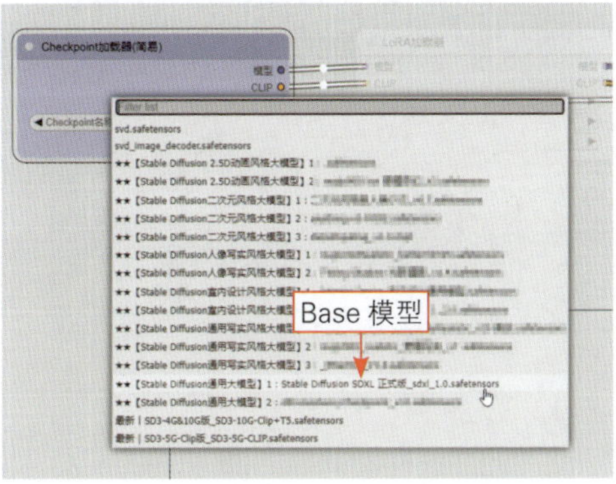

图 5-33 选择相应的 Base 模型

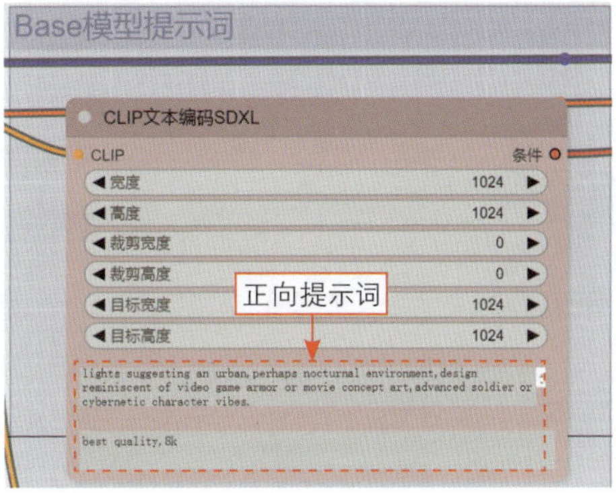

图 5-34 输入正向提示词

★ 专家提醒 ★

SDXL 大模型分为 Base 和 Refiner 两个部分，同时还可以选择性使用配套的 VAE 模型。如果用户对使用 Base 模型输出的图片结果满意，可以不使用 Refiner 模型进行精炼。

需要注意的是，在该工作流的步数控制（step control）模块中，步数设置用于控制总步数，而结束降噪步数（end at step）设置中的步数则是指结束 Base 模型生成的步数，然后剩余步数开始用 Refiner 模型进行生成。

步骤 03 使用相同的方法，输入相应的反向提示词，如图5-35所示。

步骤 04 在“空Latent”节点中，设置“宽度”1024、“高度”为1368，将出图尺寸调整为竖图，如图5-36所示。

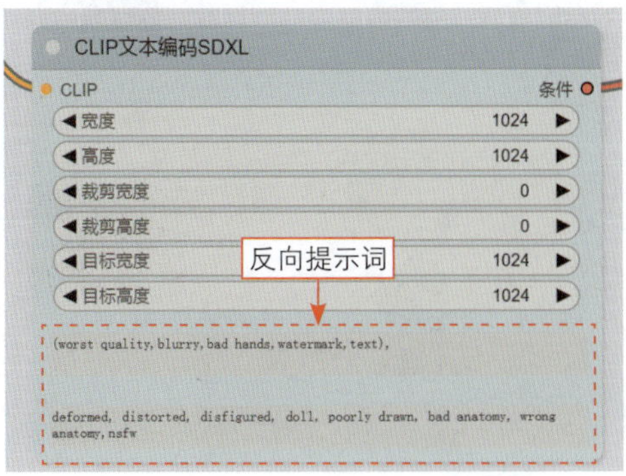

图 5-35 输入相应的反向提示词

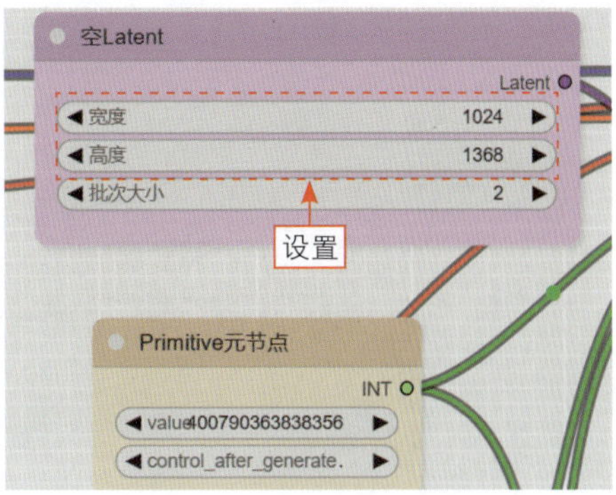

图 5-36 设置相应的尺寸参数

步骤 05 在下方的“Checkpoint加载器（简易）”节点的“Checkpoint名称”下拉列表框中，选择相应的Refiner模型，如图5-37所示。

步骤 06 在Refiner模型提示词模块中，分别输入相同的正、反向提示词，如图5-38所示。

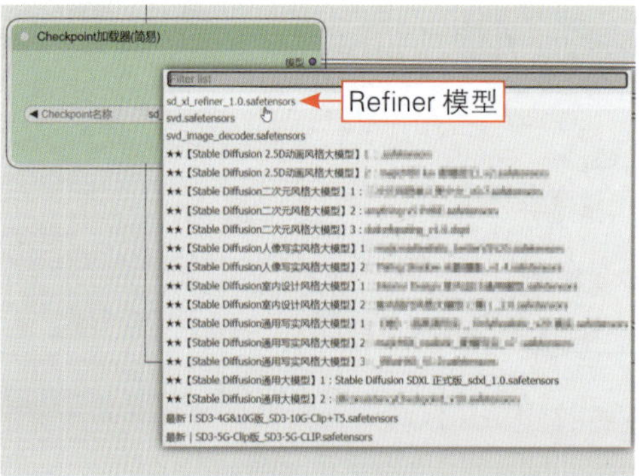

图 5-37　选择相应的 Refiner 模型

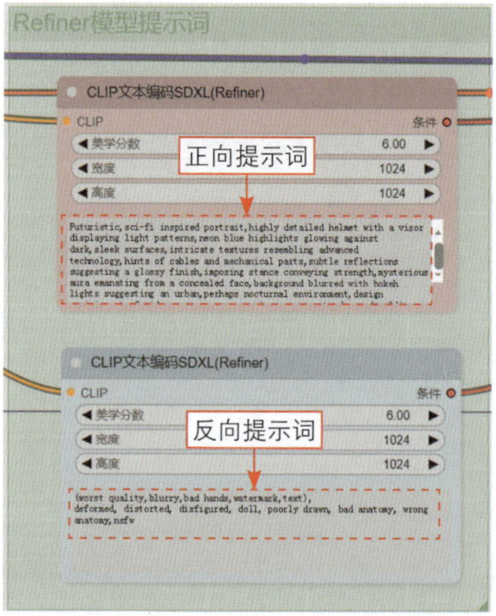

图 5-38　输入正、反向提示词

步骤 07 单击“执行队列”按钮，运行工作流，即可利用SDXL大模型生成相应的图像，效果如图5-39所示。

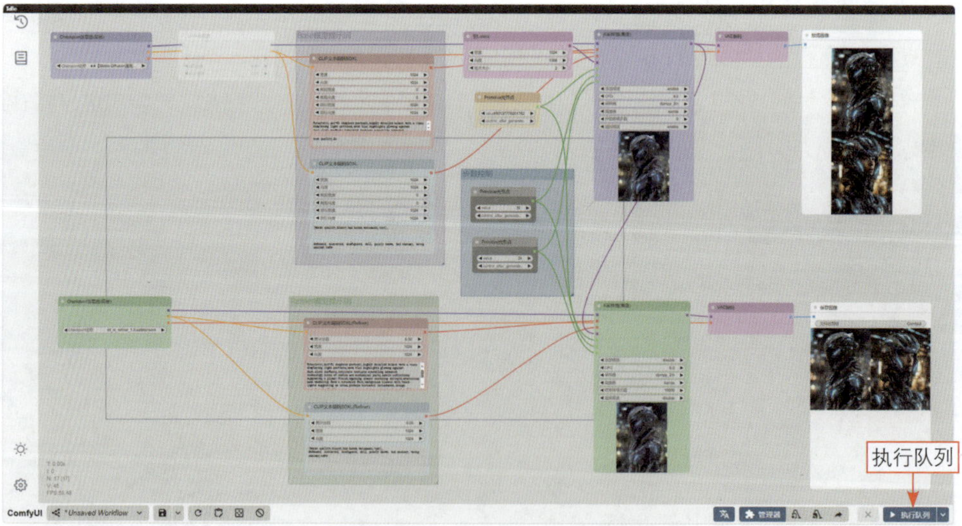

图 5-39　生成相应的图像

5.2.3　应用SD3大模型工作流

扫码看视频

Stable Diffusion 3（简称SD3）是Stability AI推出的一个多模态Diffusion Transformer（扩散变压器）模型，该模型拥有20亿参数，提升了整体图片的质量、真实感。SD3大模型的特点概括如下。

（1）多种文本编码器组合：提供3种文本编码器，可灵活组合使用，实现性能与效率的平衡。

（2）能力提升：在空间推理、构图元素、动作及风格理解能力上有显著提升。

（3）文本质量优化：减少拼写、字距、字母形成及间距错误，提升文本质量。

（4）资源高效：内存占用小，适合在消费级GPU上运行，实现资源高效利用。

（5）精细化微调：支持基于小数据集的精细化微调，便于模型定制。

总之，SD3大模型在图像质量、文本内容生成、复杂提示理解和资源效率利用方面有了显著提升，最大的优势在于可以生成清晰可见的文字（仅支持英文），效果如图5-40所示。

图 5-40　效果展示

下面介绍应用SD3大模型工作流生成图像的操作方法。

步骤 01 在ComfyUI中导入一个SD3大模型工作流，在Load Models（加载模型）模块中选择相应的文生图模型和文本编码器模型，如图5-41所示。

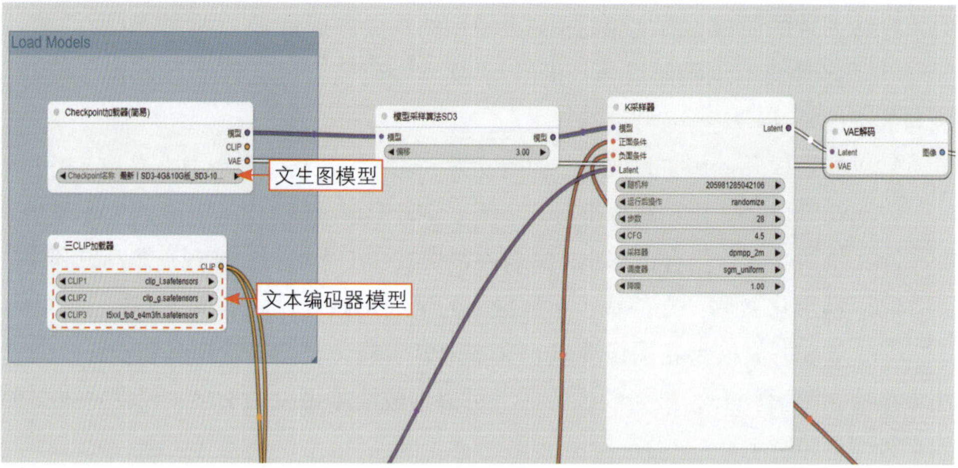

图 5-41　选择相应的文生图模型和文本编码器模型

★ 专家提醒 ★

如果用户打算分别应用文生图模型和文本编码器模型，那么只需下载 sd3_medium.safetensors 作为文生图模型，以及 clip_g.safetensors 和 clip_l.safetensors 编码器模型，还有可选的 t5xxl_fp8_e4m3fn.safetensors 和 t5xxl_fp16.safetensors 编码器模型。随后，将所下载的文本编码器模型文件放置在 ComfyUI 安装目录下的 models\clip 文件夹内即可。

在ComfyUI中，可以添加一个TripleCLIPLoader（三CLIPL加载器）节点，用来加载clip_l.safetensors、clip_g.safetensors、t5xxl_fp8_e4m3fn.safetensors（可选）、t5xxl_fp16.safetensors（可选）等文本编码器模型。其中，t5xxl类型的文本编码器有助于提高模型对提示词的理解能力。

需要注意的是，sd3_medium_incl_clips.safetensors 模型并没有内嵌 t5xxl 类型的编码器。TrippleCLIPLoader 节点只在加载 sd3_medium.safetensors 模型时使用，而加载 sd3_medium_incl_clips_t5xxlfp8.safetensors 或 sd3_medium_incl_clips_ t5xxlfp16.safetensors 模型时不需要使用此节点。

步骤 02 在Input（输入）模块中，设置相应的出图尺寸，并输入正反向提示词，如图5-42所示。

步骤 03 单击"执行队列"按钮，运行工作流，即可利用SD3大模型生成相应的图像，效果如图5-43所示。

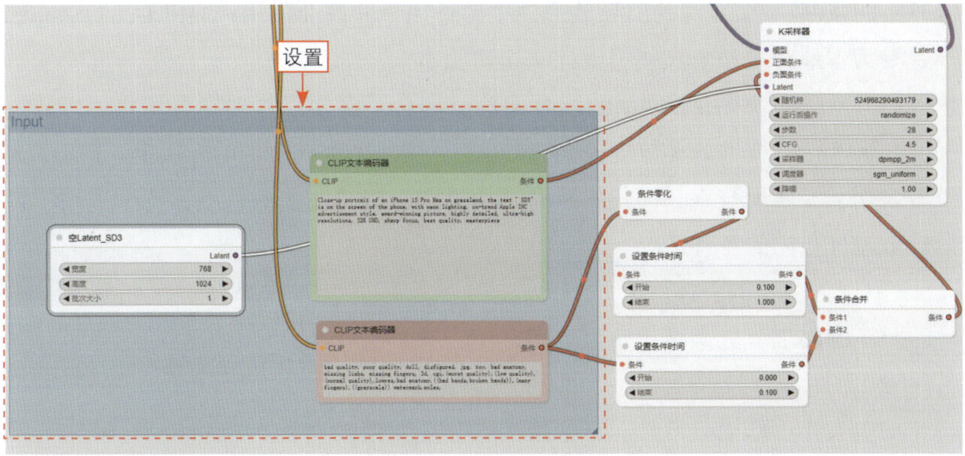

图 5-42　设置 Input 模块

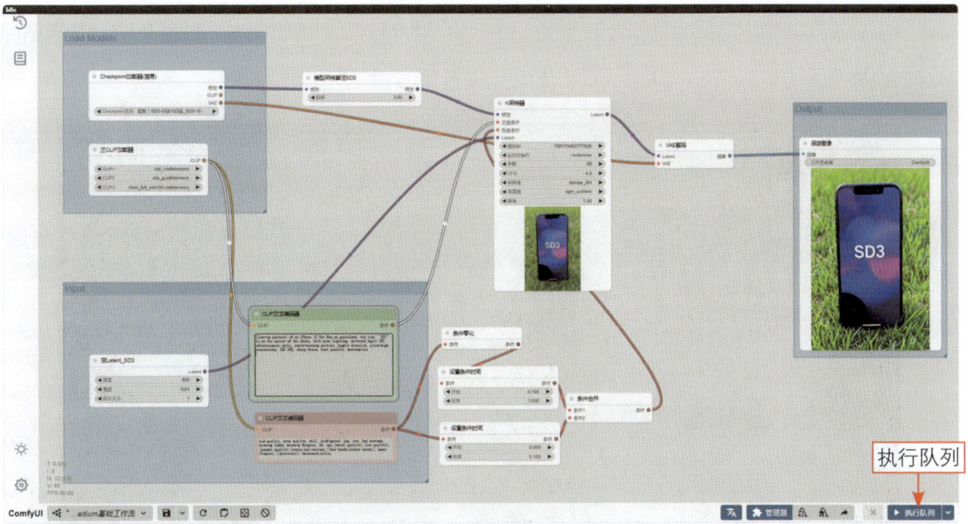

图 5-43　生成相应的图像

5.2.4　应用FLUX大模型工作流

FLUX是一款由Black Forest Labs推出的文生图大模型，其团队由Stability AI的原班人马组建，专注于AI绘图领域。FLUX大模型分为3个版本：FLUX.1 Pro、FLUX.1 Dev和FLUX.1 Schnell，旨在满足不同的使用场景和需求。

扫码看视频

FLUX.1 Pro是一款专为商业用途设计的闭源模型，具有顶级图像生成性能；

FLUX.1 Dev是一个开源的引导蒸馏模型，适用于非商业应用；而FLUX.1 Schnell则是专为本地开发和个人使用设计的快速版本。

FLUX大模型采用了创新的混合架构，结合了多模态处理能力和并行扩散机制的Transformer技术，参数规模高达120亿。在训练生成模型的方法上，FLUX大模型采用了流匹配技术，该技术具有通用性强、概念简洁的特点，特别适用于包括扩散过程在内的各种情况。

FLUX大模型的总体优势如下。

（1）画面细节更丰富，效果更佳。

（2）图片文字支持更完整、准确。

（3）人物手部描绘自然、符合现实，基本无错误。

（4）模型风格多样，无须额外模型协助补充。

（5）可忽略负面提示词，仅凭正面提示词即可准确地输出结果。

FLUX大模型凭借出色的视觉质量、精准的提示词引导、丰富的风格选择，以及复杂场景的生成能力而广受好评，效果如图5-44所示。

图5-44　效果展示

下面介绍应用FLUX大模型工作流生成图像的操作方法。

步骤01 在ComfyUI中导入一个FLUX大模型工作流，在“UNET加载器”节点的“UNET名称”下拉列表框中，选择相应的FLUX大模型，如图5-45所示。

步骤02 在“双CLIP加载器”节点中选择相应的文本编码器模型，并将type（类型）设置为flux，如图5-46所示。注意，内存大于32GB使用fp16精度的文本编码器模型，否则使用fp8精度的文本编码器模型。

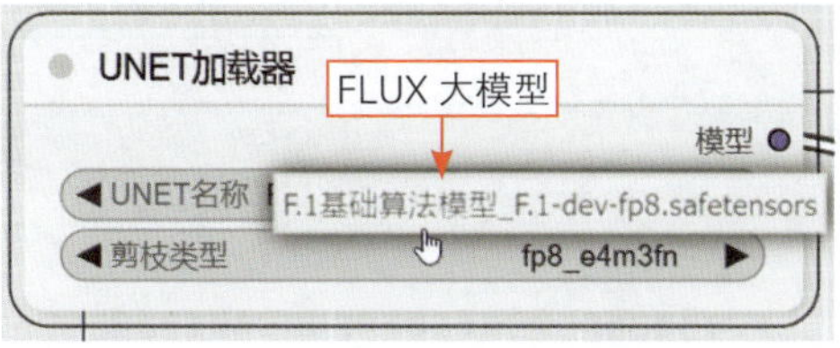

图 5-45　选择 FLUX 大模型

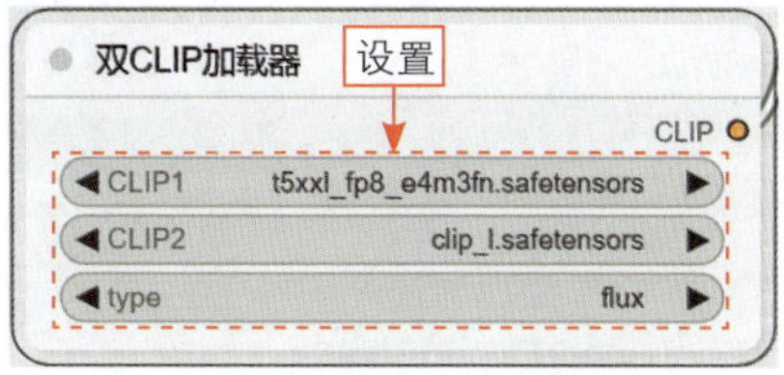

图 5-46　设置 CLIP 模型

步骤03 在“CLIP文本编码器”节点中输入正向提示词，如图5-47所示。注意，FLUX大模型无须使用反向提示词。

步骤04 在“空Latent”节点中设置生成图像的“宽度”“高度”“批次大小”等参数，如图5-48所示。

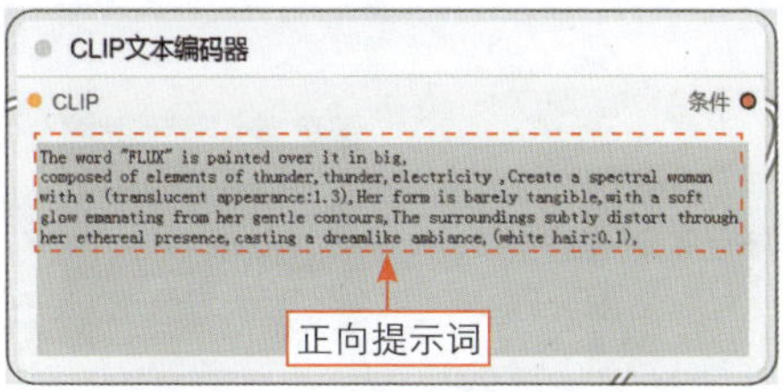

图 5-47　输入正向提示词

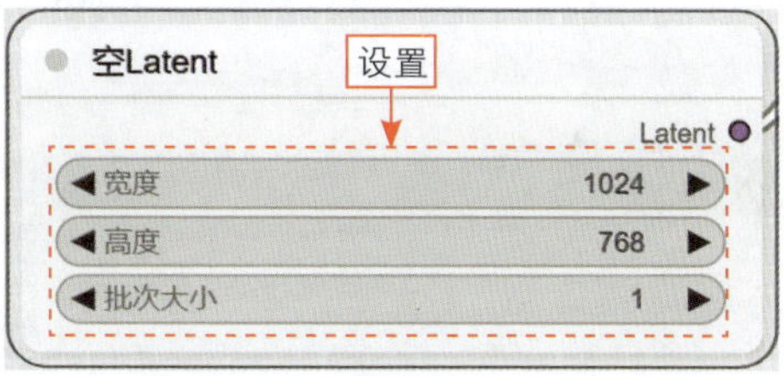

图 5-48　设置“空 Latent”节点参数

步骤05 在“K采样器选择”节点中，选择相应的采样器，如euler，如图5-49所示。euler采样器的处理速度很快，即使在10个步骤中也能提供良好的结果。

步骤06 在“基础调度器”节点中设置“调度器”为simple、“步数”为20，如图5-50所示，使AI能够生成更精细的图像。

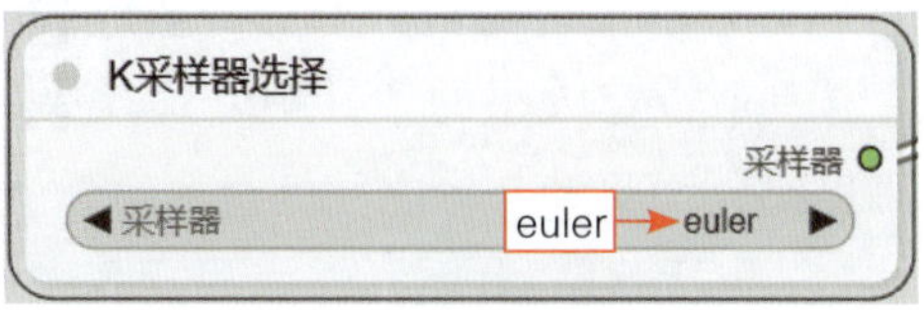

图 5-49　选择相应的采样器

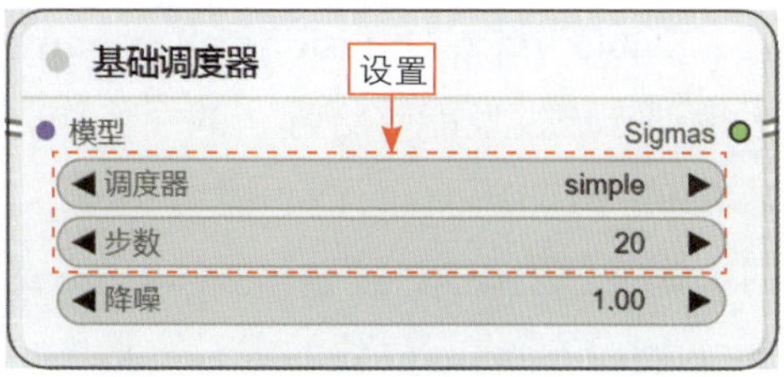

图 5-50　设置“基础调度器”节点参数

步骤07 在“随机噪波”节点中可以设置随机数种子和control_after_generate（指定种子生成后的控制方式），这里保持默认设置即可，如图5-51所示。

步骤08 在“VAE加载器”节点中选择FLUX专用的VAE模型，如图5-52所示。

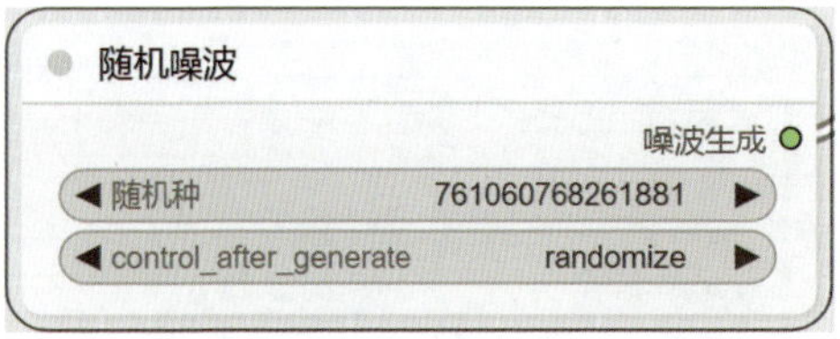

图 5-51 “随机噪波”节点

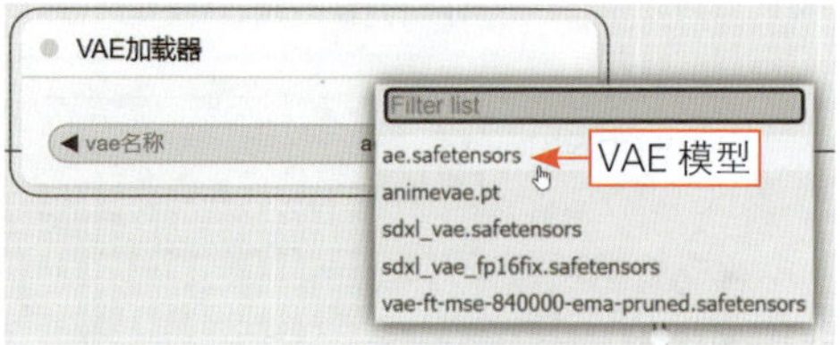

图 5-52 选择 FLUX 专用的 VAE 模型

步骤09 单击“执行队列”按钮，运行工作流，即可利用FLUX大模型生成相应的图像，效果如图5-53所示。

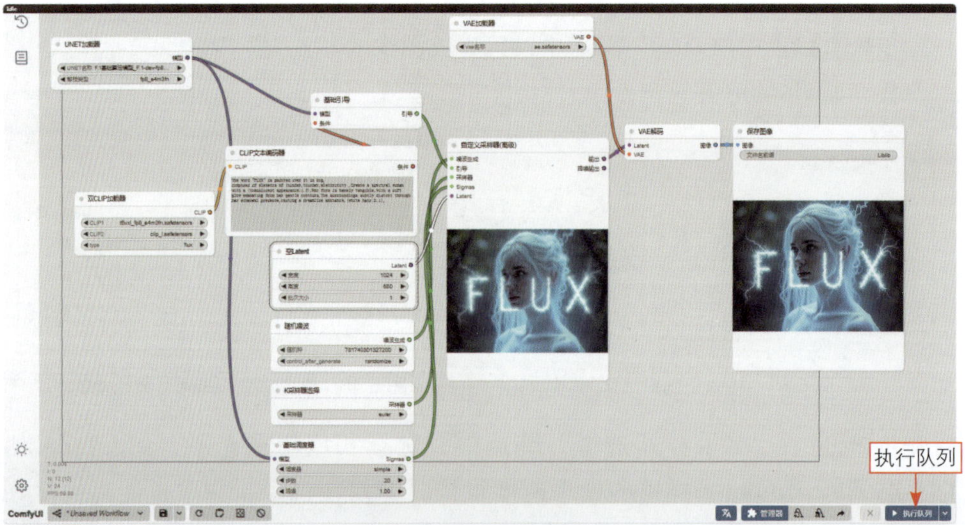

图 5-53 生成相应的图像

5.2.5 应用SVD图生视频工作流

扫码看视频

Stable Video Diffusion是由Stability AI推出的一个开源的视频生成大模型，该模型能够将静止的图像作为条件帧，并基于这些条件帧生成视频。SVD模型的核心能力在于，当给定一个特定大小的条件帧时，它能够生成高分辨率的视频，不仅清晰度高，而且帧与帧之间的过渡自然流畅，为用户带来了极致的观看体验。

使用Stable Video Diffusion生成的视频时长通常为2～5秒，帧率最高可达30

帧每秒，处理时间则尽量控制在2分钟以内，为用户提供了高效且便捷的视觉内容创作体验，效果如图5-54所示。

图 5-54　效果展示

下面介绍应用SVD图生视频工作流生成视频的操作方法。

步骤 01 在ComfyUI中导入一个SVD图生视频工作流，在“加载图像”节点上传一张参考图，如图5-55所示。

步骤 02 在“Checkpoint加载器（仅图像）”节点中选择相应的SVD大模型，如图5-56所示。

图 5-55　上传一张参考图

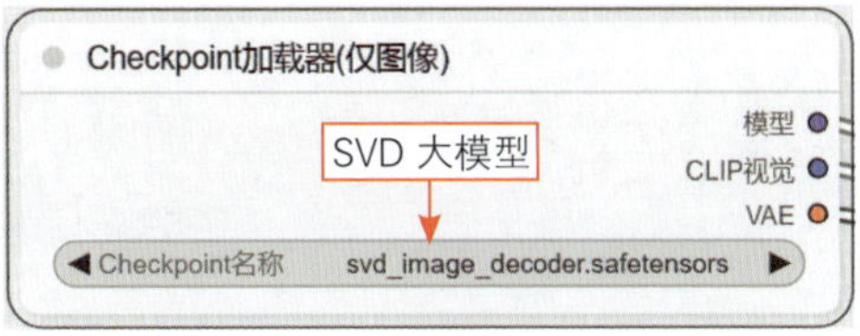

图 5-56　选择相应的 SVD 大模型

步骤03 在“线性CFG引导”节点中可以设置“最小CFG”参数，调整此参数可以影响生成视频与预期目标的一致性程度，通常保持默认设置即可，如图5-57所示。

步骤04 在“SVD_图像到视频_条件”节点中，将视频尺寸设置为与参考图一致，并设置“帧数”为24（视频总帧数）、“帧率”为8（每秒播放的视频帧数），如图5-58所示。

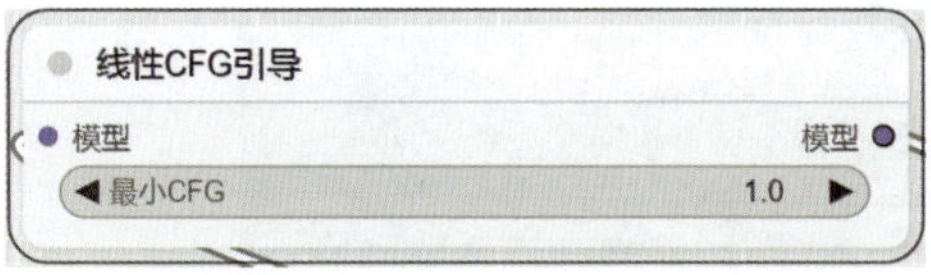

图5-57 “线性CFG引导”节点

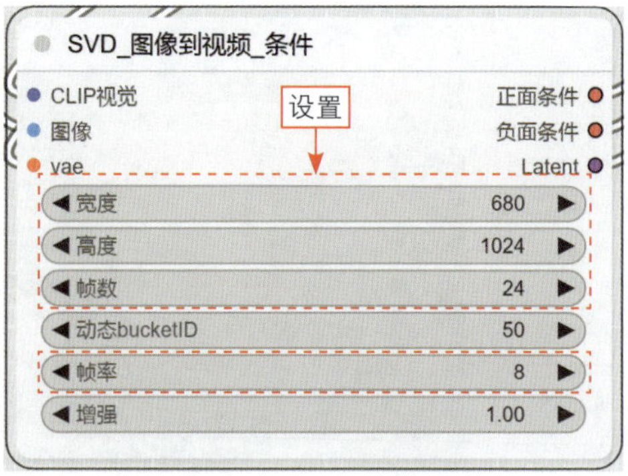

图5-58 设置相应的参数

步骤05 单击“执行队列”按钮，运行工作流，即可利用SVD大模型生成相应的视频效果，如图5-59所示。

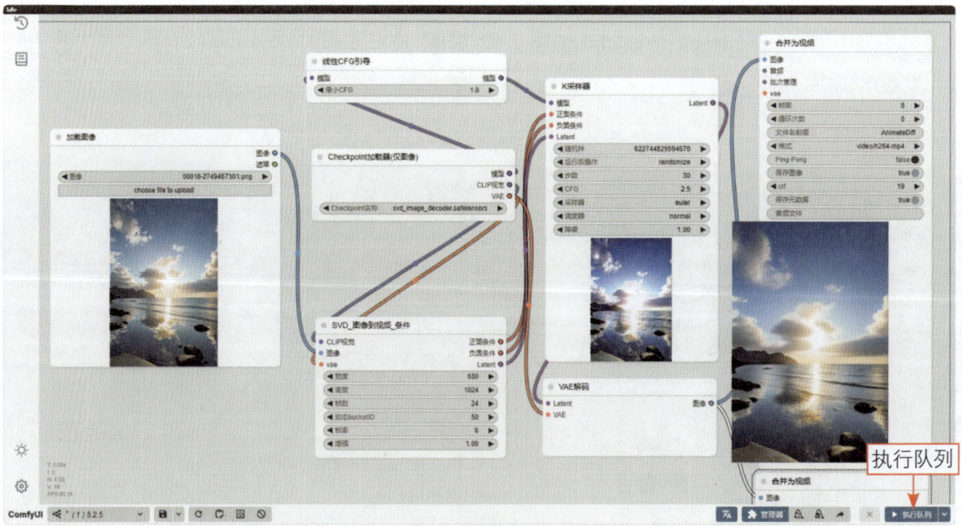

图5-59 生成相应的视频效果

第 6 章

图像控制大师：ControlNet高级工作流的应用

ControlNet 是一种基于 Stable Diffusion 的扩展插件，它为用户提供了更灵活和细致的图像控制功能。掌握 ControlNet 高级工作流的搭建与使用技巧，能够帮助用户更好地实现图像处理的创意效果，让 AI 绘画作品更加生动、逼真和具有感染力。

6.1 ControlNet插件和模型的安装技巧

ControlNet是一个用于准确控制AI生成图像的插件，它利用Conditional Generative Adversarial Networks（条件生成对抗网络）技术来生成图像，以获得更好的视觉效果。

与传统的生成对抗网络（Generative Adversarial Networks，GAN）技术不同，ControlNet允许用户对生成的图像进行精细控制，因此在计算机视觉、艺术设计、虚拟现实等领域非常有用。ControlNet的安装包括模型和插件两个部分，本节将详细介绍如何在ComfyUI中安装ControlNet。

6.1.1 安装ControlNet插件

ControlNet的工作原理是通过控制神经网络块的输入条件，来调整神经网络的行为。简单来说，ControlNet能够基于用户上传的图片，提取图片的某些特征，控制AI根据这个特征生成用户想要的图片，这就是它的强大之处。下面介绍安装ControlNet插件的操作方法。

扫码看视频

步骤 01 进入ComfyUI安装目录下的ComfyUI\custom_nodes文件夹，这是自定义节点的安装目录，在地址栏（即文件夹的路径框）中输入cmd，如图6-1所示，按【Enter】键确认，即可打开命令提示符窗口。

步骤 02 在命令提示符窗口中输入指令“git clone+github下载网址（具体网址见本书资源中的链接文档）”，按【Enter】键确认运行指令，如图6-2所示，即可自动下载ControlNet插件到该文件夹中。

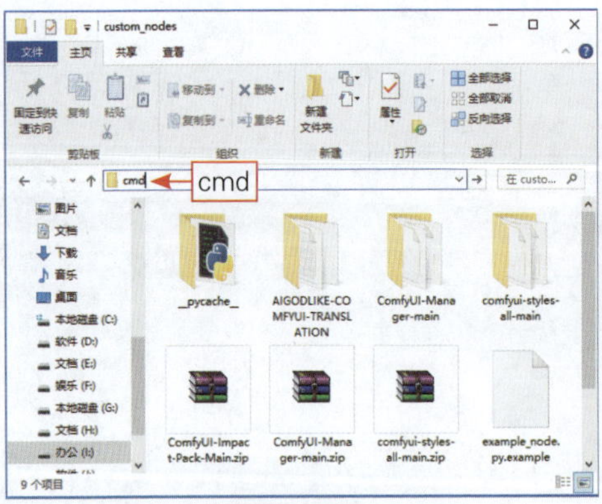

图 6-1　在地址栏中输入 cmd

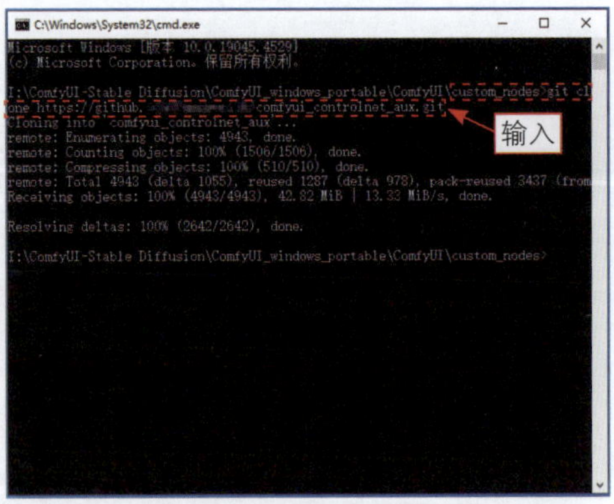

图 6-2　运行相应命令下载 ControlNet 插件

ControlNet插件安装完成后，需要重启ComfyUI。需要注意的是，必须完全重启ComfyUI。如果用户使用的是原版ComfyUI，可以关掉相应的控制台窗口，再重启ComfyUI；如果用户使用的是秋葉版ComfyUI，则可以在绘世启动器的“控制台”界面中单击“终止进程”按钮，关闭ComfyUI后再重启。

6.1.2　下载ControlNet模型

首次安装ControlNet插件后，在“ControlNet加载器”节点中是看不到任何模型的，因为ControlNet的模型需要单独下载，只有下载ControlNet必备的模型后，才能正常使用ControlNet插件的相关功能。

扫码看视频

下面介绍下载ControlNet模型的操作方法。

步骤 01 在Hugging Face网站中进入ControlNet模型的下载页面，单击相应模型栏中的下载按钮，如图6-3所示，即可下载模型。注意，这里必须下载扩展名为.pth的文件，文件大小一般为1.45GB。

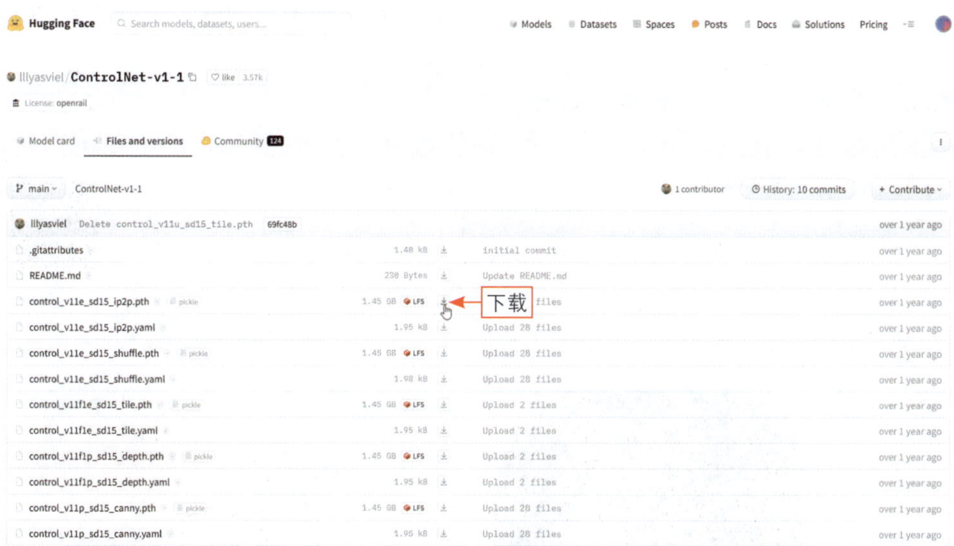

图 6-3　单击下载按钮

★ 专 家 提 醒 ★

在下载 ControlNet 模型时，需要注意文件名中 v11 后面的字母。其中，字母 p 表示该版本可供下载和使用；字母 e 表示该版本正在进行测试；字母 u 表示该版本尚未完成。

步骤 02 ControlNet模型下载完成后，将其存放到ComfyUI安装目录下的\ComfyUI\ models\controlnet文件夹中，如图6-4所示，即可完成ControlNet模型的安装。

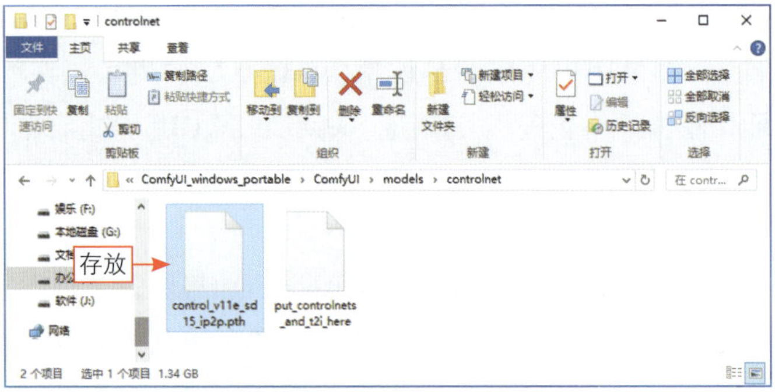

图 6-4　将模型文件存放到相应的文件夹

6.2　ControlNet 高级工作流的运用技巧

ControlNet中的预处理器和模型非常多，而且每种模型都有其独有的特点，对新手来说，完全记住这些模型的功能可能会有些困难。因此，本节将介绍一些常用的ControlNet预处理器和模型，并提供展示效果图，帮助大家更好地掌握ControlNet高级工作流的搭建和运用技巧。

6.2.1　运用Canny识别图像边缘信息

扫码看视频

Canny用于识别输入图像的边缘信息，从而提取出图像中的线条。通过Canny将上传的图片转换为线稿，可以根据提示词生成与上传图片具有相同构图的新画面，原图与生成的新图效果对比如图6-5所示。

图 6-5　原图与生成的新图效果对比

下面介绍运用Canny识别图像边缘信息的操作方法。

步骤 01 在ComfyUI中导入一个基本的文生图工作流，在空白画布上单击鼠标右键，在弹出的快捷菜单中选择“新建节点”|“条件”| ControlNet |“ControlNet应用”命令，如图6-6所示。

步骤 02 执行操作后，即可添加一个“ControlNet应用”节点，如图6-7所示。

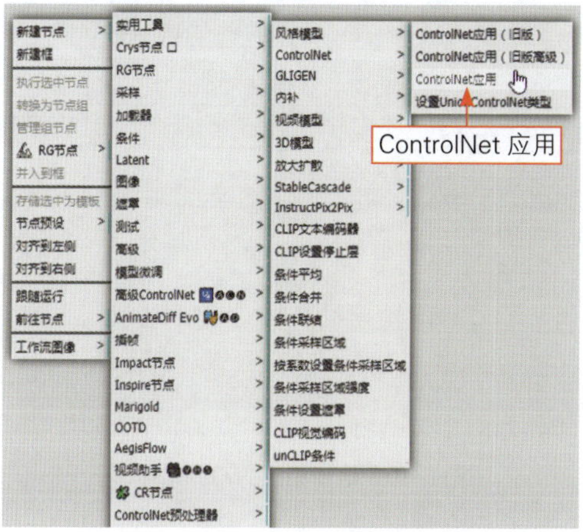

图 6-6　选择“ControlNet 应用”命令

图 6-7　添加“ControlNet 应用”节点

步骤 03 将“ControlNet应用”节点输入端的“正面条件”和“负面条件”接口连接到相应的正、反向提示词节点上，将VAE接口连接到加载VAE模型的对应节点上；将“ControlNet应用”节点输出端的“正面条件”和“负面条件”连接到“K采样器”节点的对应输入端，如图6-8所示。

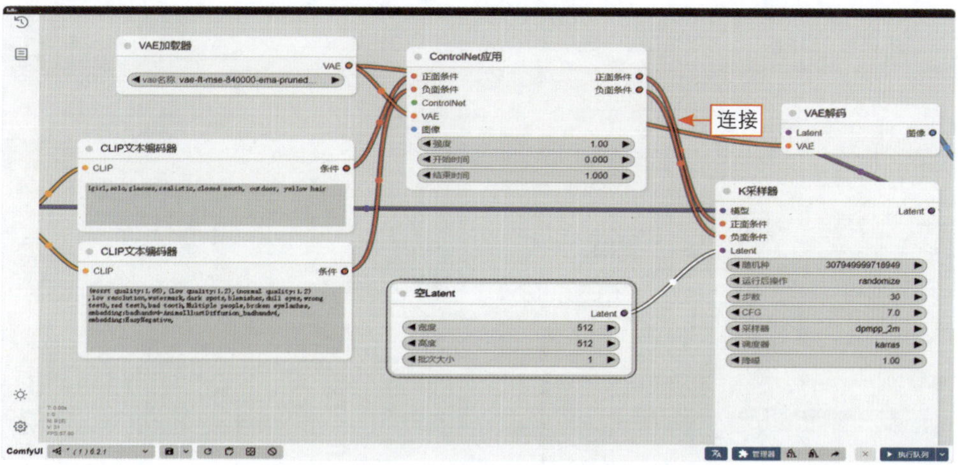

图 6-8　连接“ControlNet 应用”节点的相应接口

步骤 04 从“ControlNet应用”节点的ControlNet输入接口上拉出一条连接线，在弹出的快捷菜单中选择“ControlNet加载器”命令，如图6-9所示。

步骤 05 执行操作后，即可添加一个“ControlNet加载器”节点，并在该节点的“ControlNet名称”下拉列表框中选择相应的Canny模型，如图6-10所示。Canny模型通过使用边缘检测器提取图像中所有重要的轮廓线。

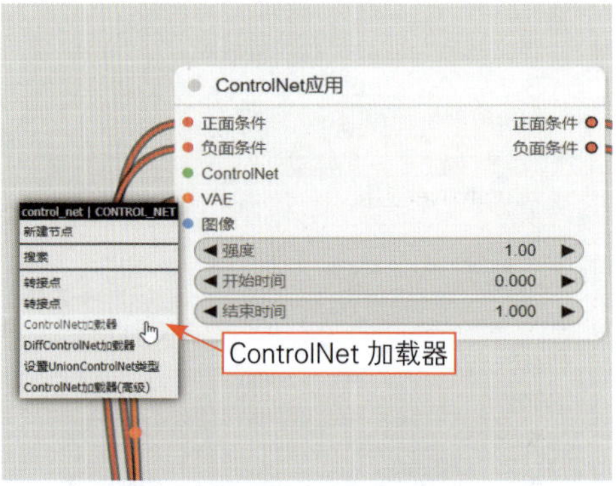

图 6-9　选择“ControlNet 加载器”命令

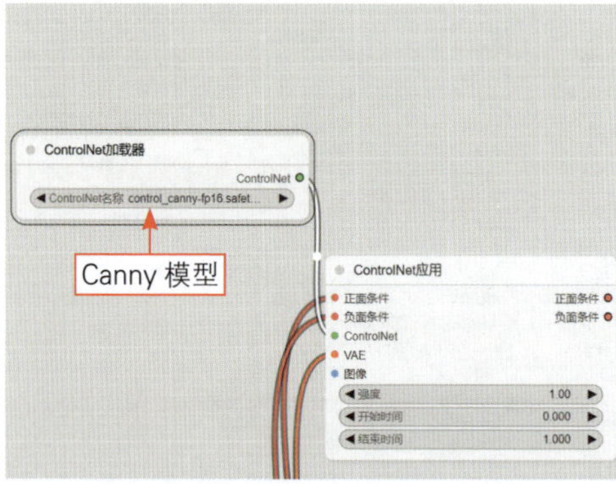

图 6-10　选择相应的 Canny 模型

步骤 06 在空白画布上单击鼠标右键，在弹出的快捷菜单中选择“新建节点”|“ControlNet预处理器”|“线条”|“Canny细致线预处理器”命令，如图6-11所示，该处理器用于检测图像的硬边缘。

步骤 07 执行操作后，即可添加一个“Canny细致线预处理器”节点，并将该节点的图像输出接口连接到“ControlNet应用”节点的对应输入端，如图6-12所示。

图 6-11　选择“Canny 细致线预处理器”命令

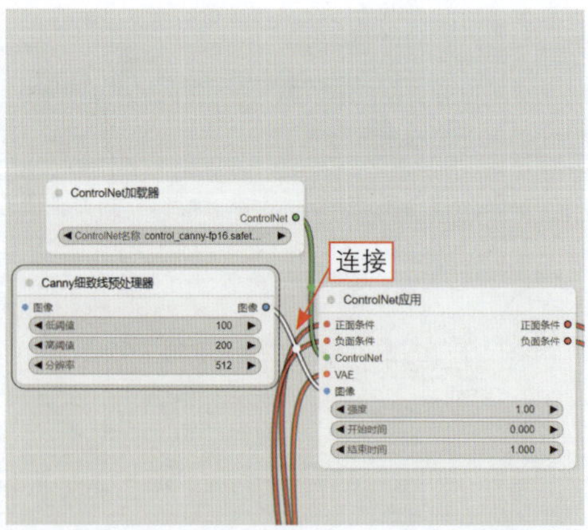

图 6-12　添加并连接“Canny 细致线预处理器”节点

步骤 08 添加一个“加载图像”节点，将其连接到“Canny细致线预处理器”节点的图像输入接口上，并上传一张参考图作为需要处理的图像，如图6-13所示。

步骤 09 添加一个“预览图像”节点，将其连接到“Canny细致线预处理器”节点的“图像”输出接口上，用于预览图像的预处理结果，如图6-14所示。

图 6-13　上传一张参考图

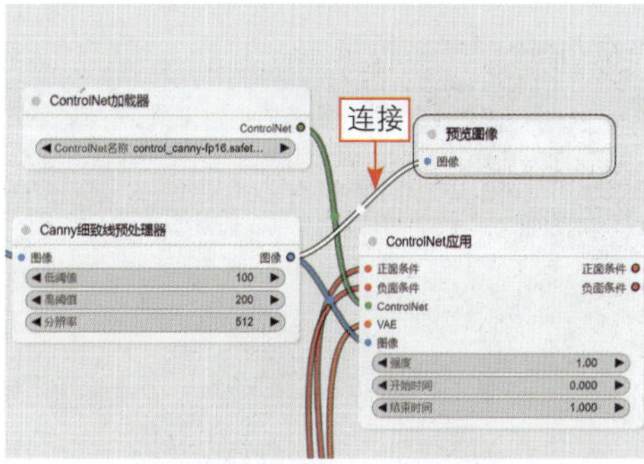

图 6-14　添加并连接“预览图像”节点

步骤 10 单击“执行队列”按钮，运行工作流，即可生成相应的新图，同时人物的姿态和构图基本与参考图一致，如图6-15所示。

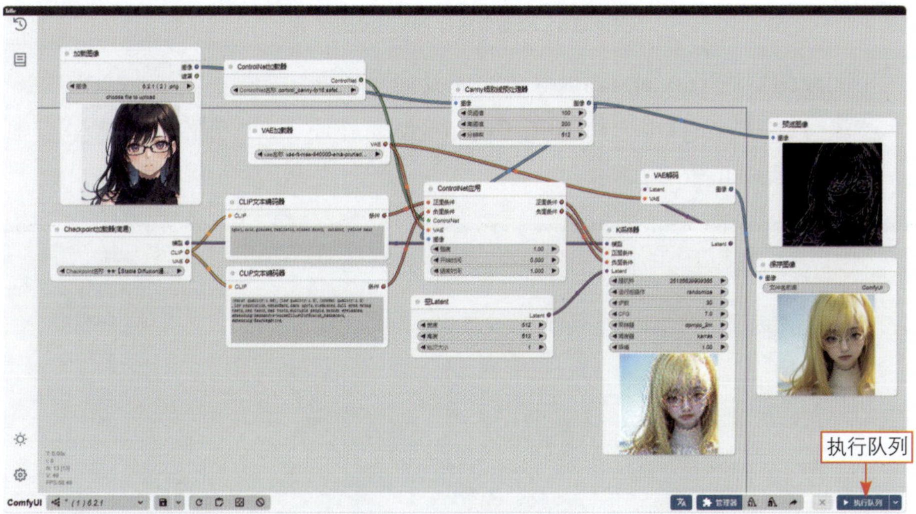

图 6-15　生成相应的新图

★ 专 家 提 醒 ★

“ControlNet 应用”节点中的相关参数说明如下。

（1）强度：用来控制 ControlNet 的权重。

（2）开始时间：表示 ControlNet 什么时候进行控制。

（3）结束时间：表示 ControlNet 什么时候结束控制。

6.2.2 运用NormalMap提取法线向量

扫码看视频

NormalMap可以从参考图中提取3D物体的法线向量（Normal Vector），从而确定物体表面的光照特征（如高光和阴影），绘制的新图与原图的光影效果完全相同，原图与生成的新图效果对比如图6-16所示。

图 6-16　原图与生成的新图效果对比

下面介绍运用NormalMap提取法线向量的操作方法。

步骤 01 在ComfyUI中导入一个ControlNet工作流，在“加载图像”节点中上传一张参考图，如图6-17所示。

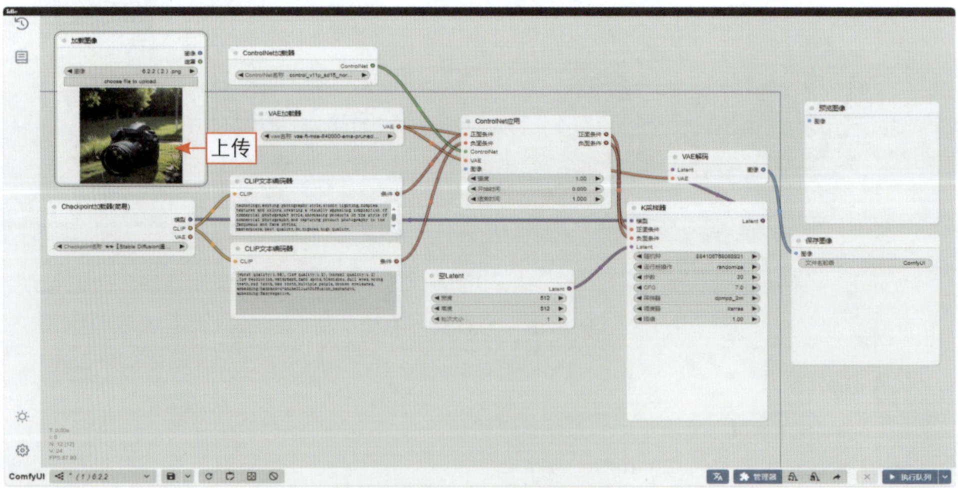

图 6-17　上传一张参考图

步骤 02 在空白画布上单击鼠标右键，在弹出的快捷菜单中选择“新建节点”|“ControlNet预处理器”|“法向与深度”|“BAE法向预处理器”命令，如图6-18所示，该预处理器可用于提取法线贴图。

步骤 03 执行操作后，即可添加一个“BAE法向预处理器”节点，并将该节点的“图像”输出接口连接到“ControlNet应用”节点的对应输入端，如图6-19所示。

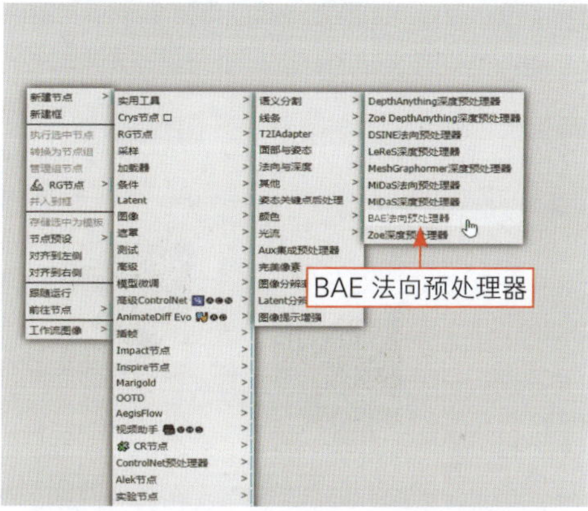

图 6-18　选择“BAE 法向预处理器”选项

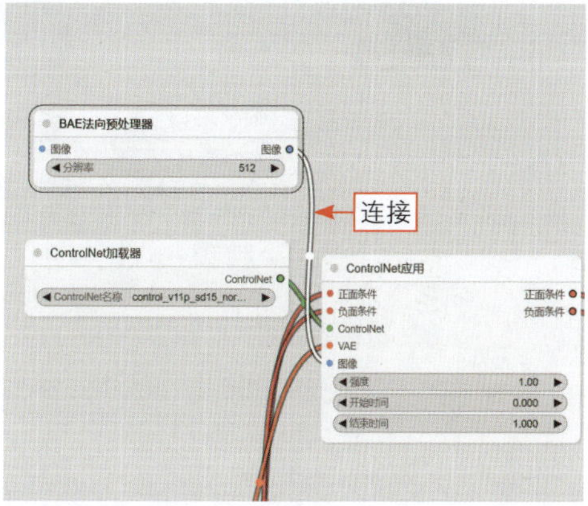

图 6-19　添加并连接“BAE 法向预处理器”节点

步骤 04 将“加载图像”节点的“图像”输出接口，连接到“BAE法向预处理器”节点的“图像”输入接口上，给ControlNet添加图像；将“预览图像”节点的“图像”输入接口，连接到“BAE法向预处理器”节点的“图像”输出接口上，用于预览图像的预处理结果，如图6-20所示。

步骤 05 在“ControlNet加载器”节点中选择相应的NormalMap模型，如图6-21所示，该模型会根据画面中的光影信息，模拟出物体表面的凹凸细节，准确地还原画面的内容布局。

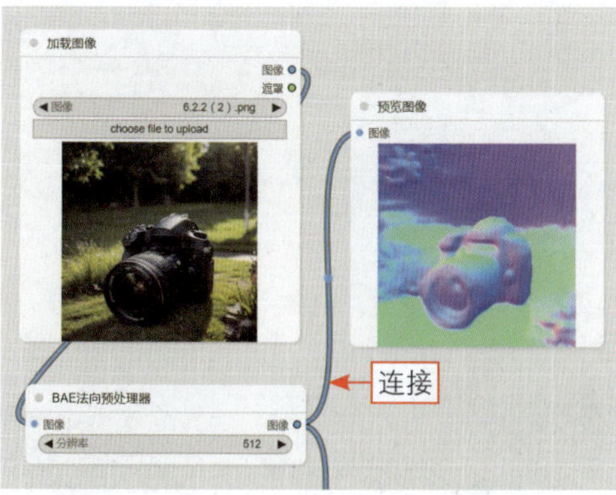

图 6-20　连接“BAE 法向预处理器”节点

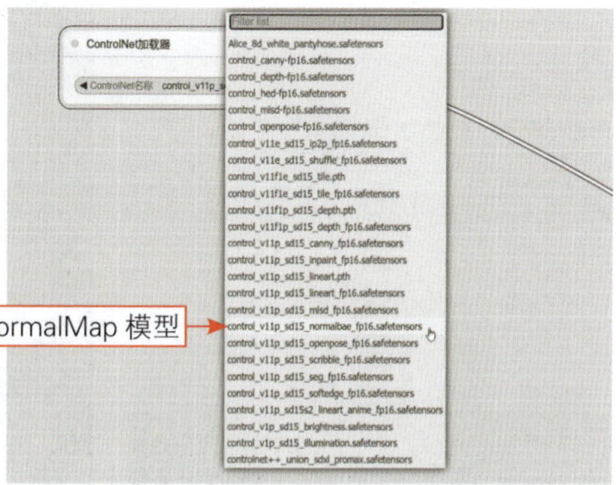

图 6-21　选择相应的 NormalMap 模型

步骤 06 单击“执行队列”按钮，运行工作流，即可生成立体感很强的新图像，效果如图6-22所示。

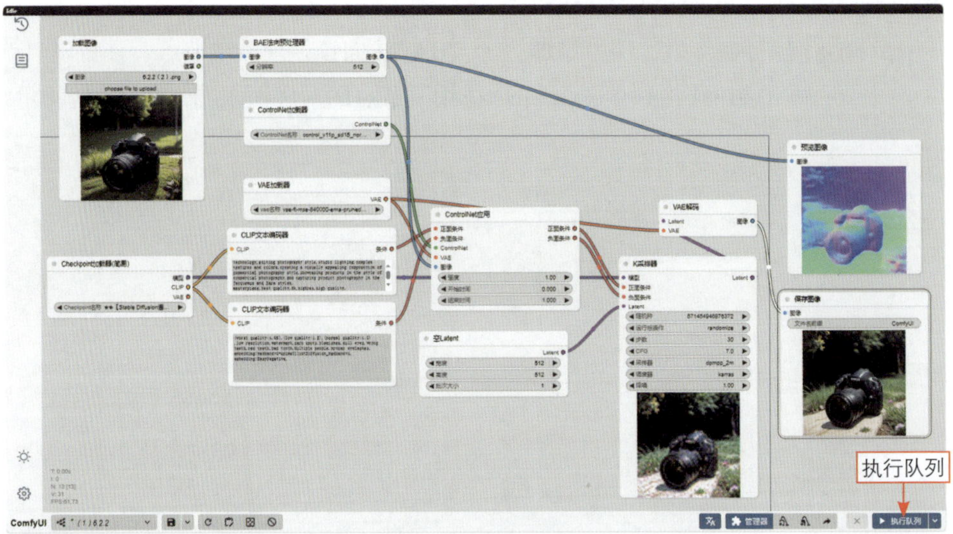

图 6-22　生成相应的新图

6.2.3　运用Depth还原空间深度关系

扫码看视频

Depth能够从图像中提取物体的前景和背景关系，并生成深度图，在图像中前后物体关系不明显的情况下，可以利用该模型进行辅助控制。例如，通过深度图可以有效还原画面中的空间深度关系，原图与生成的新图效果对比如图6-23所示。

图 6-23　原图与生成的新图效果对比

下面介绍运用Depth还原空间深度关系的操作方法。

步骤 01 在ComfyUI中导入一个ControlNet工作流，在“加载图像”节点中上传一张参考图，如图6-24所示。

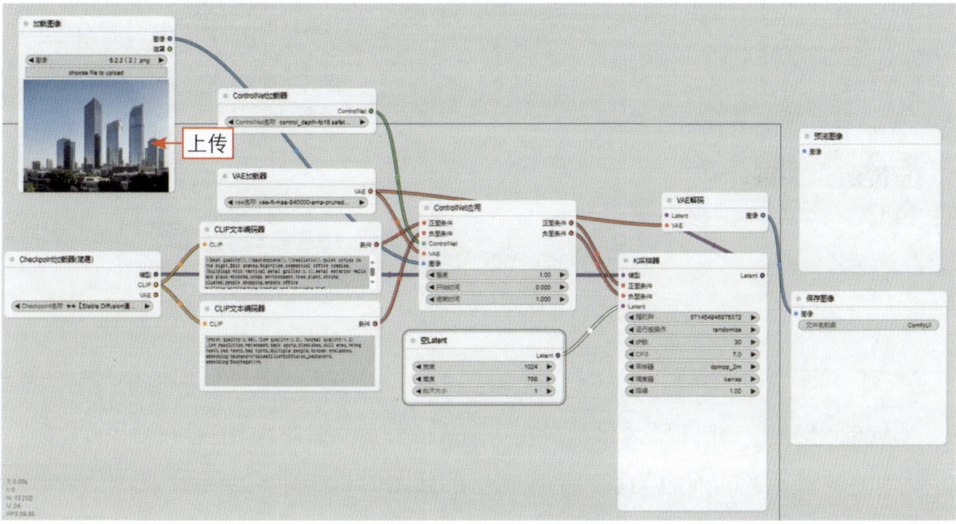

图 6-24　上传一张参考图

步骤 02 在空白画布上双击，搜索Depth，在搜索结果中选择相应的Depth预处理器，如图6-25所示，该预处理器能够完美地还原场景中的景深关系。

步骤 03 执行操作后，即可添加一个“LeReS深度预处理器”节点，并将该节点的“图像”输出接口连接到“ControlNet应用”节点的对应输入端，如图6-26所示。

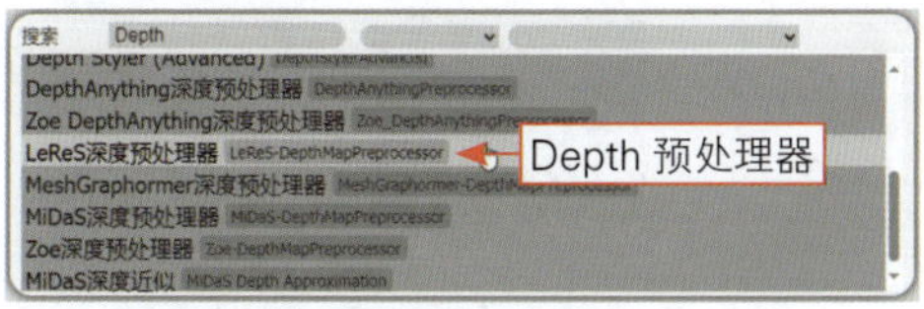

图 6-25　选择相应的 Depth 预处理器

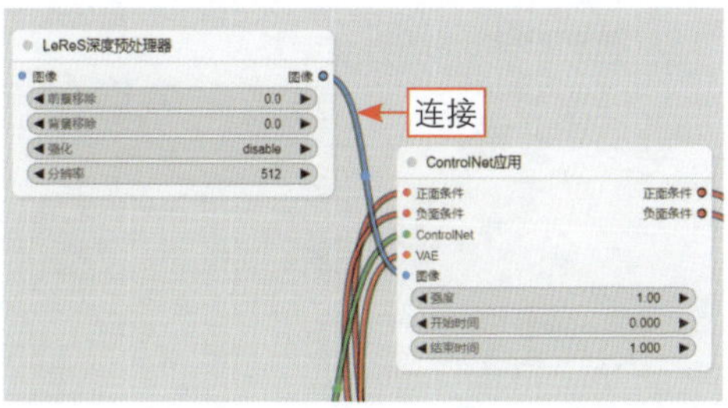

图 6-26　添加并连接“LeReS 深度预处理器”节点

步骤 04 将“加载图像”节点的“图像”输出接口，连接到“LeReS深度预处理器”节点的“图像”输入接口上，给ControlNet添加图像；将“预览图像”节点的“图像”输入接口，连接到“LeReS深度预处理器”节点的“图像”输出接口上，用于预览图像的预处理结果，如图6-27所示。

步骤05 在“ControlNet加载器”节点中选择相应的Depth模型，如图6-28所示，该模型能够提取出细节层次非常丰富的深度图。

图6-27　连接“LeReS深度预处理器”节点

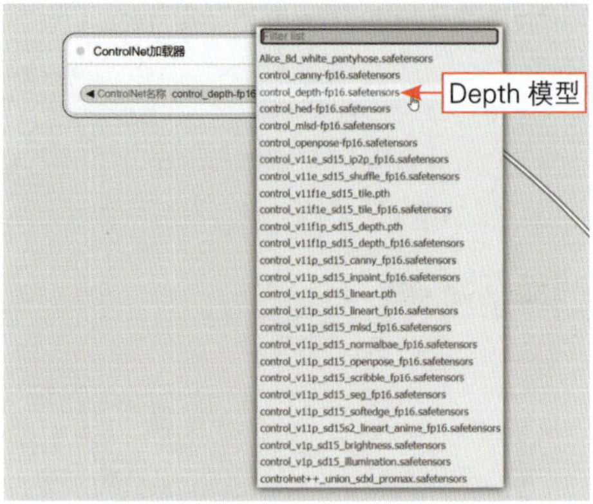

图6-28　选择相应的Depth模型

步骤06 单击“执行队列”按钮，运行工作流，即可根据深度图中的灰阶色值反馈的区域元素的前后关系，生成相应的新图像，如图6-29所示。

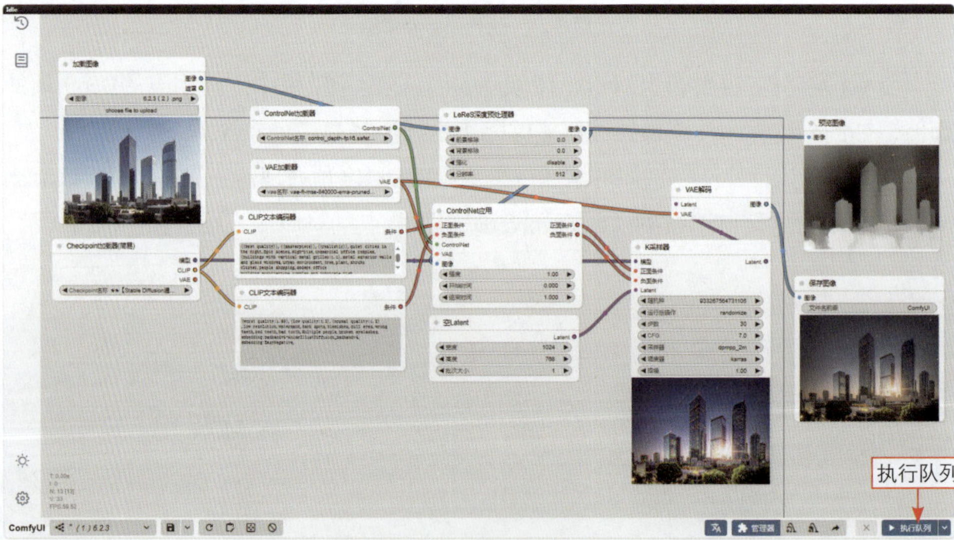

图6-29　生成相应的新图像

6.2.4　运用OpenPose检测人物姿态

扫码看视频

OpenPose主要用于控制人物的肢体动作和表情特征，它被广泛运用于人物图像的绘制，原图与生成的新图效果对比如图6-30所示。通过使用OpenPose，用户可以在ComfyUI中轻松地实现人体姿态估计，并将检测到的关节点和骨骼信息应用于各种计算机视觉任务和应用场景。

图 6-30　原图与生成的新图效果对比

下面介绍运用OpenPose检测人物姿态的操作方法。

步骤 01 在ComfyUI中导入一个ControlNet工作流，在“加载图像”节点中上传一张参考图，如图6-31所示。

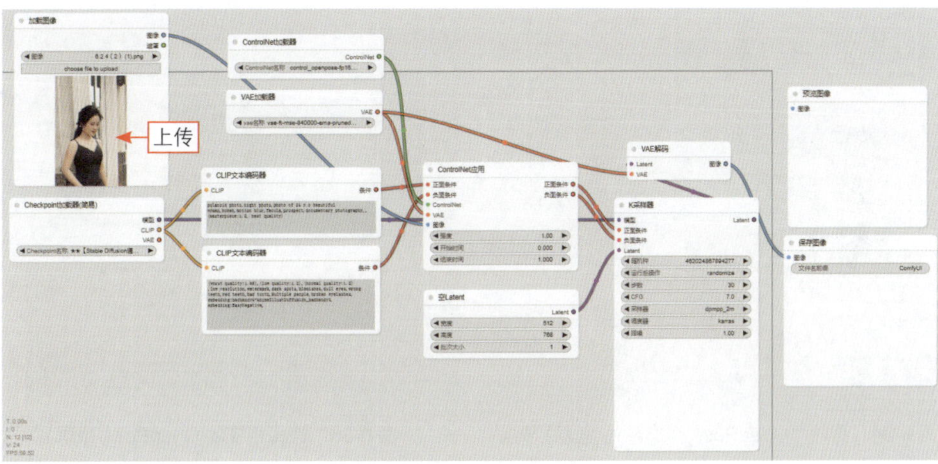

图 6-31　上传一张参考图

步骤 02 在空白画布上双击，搜索OpenPose，在搜索结果中选择相应的OpenPose预处理器，如图6-32所示，该预处理器可以检测人物的手部、身体和面部的姿态特征。

步骤 03 执行操作后，即可添加一个“OpenPose姿态预处理器”节点，并将该节点的“图像”输出接口连接到“ControlNet应用”节点的对应输入端，如图6-33所示。

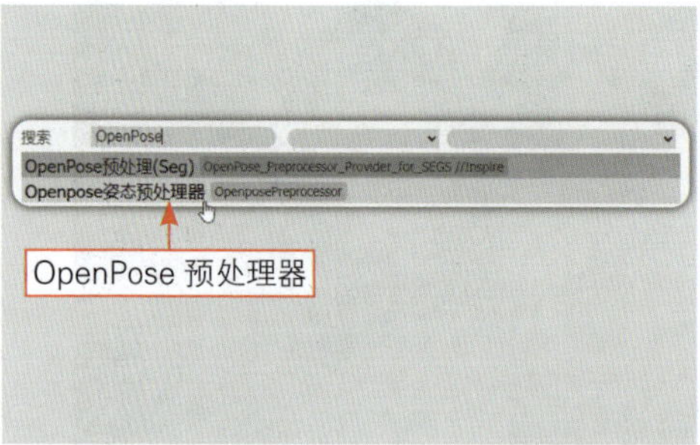

图 6-32　选择相应的 OpenPose 预处理器

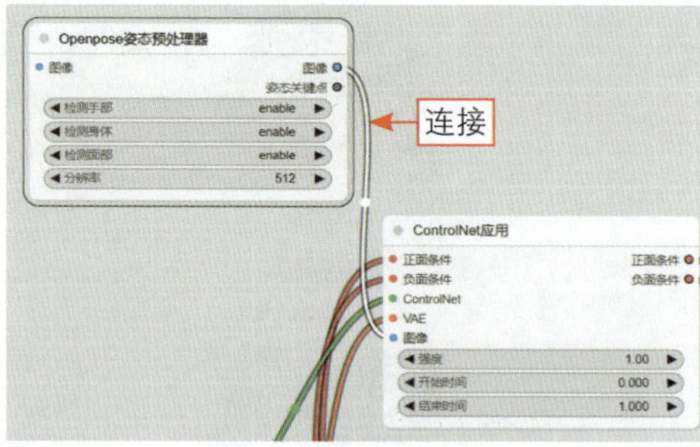

图 6-33　添加并连接“OpenPose 姿态预处理器”节点

步骤 04 将“加载图像”节点的“图像”输出接口，连接到“OpenPose姿态预处理器”节点的“图像”输入接口上，给ControlNet添加图像；将“预览图像”节点的“图像”输入接口，连接到“OpenPose姿态预处理器”节点的“图像”输出接口上，用于预览图像的预处理结果，如图6-34所示。

步骤 05 在“ControlNet加载器”节点中选择相应的OpenPose模型，如图6-35所示，该模型可以通过识别姿态实现对人体动作的精准控制。

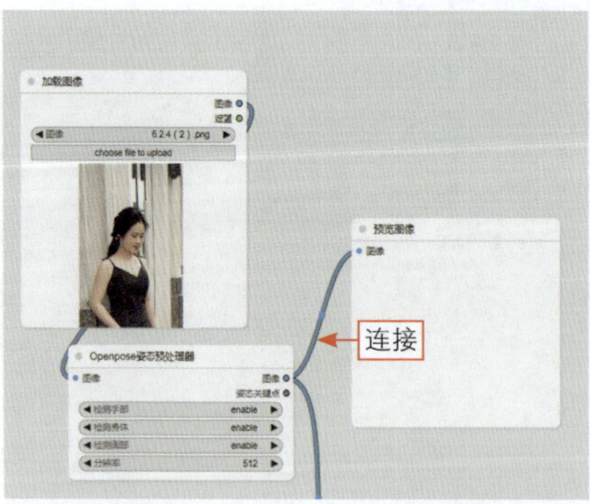

图 6-34　连接“OpenPose 姿态预处理器”节点

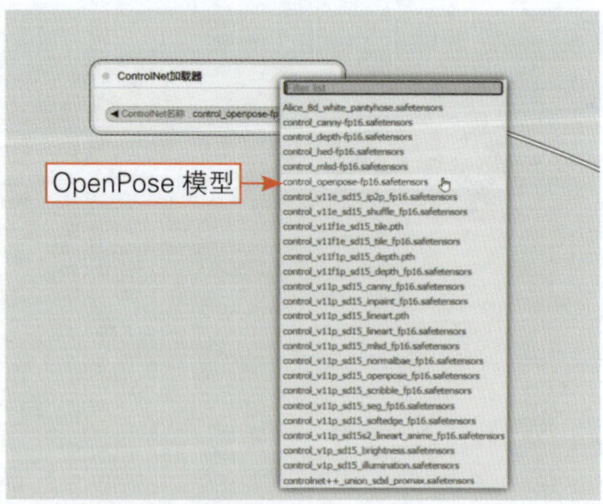

图 6-35　选择相应的 OpenPose 模型

步骤 06 在“OpenPose姿态预处理器”节点中，关闭“检测面部”功能。单击“执行队列”按钮，运行工作流，即可生成跟原图人物姿势相同的新图像，同时画面中的人物外观和背景都变成了提示词中描述的内容，如图6-36所示。

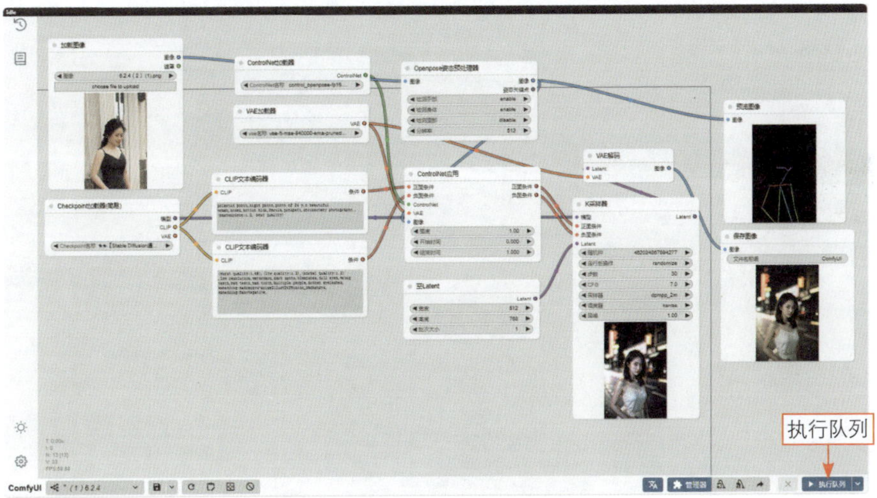

图 6-36　生成相应的新图像

6.2.5　运用Segmentation分割图像区域

Segmentation（全称为Semantic Segmentation，即语义分割），也可以简称为Seg。Segmentation是深度学习技术的一种应用，它能够在识别物体轮廓的同时，将图像划分成不同的部分，同时为这些部分添加语义标签，这将有助于实现更为精确的控图效果，原图与生成的新图效果对比如图6-37所示。

扫码看视频

图 6-37　原图与生成的新图效果对比

下面介绍运用Segmentation分割图像区域的操作方法。

步骤 01 在ComfyUI中导入一个ControlNet工作流，在“加载图像”节点中上传一张参考图，如图6-38所示。

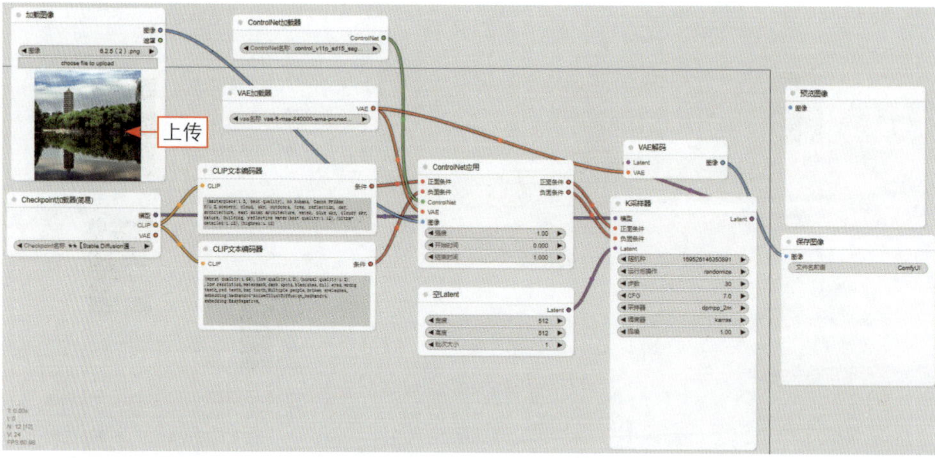

图 6-38　上传一张参考图

步骤 02 在空白画布上单击鼠标右键，在弹出的快捷菜单中选择“新建节点”|“ControlNet预处理器”|“语义分割”|“OF-ADE20K语义分割预处理器”命令，如图6-39所示，该预处理器可以生成包含不同颜色的板块图，就像现实生活中的区块地图。

步骤 03 执行操作后，即可添加一个“OF-ADE20K语义分割预处理器”节点，并将该节点的“图像”输出接口连接到“ControlNet应用”节点的对应输入端，如图6-40所示。

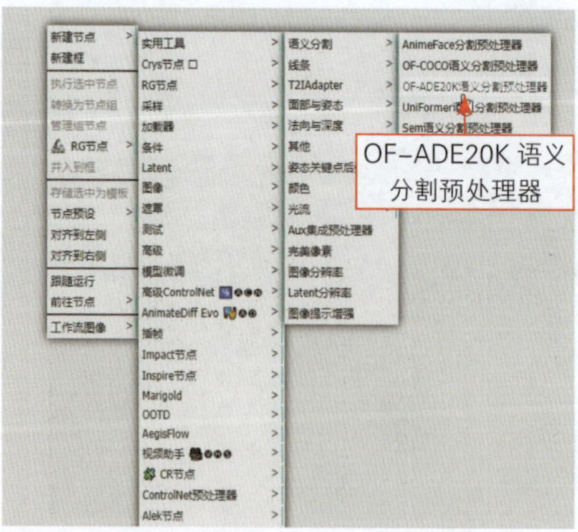

图 6-39　选择相应的预处理器选项

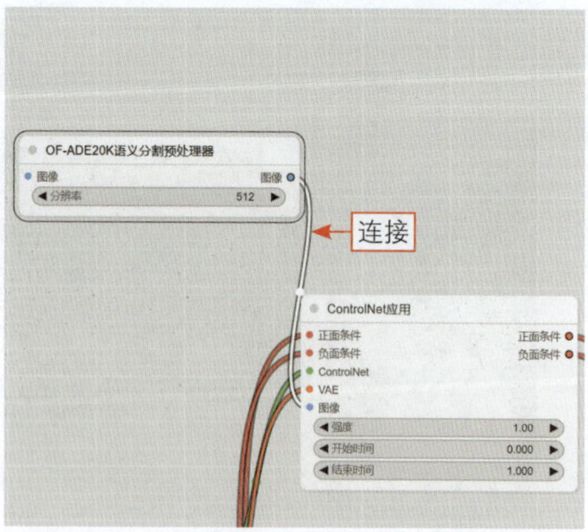

图 6-40　添加并连接预处理器节点

步骤04 将“加载图像”节点的“图像”输出接口，连接到“OF-ADE20K语义分割预处理器”节点的“图像”输入接口上，给ControlNet添加图像；将“预览图像”节点的“图像”输入接口，连接到“OF-ADE20K语义分割预处理器”节点的“图像”输出接口上，用于预览图像的预处理结果，如图6-41所示。

步骤05 在“ControlNet加载器”节点中选择相应的Segmentation模型，如图6-42所示，该模型会将一个标签与图像联系起来，用来识别并形成不同类别的像素集合。

图6-41　连接“OF-ADE20K语义分割预处理器”节点

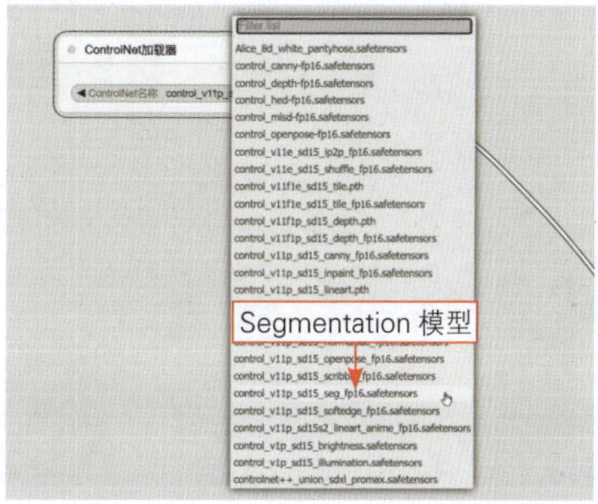

图6-42　选择相应的Segmentation模型

步骤06 单击“执行队列”按钮，运行工作流，即可生成相应的新图像，并根据不同颜色的板块图来还原画面的内容，同时根据提示词的描述改变画面风格，如图6-43所示。

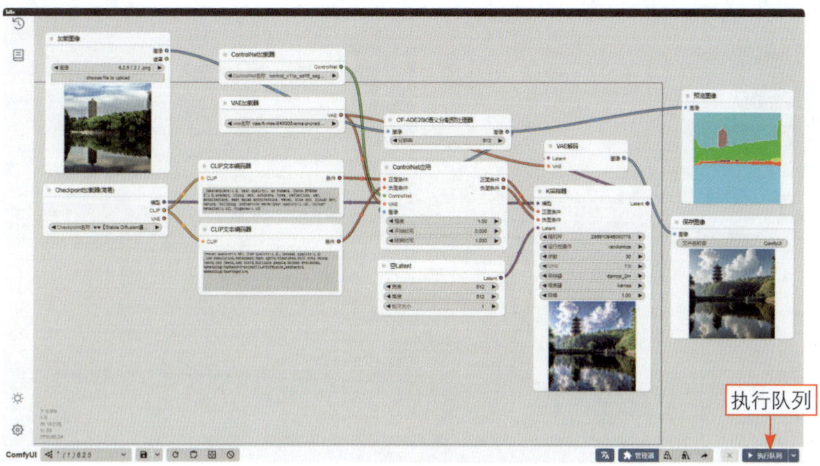

图6-43　生成相应的新图像

6.2.6 运用MLSD提取图像直线边缘

扫码看视频

MLSD可以提取图像中的直线边缘，被广泛应用于需要提取物体线性几何边界的领域，如建筑设计、室内设计和路桥设计等，原图与生成的新图效果对比如图6-44所示。

图 6-44　原图与生成的新图效果对比

下面介绍运用MLSD提取图像直线边缘的操作方法。

步骤 01 在ComfyUI中导入一个ControlNet工作流，在“加载图像”节点中上传一张参考图，如图6-45所示。

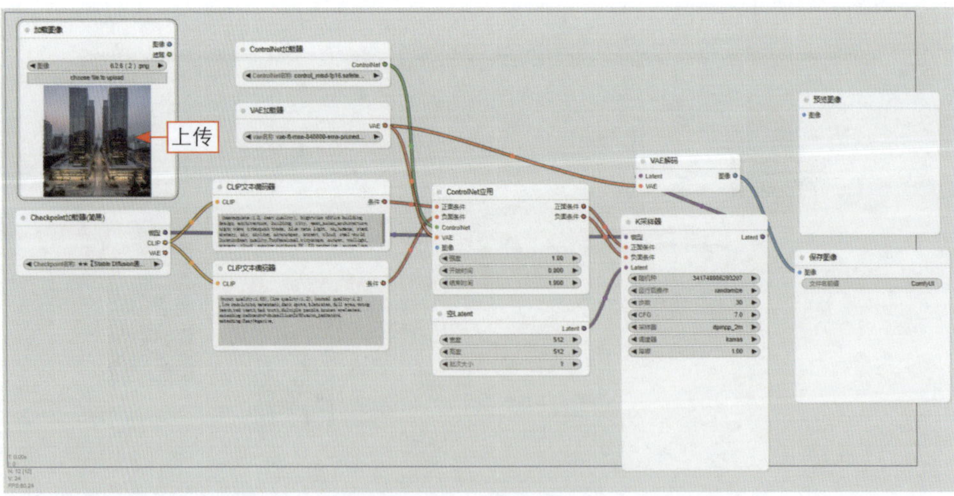

图 6-45　上传一张参考图

步骤 02 在空白画布上单击鼠标右键，在弹出的快捷菜单中选择“新建节点”|“ControlNet预处理器”|“线条”|“M-LSD线段预处理器”命令，如图6-46所示，该预处理器可以根据图像的直线边缘特征生成线稿图。

步骤 03 执行操作后，即可添加一个“M-LSD线段预处理器”节点，并将该节点的“图像”输出接口连接到“ControlNet应用”节点的对应输入端，如图6-47所示。

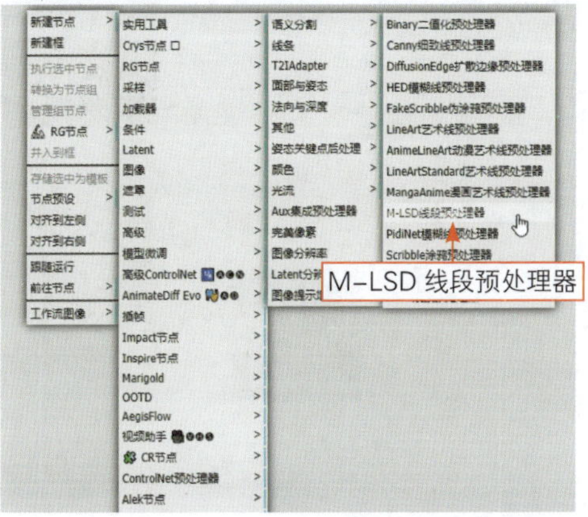

图 6-46　选择“M-LSD 线段预处理器”命令

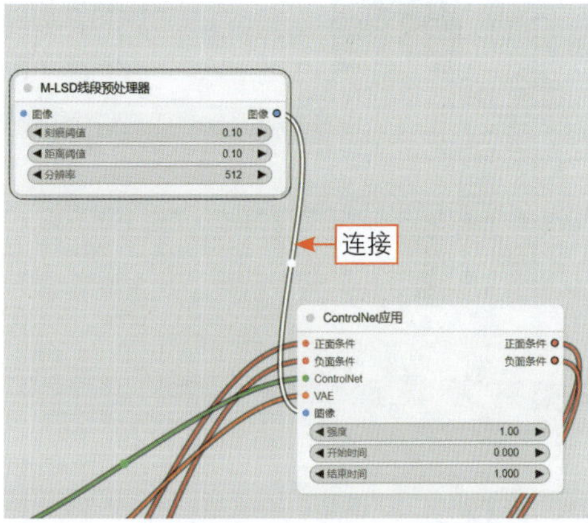

图 6-47　添加并连接“M-LSD 线段预处理器”节点

步骤 04 将“加载图像”节点的“图像”输出接口，连接到“M-LSD线段预处理器”节点的“图像”输入接口上，给ControlNet添加图像；将“预览图像”节点的“图像”输入接口，连接到“M-LSD线段预处理器”节点的“图像”输出接口上，用于预览图像的预处理结果，如图6-48所示。

步骤 05 在“ControlNet加载器”节点中选择相应的MLSD模型，如图6-49所示，该模型只会保留画面中的直线特征，而忽略曲线特征。

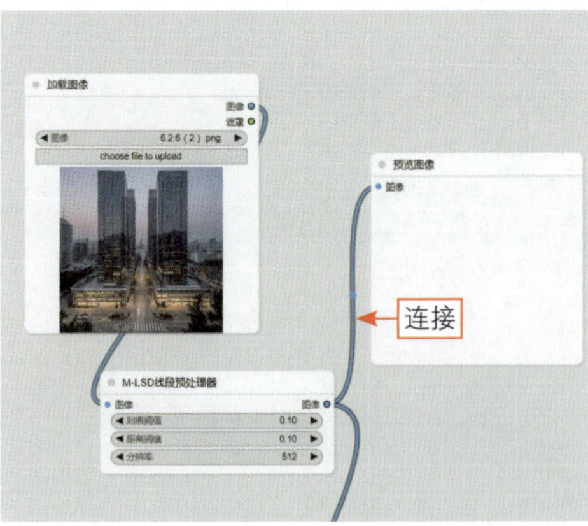

图 6-48　连接“M-LSD 线段预处理器”节点

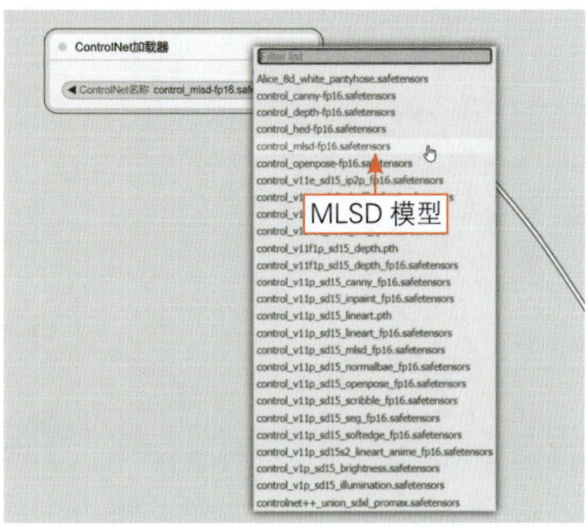

图 6-49　选择相应的 MLSD 模型

步骤 06 单击“执行队列”按钮，运行工作流，即可生成相应的新图像，跟原图的构图和布局基本一致，如图6-50所示。

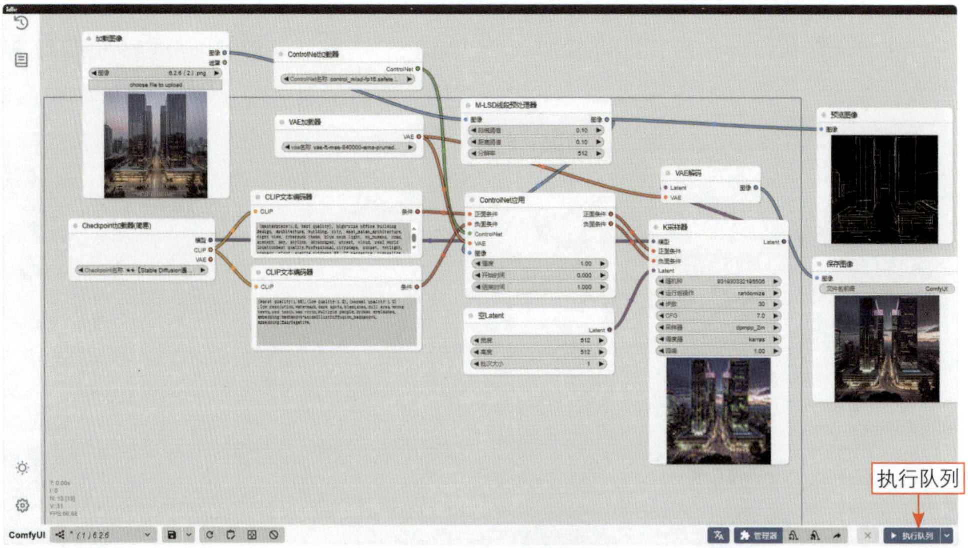

图 6-50 生成相应的新图像

★ 专家提醒 ★

在 ControlNet 出现之前，人们是无法准确预测 AI 会生成什么图像的，就像“抽奖”一样，这也是 Midjourney 等 AI 绘画工具的不足之处。而当 ControlNet 出现之后，人们便可以通过各种模型准确地控制 AI 生成的画面，如上传线稿让 AI 填充颜色并渲染、控制人物的姿势等。因此，ControlNet 的作用非常强大，是 Stable Diffusion 中的必备插件之一。

第 7 章

在线工作流：使用网页版ComfyUI快速生图

网页版ComfyUI作为一款强大的在线生图工具，正以其直观的操作界面和丰富的功能，引领着在线生图的新潮流。本章将以LiblibAI平台的网页版ComfyUI功能为例，深入探讨如何利用在线工作流快速生成高质量的图像。

7.1 使用LiblibAI的网页版ComfyUI

LiblibAI（哩布哩布AI）是一个热门的AI绘画平台和模型分享社区，该平台以其卓越的在线Stable Diffusion图像生成功能和庞大的模型素材库，致力于激发广大用户创作AI模型与图像素材的热情。同时，LiblibAI还采用了基于Stable Diffusion的WebUI和ComfyUI两种原生界面，用户无须安装任何软件，更无须担心显卡配置问题，让AI绘画和模型训练变得更加轻松、便捷。

本节将详细介绍使用LiblibAI网页版ComfyUI的基本操作方法，帮助大家快速上手ComfyUI在线工作流的应用技巧，解锁更多可能的创意。

7.1.1 注册与登录LiblibAI

扫码看视频

LiblibAI作为AI绘画领域的佼佼者，其网页版ComfyUI更是将AI技术与用户体验完美融合，为用户带来了前所未有的创作体验。通过简单的界面设计、直观的操作流程，以及丰富的模型库和参数设置，用户可以轻松实现各种风格的绘画创作，从科幻、动漫到风景、静物，应有尽有。

当然，用户要使用LiblibAI的在线工作流进行AI创作，首先还需要注册账号并登录该平台。下面介绍注册与登录LiblibAI的操作方法。

步骤 01 打开LiblibAI官网，在“哩布首页”页面的右上角，单击“登录/注册”按钮，如图7-1所示。

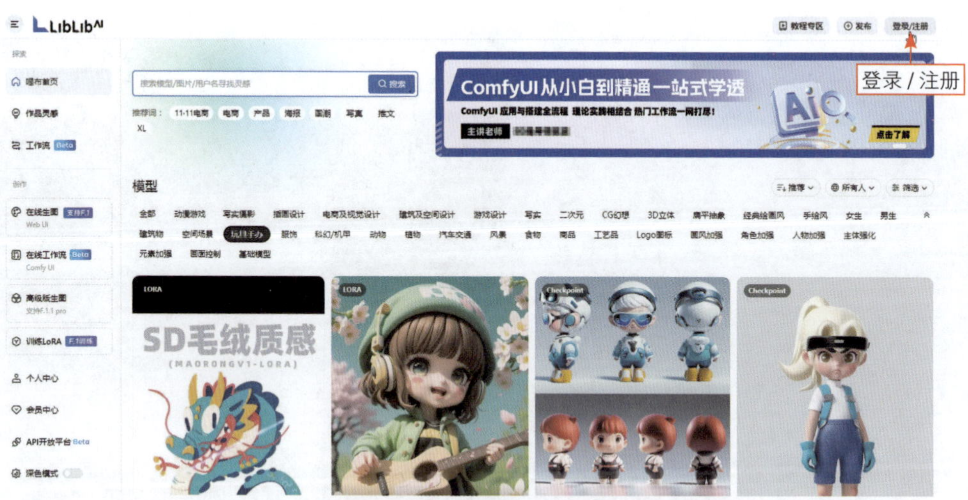

图7-1 单击“登录/注册”按钮

步骤 02 执行操作后，弹出“微信一键登录”对话框，使用微信扫码即可快速登录并自动注册账号，用户也可以使用QQ进行授权登录，单击“其他登录方式”下方的手机图标，如图7-2所示。

步骤 03 执行操作后，即可切换为手机登录方式，可以使用手机号码直接注册并登录，如图7-3所示。

图 7-2　单击手机图标

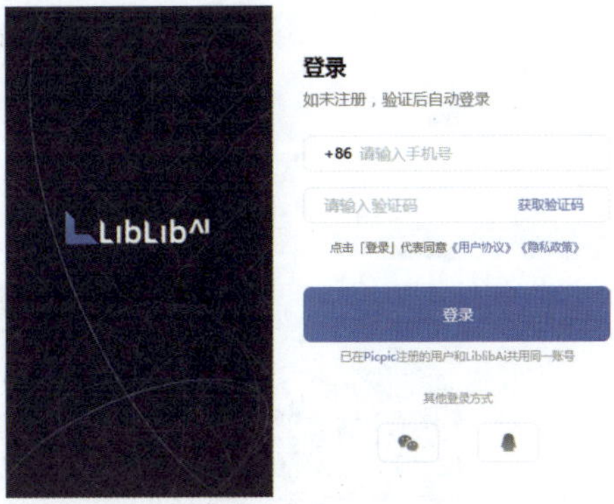

图 7-3　使用手机号登录

7.1.2　使用默认工作流

扫码看视频

LiblibAI的默认工作流可以实现文生图功能，用户只需输入一些简单的提示词，即可让AI生成一张与输入信息相关的图片，效果如图7-4所示。

图 7-4　效果展示

下面介绍使用默认工作流的操作方法。

步骤 01 进入LiblibAI首页，在左侧导航栏中单击“在线工作流”按钮，如图7-5所示。

图 7-5　单击“在线工作流”按钮

步骤 02 执行操作后，进入“在线工作流”页面，自动加载一个默认的文生图工作流，选择一个写实风格的大模型，并输入相应的正向提示词，如图7-6所示。

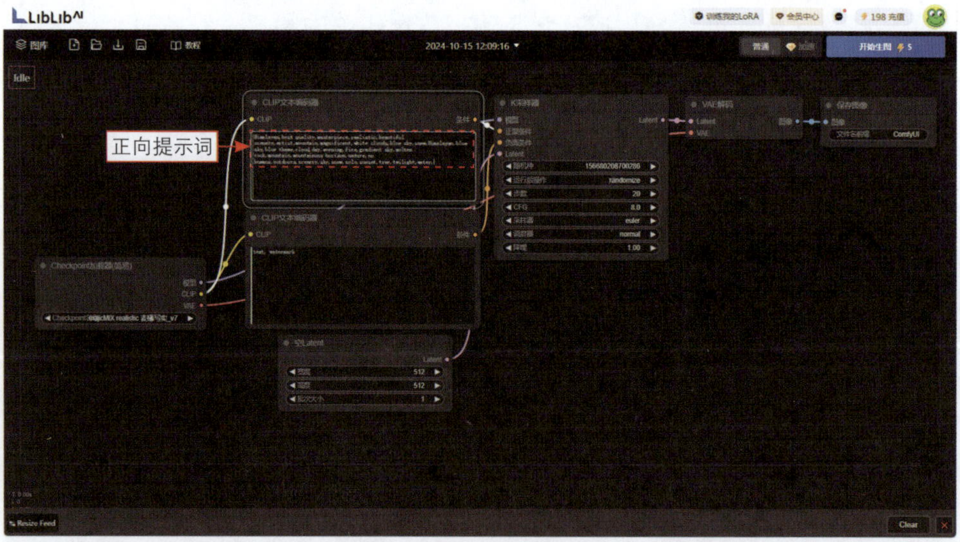

图 7-6　输入相应的正向提示词

步骤 03 单击“开始生图”按钮，运行工作流，即可根据提示词描述的内容生成相应的图像，效果如图7-7所示。

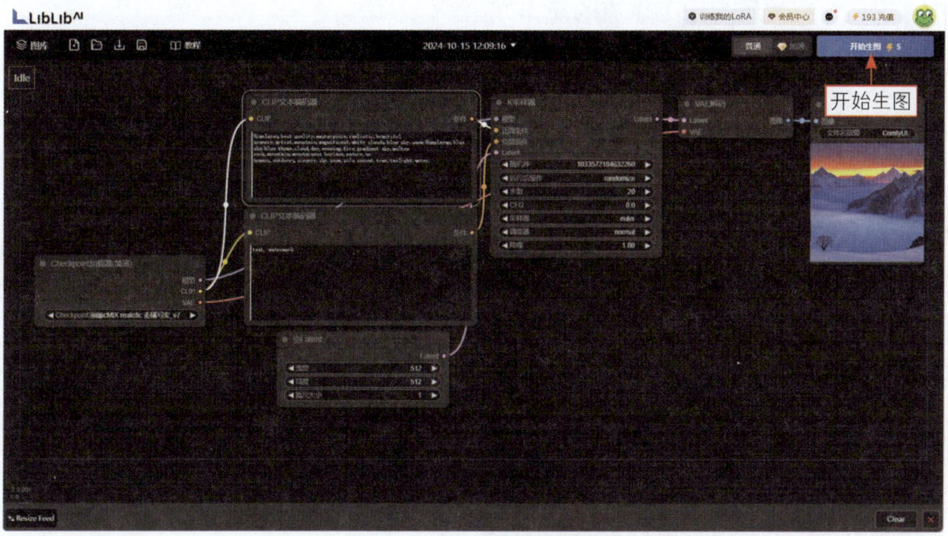

图 7-7　生成相应的图像

7.1.3　使用本地工作流

除了使用默认的文生图工作流，用户还可以在LiblibAI中加载本地的工作流文件，这为个性化定制和高级应用提供了极大的便利。本地工作流允许用户根据自己的需求，灵活调整模型参数、输入格式及输出方式，从而生成更符合特定场景或审美偏好的图像，原图与生成的新图效果对比如图7-8所示。

扫码看视频

图 7-8　原图与生成的新图效果对比

下面介绍使用本地工作流的操作方法。

步骤 01 进入“在线工作流”页面，单击左上角的“打开本地工作流”按钮，如图7-9所示。

步骤 02 执行操作后，弹出“打开”对话框，选择相应的工作流文件，如图7-10所示，单击“打开”按钮。

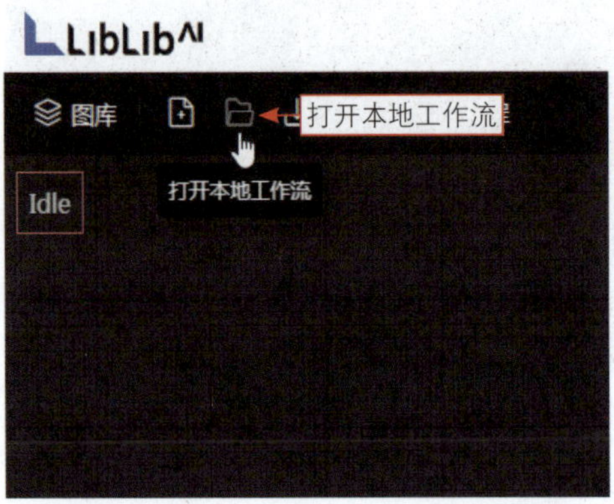

图 7-9 单击“打开本地工作流”按钮

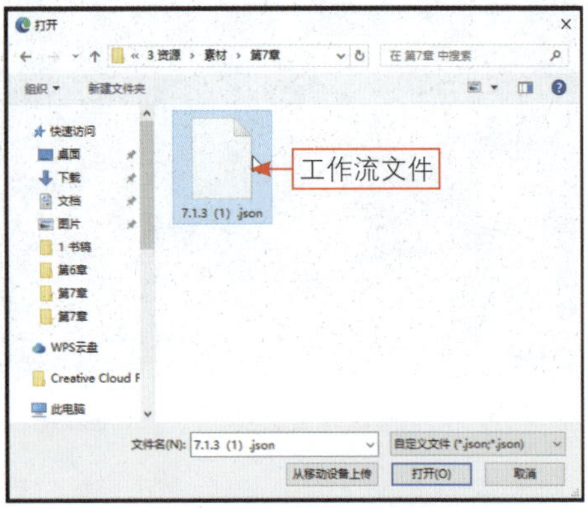

图 7-10 选择相应的工作流文件

步骤 03 执行操作后，即可导入一个图生图工作流文件，在“加载图像”节点中，上传相应的参考图，如图7-11所示。

步骤 04 在“Checkpoint加载器（简易）”节点中，选择一个动漫风格的大模型，如图7-12所示。

图 7-11 上传相应的参考图

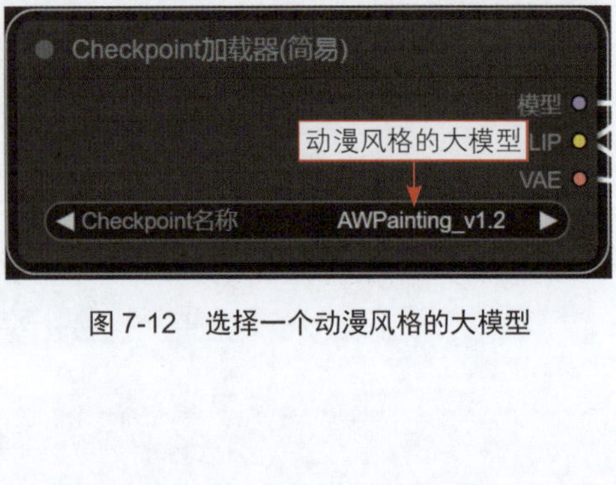

图 7-12 选择一个动漫风格的大模型

步骤 05 单击“开始生图”按钮，运行工作流，即可根据提示词的描述和参考图生成相应的图像，效果如图7-13所示。

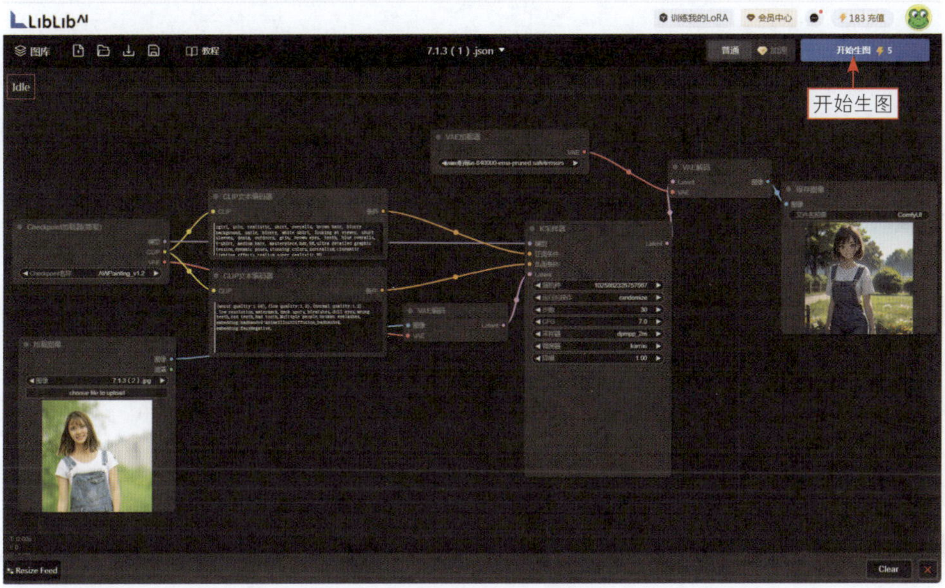

图 7-13 生成相应的图像

步骤 06 在“保存图像”节点的预览图上单击鼠标右键，在弹出的快捷菜单中选择“保存图像”命令，如图7-14所示，即可通过浏览器下载图像。

步骤 07 在页面左上角单击“下载当前工作流”按钮，如图7-15所示，即可通过浏览器下载工作流文件。

图 7-14 选择“保存图像”命令

图 7-15 单击“下载当前工作流”按钮

7.2 应用 ComfyUI 在线工作流

LiblibAI平台的在线工作流采用的是基于Stable Diffusion ComfyUI的操作界面，其设计初衷是为用户提供一种无缝且直观的体验，即使是初次接触的用户也能快速上手。

同时，LiblibAI不仅提供了强大的Stable Diffusion图像生成能力，还非常注重用户体验，用户可以直接调用平台上的各种模型和ComfyUI在线工作流，快速将创意转化为现实，享受AI创作的乐趣。

7.2.1 应用线稿上色在线工作流

扫码看视频

作为Stable Diffusion WebUI的进阶版，ComfyUI不仅继承了前者的全部能力，更通过其独特的工作流系统，将复杂的图像生成和编辑过程简化成了一系列直观、易懂的节点操作。

用户无须具备深厚的图像处理能力，只需在在线工作流中上传线稿，使用合适的模型和提示词，即可轻松实现线稿的自动上色，原图和上色效果图对比如图7-16所示。

图 7-16　原图与上色效果图对比

下面介绍应用线稿上色在线工作流的操作方法。

步骤 01 在LiblibAI首页左侧的导航栏中，单击“工作流”按钮，如图7-17所示。

步骤 02 执行操作后，进入“工作流”页面，展开工作流类型列表，单击“二次元”标签，如图7-18所示。

图 7-17　单击“工作流”按钮

图 7-18　单击“二次元”标签

步骤 03 执行操作后，切换至“二次元”选项卡，在下方可以通过缩览图查看各种工作流的作用，之后选择相应的工作流，如图7-19所示。

步骤 04 执行操作后，进入该工作流的详情页面，在此可以查看工作流的相关说明，单击“在线运行工作流”按钮，如图7-20所示。

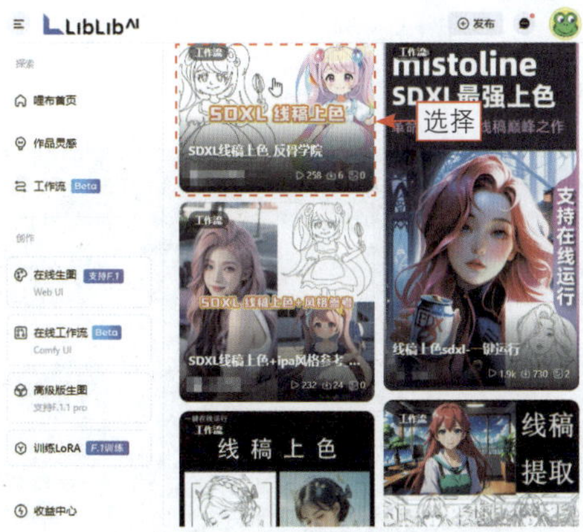

图 7-19　选择相应的工作流

图 7-20　单击“在线运行工作流”按钮

★ 专家提醒 ★

用户找到喜欢的工作流后，可以单击“加入收藏”按钮，收藏该工作流，便于直接在网页版 ComfyUI 中快速调用。另外，用户也可以单击“下载”按钮，下载工作流文件，然后将其导入本地部署的 ComfyUI 中使用。

步骤 05 执行操作后，进入“在线工作流”页面，同时会自动导入前面所选的工作流，根据要求在“加载图像”节点中上传相应的线稿图，如图7-21所示。

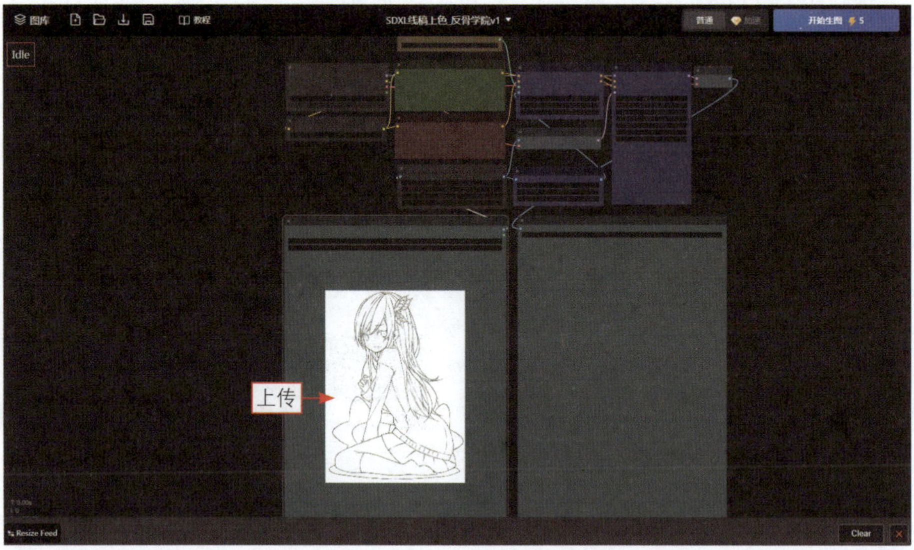

图 7-21　上传相应的线稿图

步骤 06 在“Checkpoint加载器（简易）”节点中，选择一个动漫风格的大模型，如图7-22所示。

步骤 07 在“ControlNet加载器”节点的“ControlNet名称”下拉列表框中，选择相应的Canny模型，如图7-23所示，用于提取线稿。

图 7-22　选择动漫风格的大模型

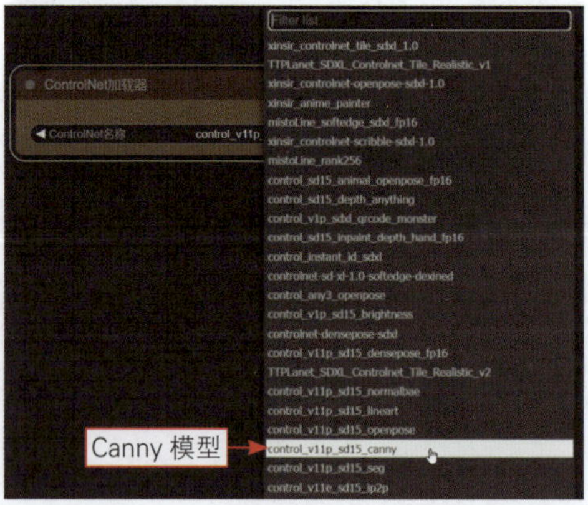

图 7-23　选择相应的 Canny 模型

步骤 08 单击“开始生图”按钮，运行工作流，ComfyUI便能根据线稿的轮廓与细节，自动为其填充丰富而和谐的色彩，如图7-24所示。

图 7-24　自动给线稿上色

7.2.2　应用一键换脸在线工作流

扫码看视频

使用ComfyUI在线工作流，用户只需轻松一点，便能实现人脸的快速替换，将创意与趣味完美融合，原图与换脸后的效果对比如图7-25所示。无论是趣味恶搞，还是影视制作中的特效需求，ComfyUI都能轻松应对，为用户带来前所未有的便捷与惊喜。

图 7-25　原图与换脸后的效果对比

下面介绍应用一键换脸在线工作流的操作方法。

步骤 01 在LiblibAI首页的搜索框中，输入关键字“一键换脸”，如图7-26所示。

步骤 02 单击“搜索”按钮，即可搜索出相应的模型，单击“工作流”标签，如图7-27所示。

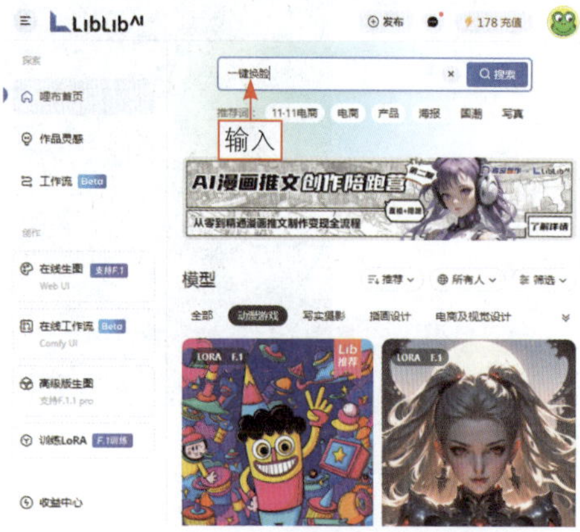

图 7-26　输入关键字

图 7-27　单击“工作流”标签

步骤 03 执行操作后，切换至“工作流”选项卡，在下方的搜索结果中选择相应的在线工作流，如图7-28所示。

步骤 04 执行操作后，进入该工作流的详情页面，在此可以查看工作流的相关说明，单击“在线运行工作流”按钮，如图7-29所示。

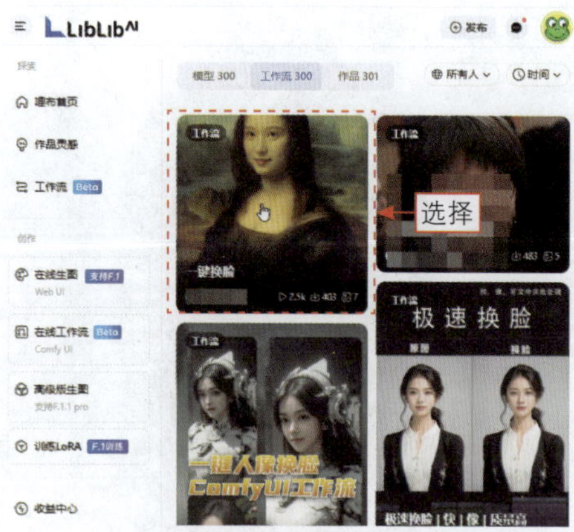

图 7-28　选择相应的在线工作流

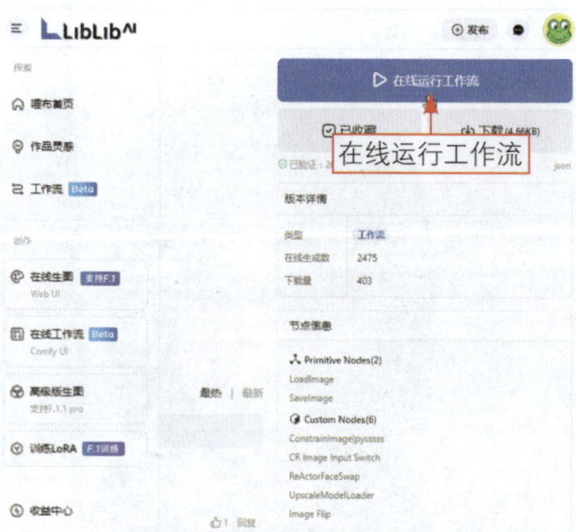

图 7-29　单击“在线运行工作流”按钮

步骤 05 执行操作后，进入“在线工作流”页面，同时会自动导入前面所选的工作流，根据要求在“加载图像”节点中分别上传相应的人物图像和需要替换的脸部图像，如图7-30所示。

图 7-30　上传相应的人物图像和需要替换的脸部图像

步骤 06 单击“开始生图”按钮，运行工作流，即可实现人脸的快速替换，如图7-31所示。

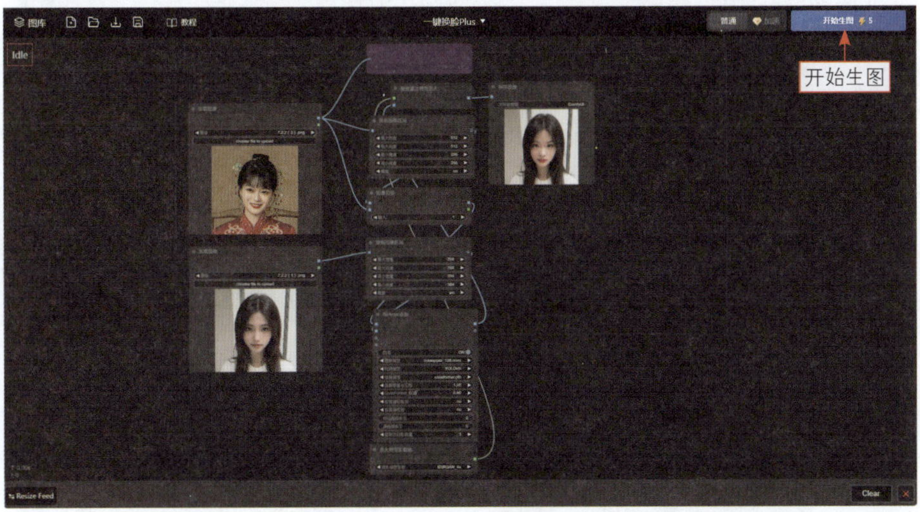

图 7-31　实现人脸的快速替换

7.2.3　应用一键磨皮在线工作流

使用ComfyUI在线工作流能够智能识别人物的面部特征，实现精准磨皮与美颜处理，原图与磨皮后的效果对比如图7-32所示。

扫码看视频

图 7-32　原图与磨皮后的效果对比

下面介绍应用一键磨皮在线工作流的操作方法。

步骤 01 在LiblibAI中搜索“一键磨皮美颜”，在搜索结果中选择相应的在线工作流，如图7-33所示。

步骤 02 执行操作后，进入该工作流的详情页面，在此可以查看工作流的相关说明，单击“在线运行工作流”按钮，如图7-34所示。

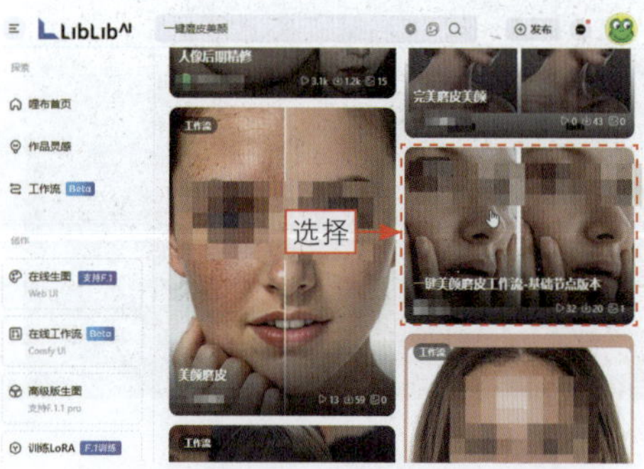

图 7-33　选择相应的在线工作流

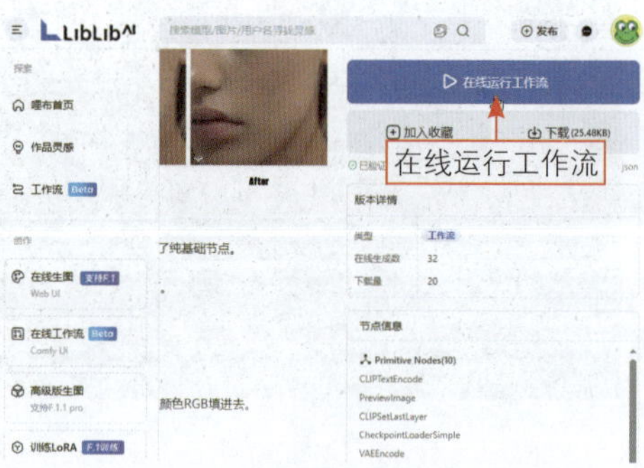

图 7-34　单击“在线运行工作流”按钮

步骤 03 执行操作后，进入“在线工作流”页面，同时会自动导入前面所选的工作流，根据要求在“加载图像”节点中上传相应的人脸图像，如图7-35所示。

步骤 04 在“图像颜色到遮罩”节点中，设置人脸图像的肤色RGB（Red、

Green、Blue，表示红、绿、蓝3个颜色通道的强度值）参数，如图7-36所示。

图 7-35　上传相应的人脸图像

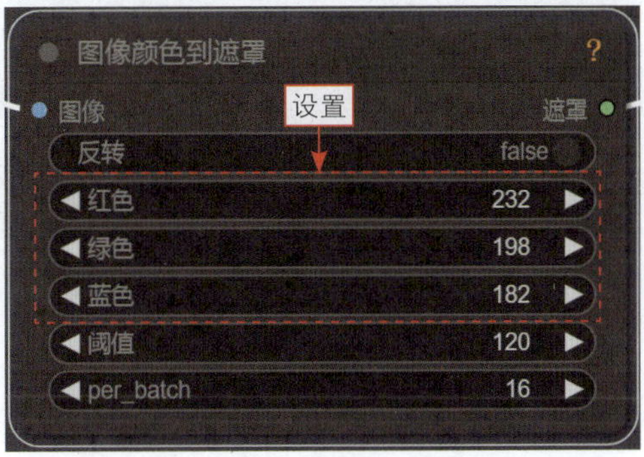

图 7-36　设置 RGB 参数

步骤 05 在“Checkpoint加载器（简易）”节点中，选择一个写实风格的大模型，如图7-37所示。

步骤 06 在两个“ControlNet加载器（高级）”节点的“ControlNet名称”下拉列表框中，搜索并选择相应的Tile模型，如图7-38所示。

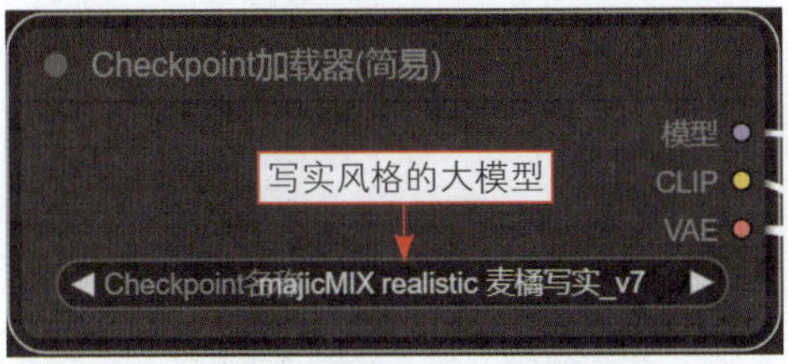

图 7-37　选择写实风格的大模型

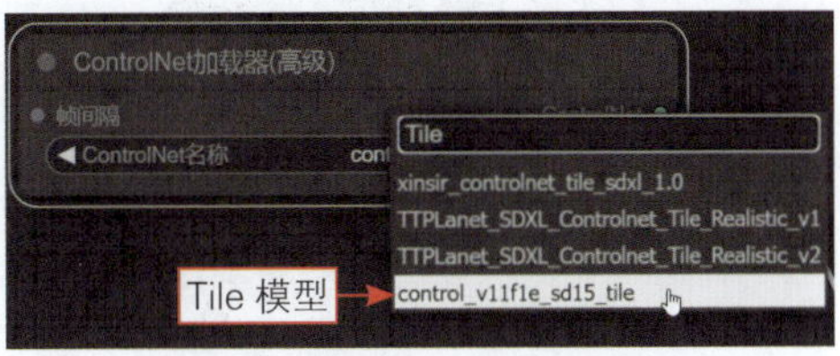

图 7-38　选择相应的 Tile 模型

★ 专家提醒 ★

ControlNet中的Tile模型，其对应中文含义为“瓷砖”或“瓦片”，但在SD中它常被译作“分块”。Tile模型的核心功能是在维持图片整体构图的同时，为图片增添细节。凭借这一特性，Tile模型与多种插件结合使用，以实现图片的精细放大处理，进而提升图片质量，进行高清修复。

步骤 07 单击“开始生图”按钮，运行工作流，即可去除人物脸部肌肤的瑕疵，提升整体肤质，同时保留自然光影与细节，如图7-39所示。

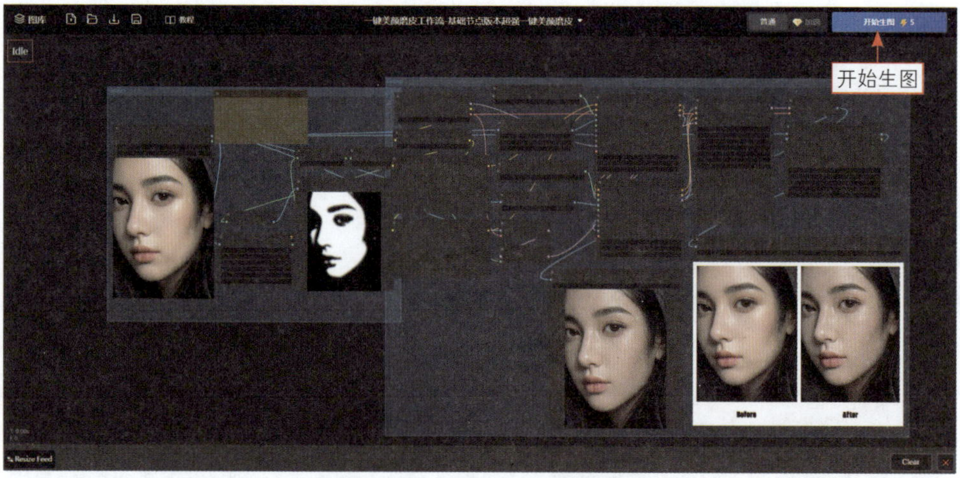

图 7-39　去除人物脸部肌肤的瑕疵

7.2.4　应用古人画像复原在线工作流

在历史长河中，古人的画像承载着丰富的文化与艺术价值。然而，这些画像往往以古老的风格呈现，与现代审美存在一定的差距。如今，借助先进的AI技术，可以将这些古人的画像还原为逼真的真人照片，原图与生成的真人照片效果对比如图7-40所示。

扫码看视频

图 7-40　原图与生成的真人照片效果对比

下面介绍应用古人画像复原在线工作流的操作方法。

步骤 01 在LiblibAI中搜索“古人画像还原成为真人照片”，在搜索结果中选择相应的在线工作流，如图7-41所示。

步骤 02 执行操作后，进入该工作流的详情页面，在此可以查看工作流的相关说明，单击“在线运行工作流”按钮，如图7-42所示。

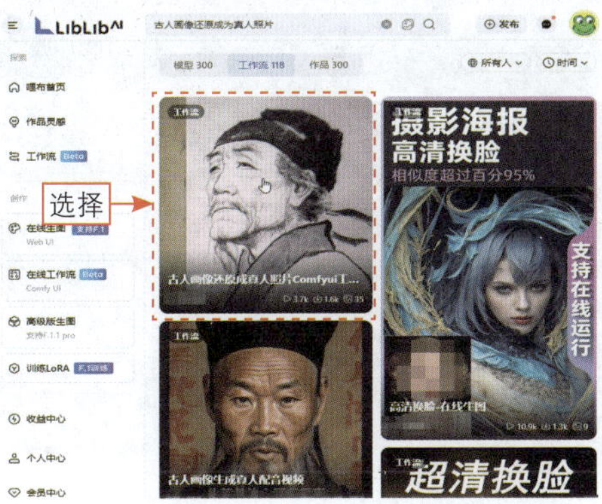

图 7-41　选择相应的在线工作流

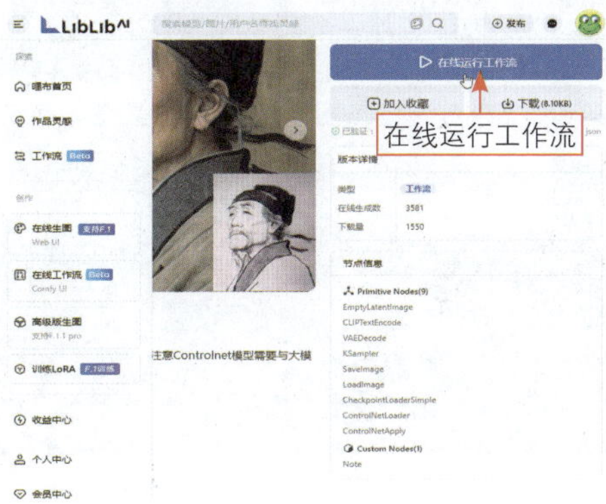

图 7-42　单击“在线运行工作流”按钮

步骤 03 执行操作后，进入“在线工作流”页面，同时会自动导入前面所选的工作流，根据要求在“加载图像”节点中上传相应的古人画像，如图7-43所示。

步骤 04 在各个加载器节点中分别选择相应的写实风格大模型和ControlNet模型，如图7-44所示。注意，如果用户是LiblibAI会员的话，可以跳过这一步，直接使用会员专属的SDXL模型来生成图像。

图 7-43　上传相应的古人画像

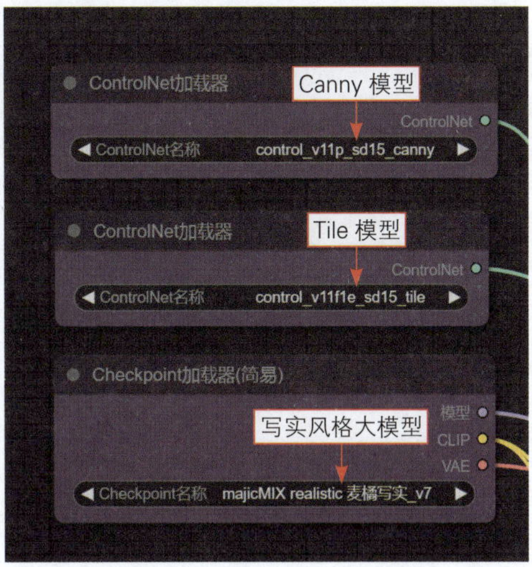

图 7-44　分别选择相应的模型

步骤 05 单击“开始生图”按钮，运行工作流，即可将古人的画像还原为真人照片，如图7-45所示。

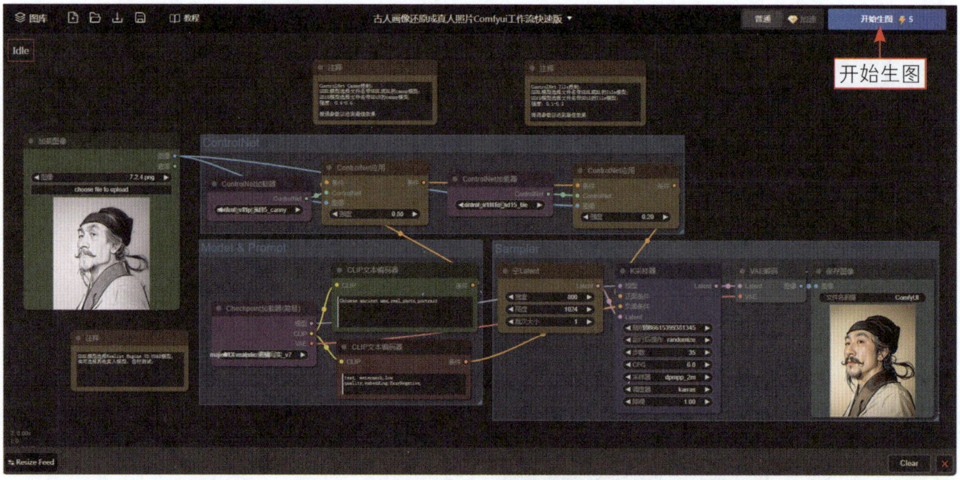

图 7-45　将古人的画像还原为真人照片

7.2.5　应用电商产品换背景在线工作流

在电商行业，产品展示效果直接关系到消费者的购买意愿。凭借ComfyUI在线工作流强大的图像处理功能，用户只需简单操作，即可轻松实现产品背景的更换，让产品展示更加突出、吸引眼球，原图与换背景后的效果对比如图7-46所示。

扫码看视频

图 7-46　原图与换背景后的效果对比

下面介绍应用电商产品换背景在线工作流的操作方法。

步骤 01 在LiblibAI中搜索“换产品图背景”，在搜索结果中选择相应的在线工作流，如图7-47所示。

步骤 02 执行操作后，进入该工作流的详情页面，在此可以查看工作流的相关说明，单击“在线运行工作流”按钮，如图7-48所示。

图 7-47　选择相应的在线工作流

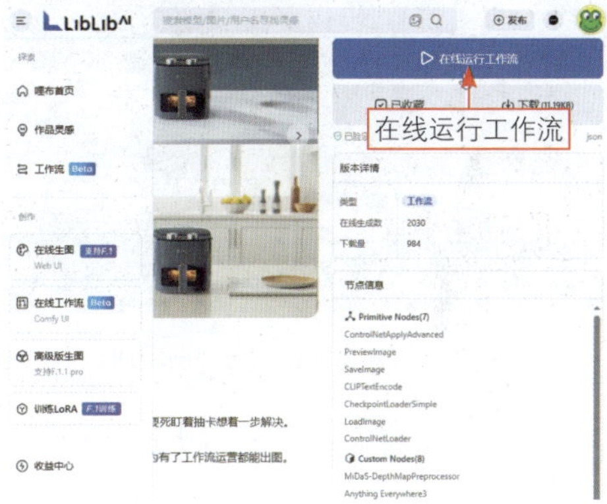

图 7-48　单击“在线运行工作流”按钮

步骤 03 执行操作后，进入“在线工作流”页面，同时会自动导入前面所选的工作流，根据要求在“加载图像”节点中上传相应的产品图像，如图7-49所示。

步骤 04 在“Checkpoint加载器（简易）”节点中，选择一个写实风格的大模型，如图7-50所示。

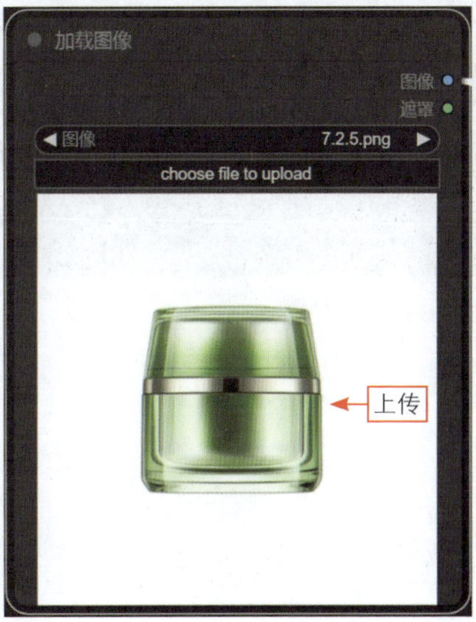

图 7-49　上传相应的产品图像

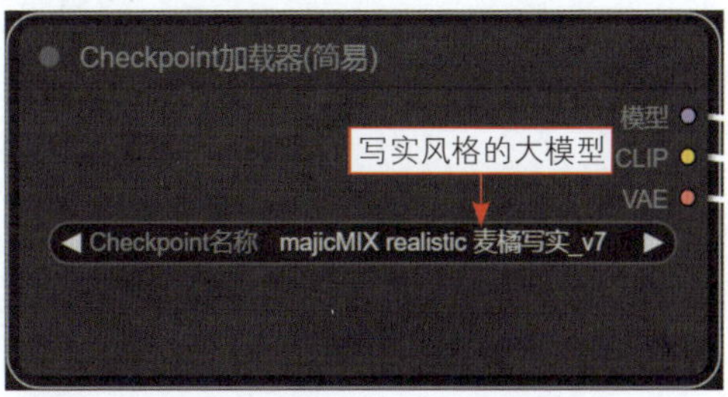

图 7-50　选择写实风格的大模型

步骤 05 在“CLIP文本编码器”节点中，输入相应的正向提示词，主要描述需要生成的画面背景即可，如图7-51所示。

步骤 06 在“ControlNet加载器”节点中选择相应的Depth模型，如图7-52所示，用来生成产品深度图。

图 7-51　输入相应的正向提示词

图 7-52　选择相应的 Depth 模型

步骤 07 单击“开始生图”按钮，运行工作流，即可生成电商产品场景图，更换相应的背景，效果如图7-53所示。

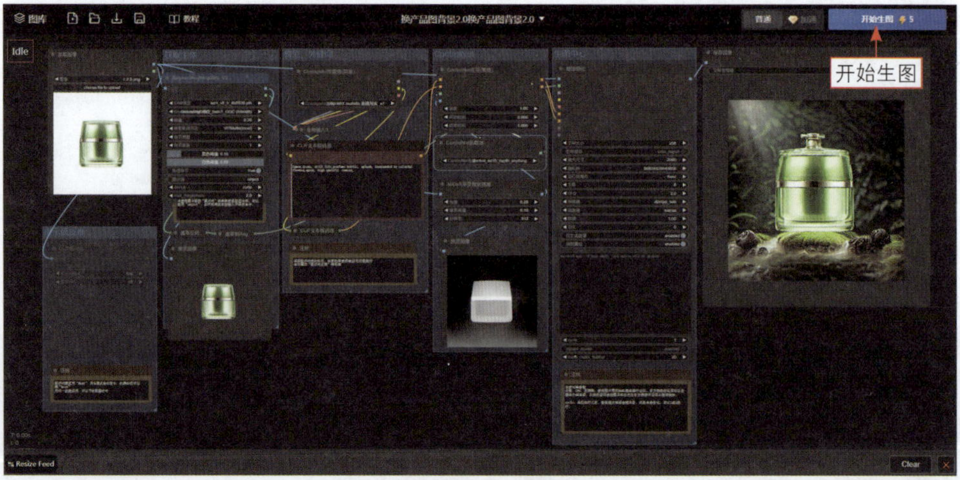

图 7-53　生成电商产品场景图

第8章

ComfyUI工作流实战：AI绘画+AI视频生成

本章将通过两个典型的Stable Diffusion AI生成案例，帮助大家更好地掌握ComfyUI工作流的实战技巧，成为AI创作高手。通过这些案例，大家可以进一步了解ComfyUI工作流的使用技巧，并掌握生成AI绘画和AI视频作品的操作要点。

8.1 ComfyUI AI绘画实战：《少女写真》

在创意无限的数字时代，ComfyUI工作流以高效与智能，正逐步重塑绘画艺术创作的边界。本节将通过一个AI绘画实战案例，探索ComfyUI如何借助先进的人工智能技术，简化创作流程，激发人们的无限灵感。

ComfyUI通过其强大的AI技术，实现了写真制作的自动化和智能化。用户只需上传相应的人像照片，ComfyUI便能快速生成各种风格的写真作品。这一流程大大简化了传统写真制作中烦琐的后期编辑步骤，提高了制作效率。本案例主要以ComfyUI网页版为例，介绍生成《少女写真》AI绘画作品的操作方法，原图与写真照片效果对比如图8-1所示。

图 8-1　原图与写真照片效果对比

8.1.1 运行AI摄影在线工作流

扫码看视频

在数字摄影的新纪元里，AI摄影在线工作流能够帮助摄影师大幅提升创作效率与质量。AI摄影不仅融合了前沿的人工智能技术，更将烦琐的后期制作流程化繁为简。通过使用在线工作流，摄影师可以轻松实现照片风格的快速转换、画面细节的精准调整及光影的巧妙运用。下面介绍运行AI摄影在线工作流的操作方法。

步骤 01 在LiblibAI首页的搜索框中，输入关键字“AI摄影”，如图8-2所示。

步骤 02 单击“搜索”按钮，即可搜索出相应的模型，单击“工作流”标签，如图8-3所示。

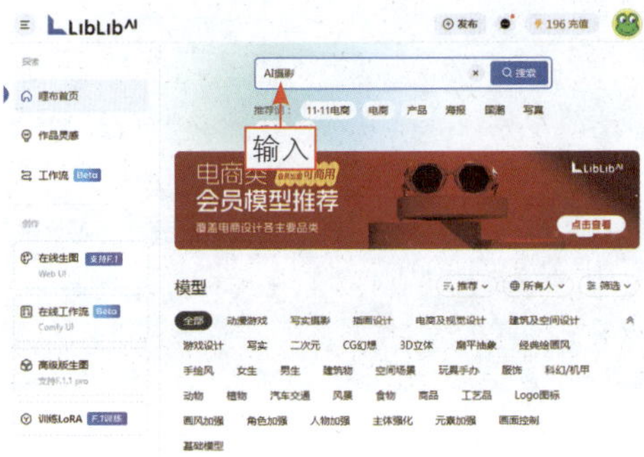

图 8-2　输入关键字

图 8-3　单击“工作流”标签

步骤 03 执行操作后，切换至“工作流”选项卡，在下方的搜索结果中选择相应的在线工作流，如图8-4所示。

步骤 04 执行操作后，进入该工作流的详情页面，在此可以查看工作流的相关说明，单击“在线运行工作流”按钮，如图8-5所示。

图 8-4　选择相应的在线工作流

图 8-5　单击“在线运行工作流”按钮

步骤 05 执行操作后，进入“在线工作流”页面，同时会自动导入前面所选的工作流，如图8-6所示。从图中可以看到，该工作流主要分为基础文生图、ControlNet（该工作流中简写为CN），以及修脸+换脸3个模块。基础文生图模块主要用于实现人物图像的生成；ControlNet模块主要用于控制生成人物的姿态和景深关系；修脸+换脸模块则用于改善人物的脸部细节，以及更换人脸。

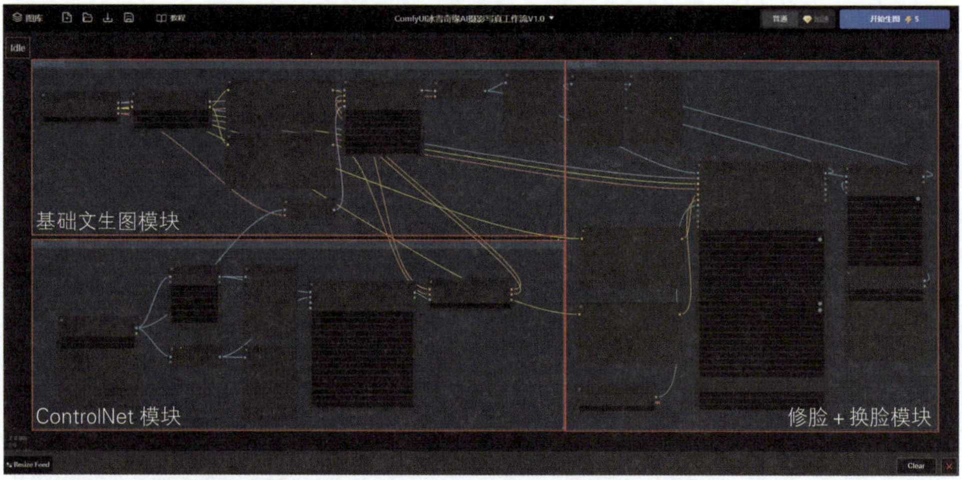

图 8-6　导入前面所选的工作流

8.1.2　上传人像照片参考图

接下来在工作流的“加载图像”节点中，分别上传相应的人像照片，对AI生成的画面进行控制，具体操作方法如下。

扫码看视频

步骤 01 在ControlNet模块的“加载图像”节点中，上传人物照片的原图，作为ControlNet的输入，识别并解析图片中的关键信息，如通过“DW姿态预处理器”节点检测人物的身体和面部等姿态特点，以及通过“Zoe深度预处理器”节点检测图像的深度信息，如图8-7所示。

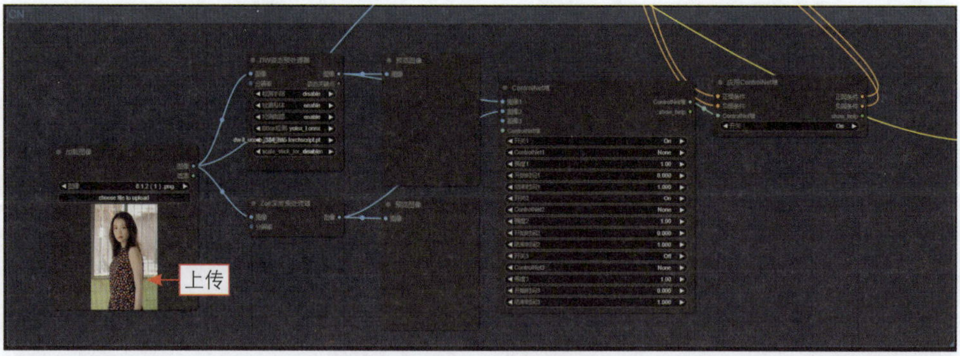

图 8-7　上传人物照片的原图

步骤 02 在修脸+换脸模块的“加载图像”节点中，上传人物脸部的原图，将其输入给“ReActor换脸”节点，从而对“面部细化”节点修复的人物图像脸部进行替换，如图8-8所示。

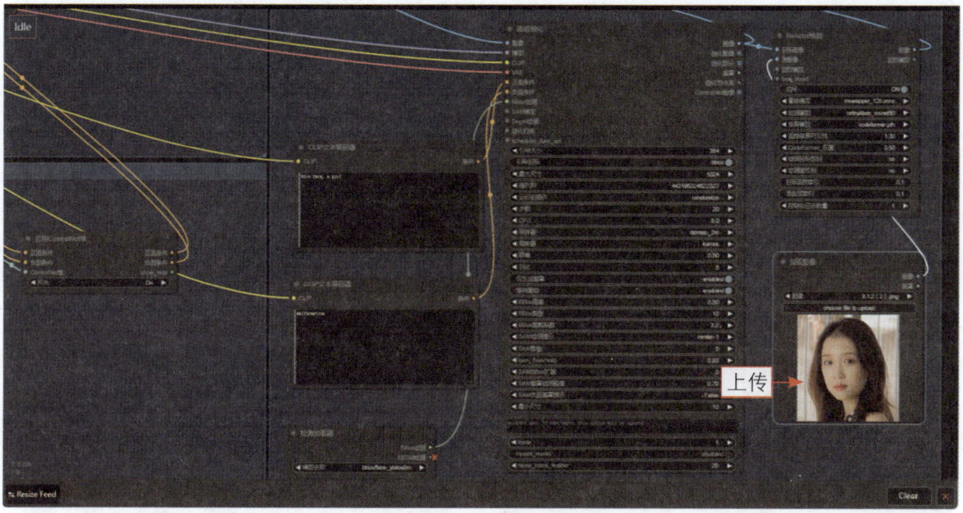

图 8-8　上传人物脸部的原图

8.1.3　调整在线工作流的参数

扫码看视频

最后，对AI摄影在线工作流的相关模型和参数进行设置，用户可以选择自己喜欢的模型，也可以使用作者推荐的模型。下面介绍调整在线工作流参数的操作方法。

步骤 01 在基础文生图模块的“Checkpoint加载器（简易）”节点中，单击“Checkpoint名称”选项栏，如图8-9所示。

步骤 02 执行操作后，弹出“选择CHECKPOINT”对话框，选择一个写实风格的大模型，单击“一键应用”按钮，如图8-10所示，即可加载相应的大模型。

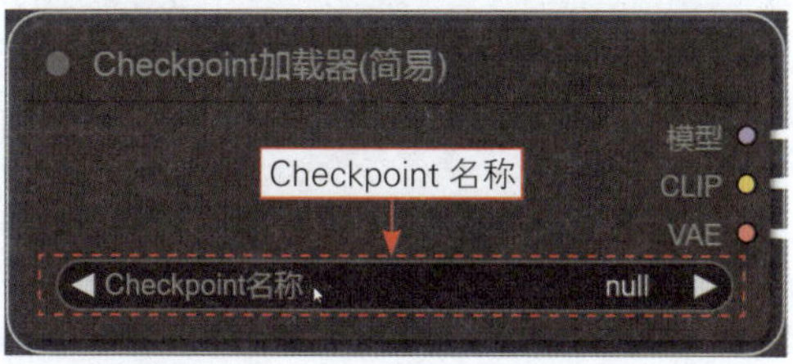

图 8-9　单击“Checkpoint 名称”选项栏

图 8-10　单击“一键应用”按钮

步骤 03 在“LoRA加载器”节点中，单击“LoRA名称”选项栏，如图8-11所示。

步骤 04 执行操作后，弹出“选择LORA”对话框，选择一个生成冰雪效果的LoRA模型，单击“一键应用”按钮，如图8-12所示，加载相应的LoRA模型。

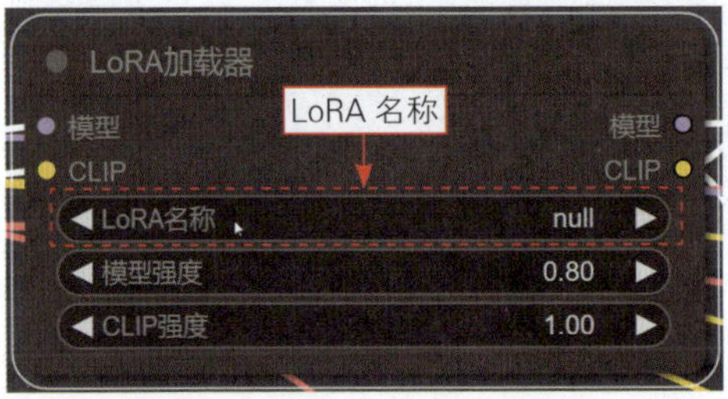

图 8-11　单击“LoRA 名称”选项栏

图 8-12　单击“一键应用”按钮

步骤 05 在“CLIP文本编码器”节点中，分别输入相应的正向提示词和反向提示词，用于描述AI生成的图像内容，如图8-13所示。

步骤 06 在“K采样器”节点中，可以设置“步数”“采样器”“调度器”等参数，这里保持默认设置即可，如图8-14所示。注意，如果用户更换了其他的大模型，也可以根据大模型的推荐参数进行修改，从而提升出图效果的精美度。

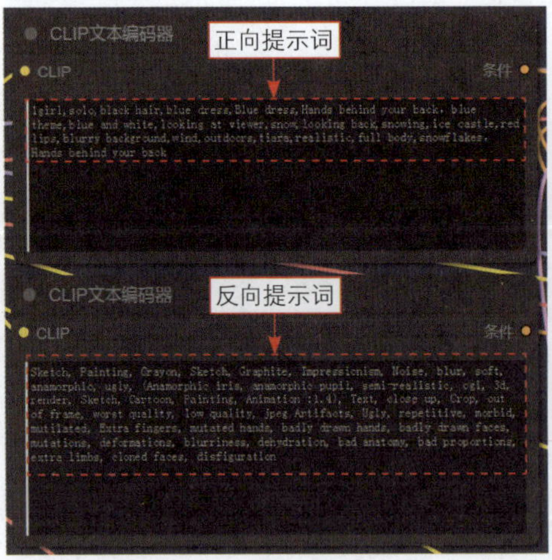

图 8-13　输入相应的提示词

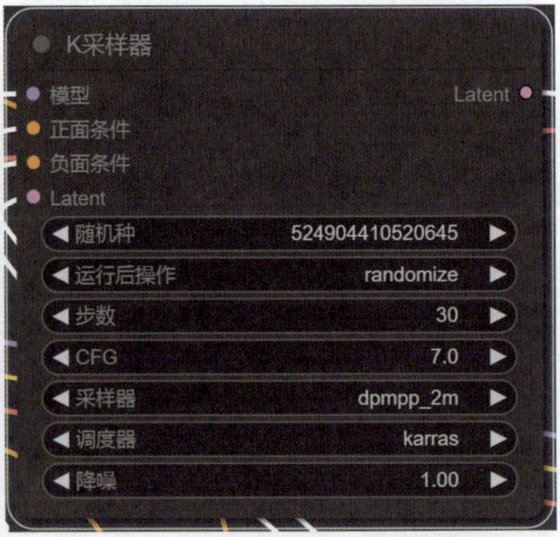

图 8-14　设置“K 采样器”节点的参数

步骤 07 执行上述操作后，即可完成基础文生图模块的大致设置，其工作流如图8-15所示。

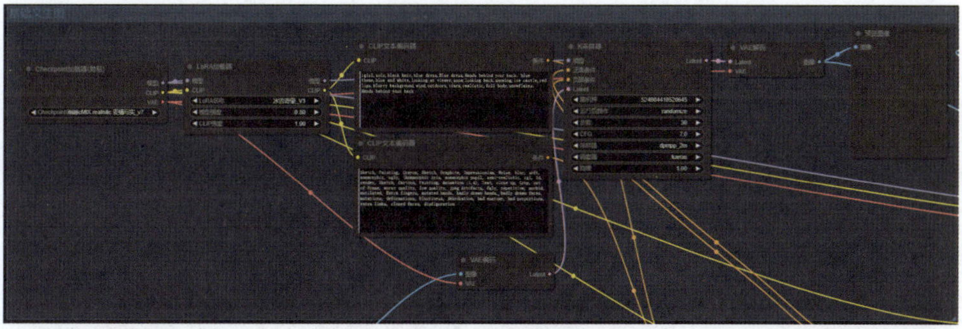

图 8-15　基础文生图模块的工作流

步骤 08 在ControlNet模块的“ControlNet堆”节点中，单击ControlNet1选项栏，如图8-16所示。将ControlNet1连接到图像1输入接口，主要用于处理“DW姿态预处理器”节点中输出的图像，从而控制文生图模块的人物姿态。

步骤 09 执行操作后，在弹出的搜索框中输入OpenPose，在下方的列表中选择相应的OpenPose模型，如图8-17所示，用于控制人物的肢体动作和表情特征。

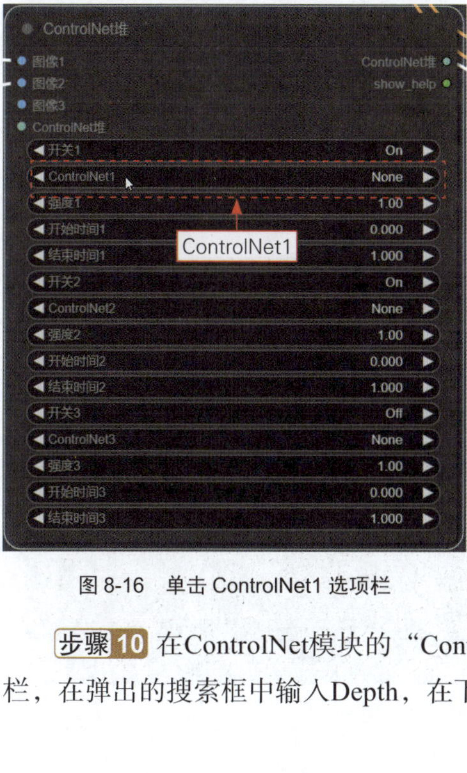

图 8-16　单击 ControlNet1 选项栏

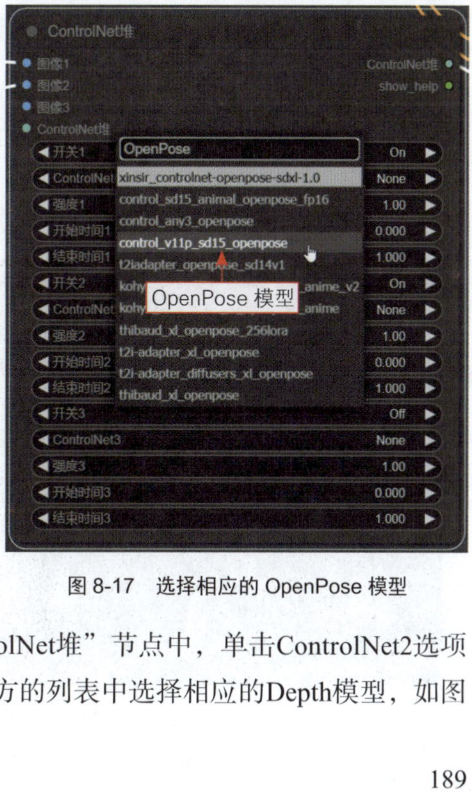

图 8-17　选择相应的 OpenPose 模型

步骤 10 在ControlNet模块的“ControlNet堆”节点中，单击ControlNet2选项栏，在弹出的搜索框中输入Depth，在下方的列表中选择相应的Depth模型，如图

8-18所示。

步骤 11 执行操作后，即可完成ControlNet2的设置，如图8-19所示。将ControlNet2连接到图像2输入接口，主要用于处理“Zoe深度预处理器”节点中输出的图像，使得文生图模块能够基于深度信息生成更加立体、层次分明的图像内容。

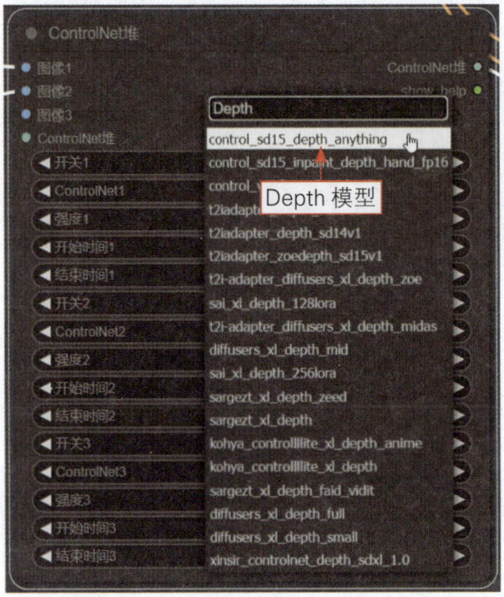

图 8-18　选择相应的 Depth 模型

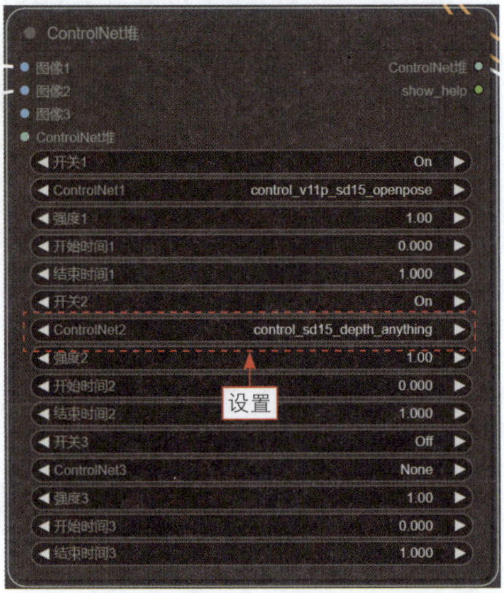

图 8-19　完成 ControlNet2 的设置

步骤 12 删掉一些多余的“预览图像”节点（注意，LiblibAI会员可以跳过这一步，这样可以更直观地预览各节点的处理效果），单击“开始生图”按钮，运行工作流，即可生成相应的人像写真照片，效果如图8-20所示。

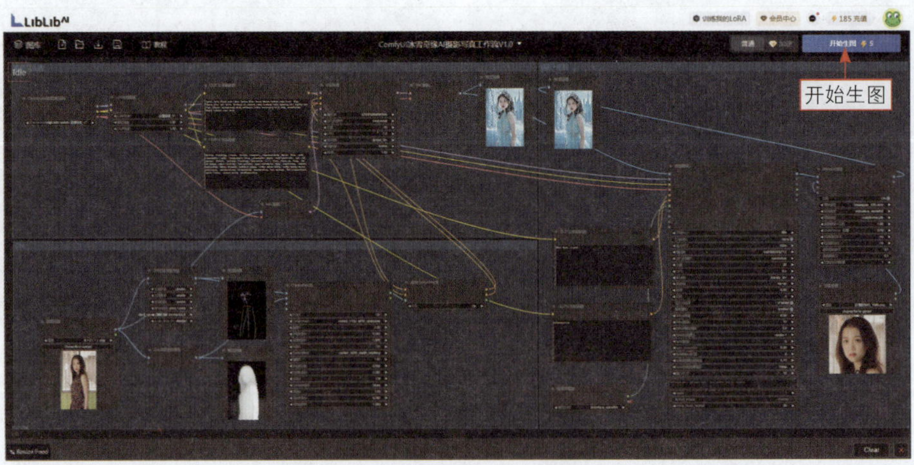

图 8-20　生成相应的人像写真照片

8.2 ComfyUI AI视频实战：《人的一生》

AnimateDiff是一个功能强大的实用框架，专为文生图模型提供动画处理服务，若使用它则用户无须对特定模型进行烦琐的调整，即可轻松地赋予大多数现有的AI绘画模型生成视频的能力。本节将深入探索并利用AnimateDiff的AI视频生成技术，结合强大的ComfyUI文生视频工作流，共同打造一部细腻描绘人生历程的视频作品——《人的一生》，最终效果如图8-21所示。注意，本案例的最终效果经过了一些后期剪辑加工处理，并添加了相应的背景音乐。

图8-21 效果展示

8.2.1 安装AnimateDiff插件

AnimateDiff的出现，可以让用户不再受限于传统视频制作的烦琐流程和高昂成本，只需输入一段文字，即可在短时间内生成高质量的视频内容。当然，要实现这种快捷的文生视频功能，首先要安装AnimateDiff插件。下面介绍在Stable Diffusion ComfyUI中安装AnimateDiff插件的操作方法。

扫码看视频

步骤 01 打开ComfyUI节点管理器，搜索相应的AnimateDiff插件，如图8-22所示，安装后重启ComfyUI以使插件生效。

图 8-22 搜索相应的 AnimateDiff 插件

★ 专家提醒 ★

注意，这里安装的是 AnimateDiff Evolved，它是 AnimateDiff 的改进版，在算法和模型结构上进行了优化，以提高视频生成的效率和质量。AnimateDiff Evolved 引入了演进采样（Evolved Sampling）功能，这为用户提供了更多的采样选项和灵活性。在 AnimateDiff Evolved 中，模型加载、应用和演进采样功能被分开，这允许用户在不使用运动模型的情况下，仍然保留演进采样功能。

用户可以根据自己的需求和电脑性能选择适合自己的版本。如果追求最新的功能和性能优化，AnimateDiff Evolved 可能是一个更好的选择；而如果希望使用更稳定、更成熟的版本，AnimateDiff 也是一个不错的选择。

步骤 02 在Hugging Face网站中进入AnimateDiff的模型下载页面，下载相应的运动模型，如图8-23所示。AnimateDiff的运动模型是一个在文本到图像的模型中引入的新模块，它主要用于在保持原有图像质量的基础上，为图像添加动画效果。另外，用户还可以选择性地下载LoRA模型，通过添加对应的LoRA模型来控制生成的动画在空间中的运动方向和旋转方向。

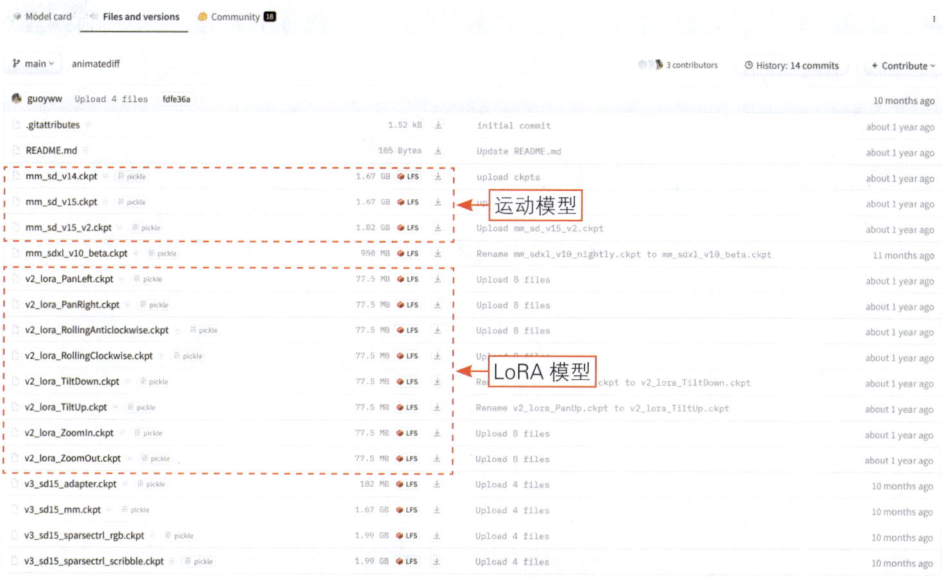

图 8-23　下载相应的模型

步骤 03 将下载好的运动模型放入ComfyUI安装目录下的custom_nodes\ComfyUI-AnimateDiff-Evolved\models文件夹中，如图8-24所示，即可完成模型的安装。

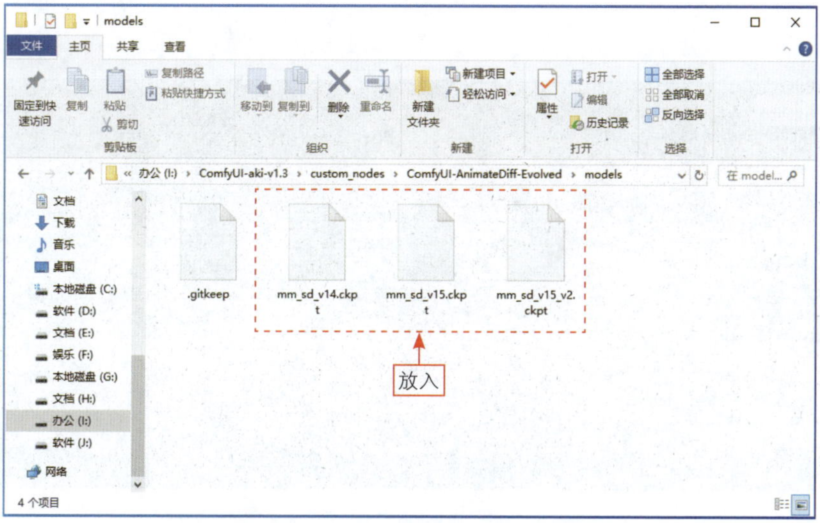

图 8-24　将运动模型放入相应的文件夹

8.2.2 导入文生视频工作流

接下来用户可以下载AnimateDiff的文生视频工作流，或者使用自定义的文生视频工作流，并将其导入ComfyUI，具体操作方法如下。

扫码看视频

步骤 01 在Hugging Face网站中进入AnimateDiff的工作流下载页面，单击相应的工作流超链接，如图8-25所示。

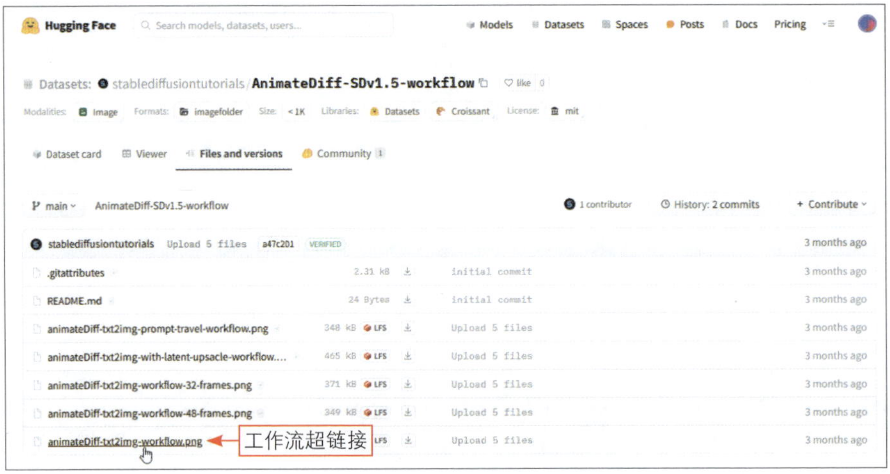

图 8-25 单击相应的工作流超链接

步骤 02 执行操作后，进入该工作流的详情页面，可以预览工作流图片，单击download超链接，如图8-26所示，即可通过浏览器下载工作流图片。

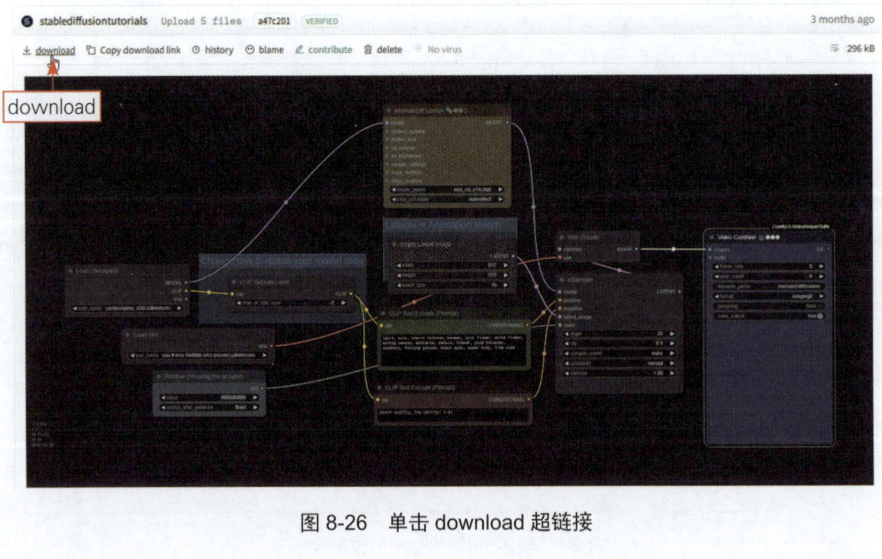

图 8-26 单击 download 超链接

步骤 03 将下载好的工作流图片拖至ComfyUI中，ComfyUI会自动提取图片中的工作流，如图8-27所示。

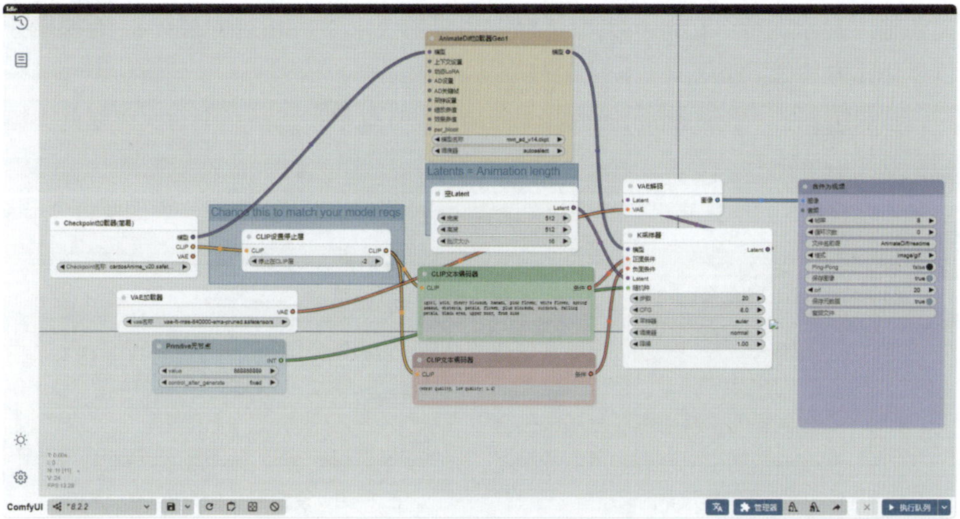

图 8-27　自动提取图片中的工作流

步骤 04 用户也可以导入自定义的AnimateDiff工作流，基本结构跟官方工作流一致，只是增加了一些节点，如图8-28所示。其中，最关键的是“动态扩散上下文选项”节点，它的主要功能是通过逐部分生成动画的方式，有效地解决AnimateDiff模型在动画时长生成上的限制。

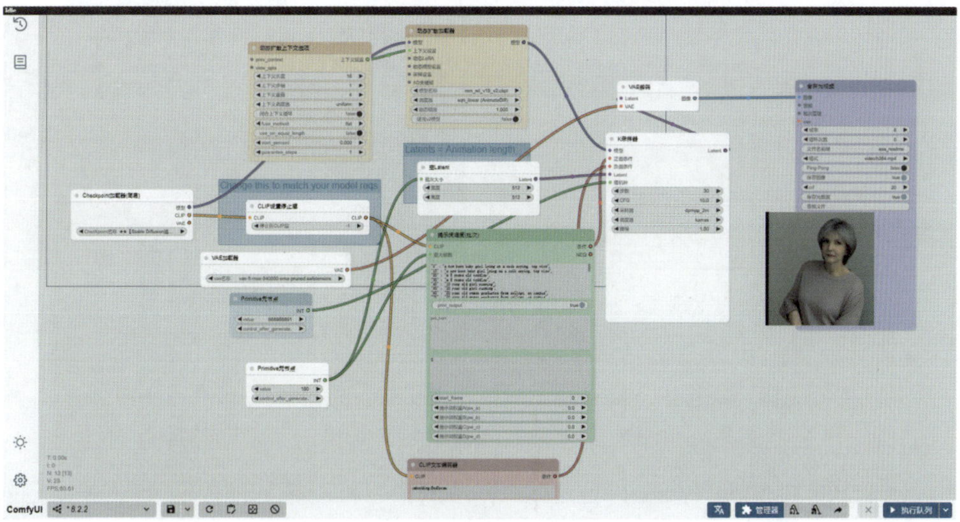

图 8-28　导入自定义的 AnimateDiff 工作流

8.2.3 运行文生视频工作流

最后，对AnimateDiff工作流进行适当设置，如选择合适的大模型、输入提示词等，ComfyUI即可根据用户的要求生成相应的视频，具体操作方法如下。

扫码看视频

步骤 01 在“Checkpoint加载器（简易）”节点中，选择一个写实风格的大模型，如图8-29所示。

步骤 02 在“空Latent”节点中，设置生成视频的宽度和高度，如图8-30所示。

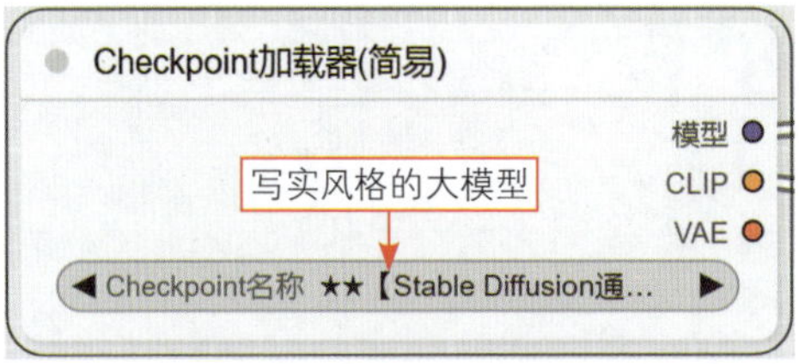

图 8-29 选择写实风格的大模型

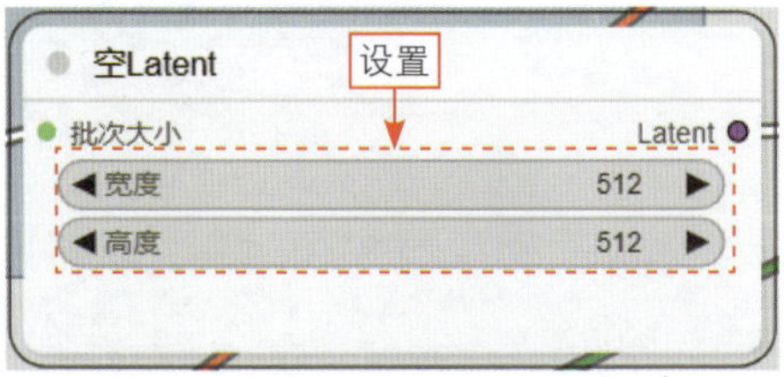

图 8-30 设置生成视频的宽度和高度

步骤 03 在“Primitive元节点”节点中，设置value为180，表示生成的视频总帧数为180帧，如图8-31所示。“Primitive元节点”节点作为输入变量的一种便捷方式，允许用户在ComfyUI中动态地插入和更改参数。

步骤 04 “动态扩散加载器”节点主要用于加载动画模型和调度器，确保动画效果稳定且流畅，这里保持默认设置即可，如图8-32所示。

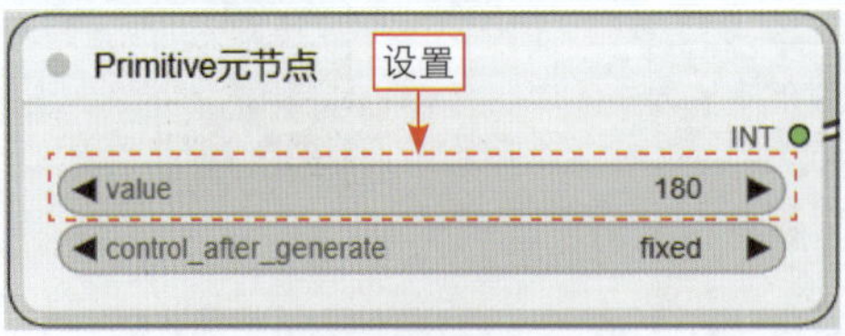

图 8-31 设置 value 参数

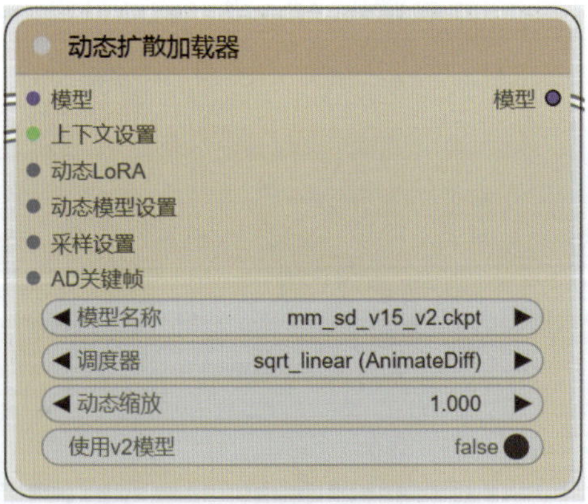

图 8-32 “动态扩散加载器”节点

步骤 05 在“动态扩散上下文选项”节点中，可以精细地控制动画的生成过程，以获得所需的动画效果，这里保持默认设置即可，如图8-33所示。

步骤06 在“提示词调度（批次）”节点中，输入相应的正向提示词，描述要生成的视频画面的主要内容，前面的数字代表对应的帧数，如图8-34所示。

图 8-33　“动态扩散上下文选项”节点

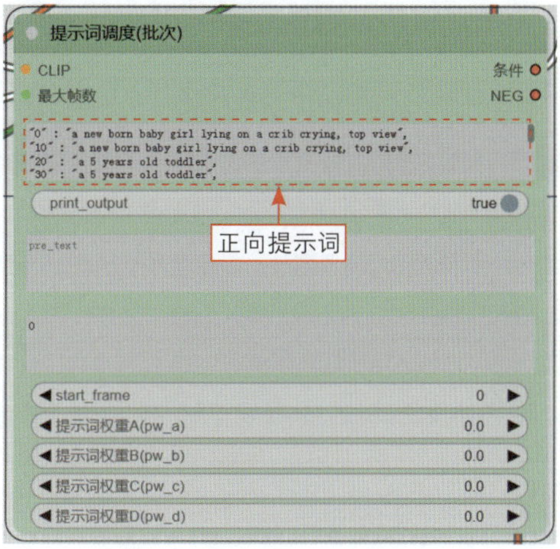

图 8-34　输入相应的正向提示词

步骤07 在“K采样器”节点中，选择写实风格的采样器和调度器组合，如dpmpp_2m+karras，相关设置如图8-35所示。

步骤08 在“合并为视频”节点中，设置“帧率”为8（每秒显示8帧图像）、“格式”为video/h264-mp4，保证视频的流畅度，如图8-36所示。单击“执行队列”按钮，运行工作流，即可生成相应的视频。注意，视频生成时间比较长，用户需要耐心等待。

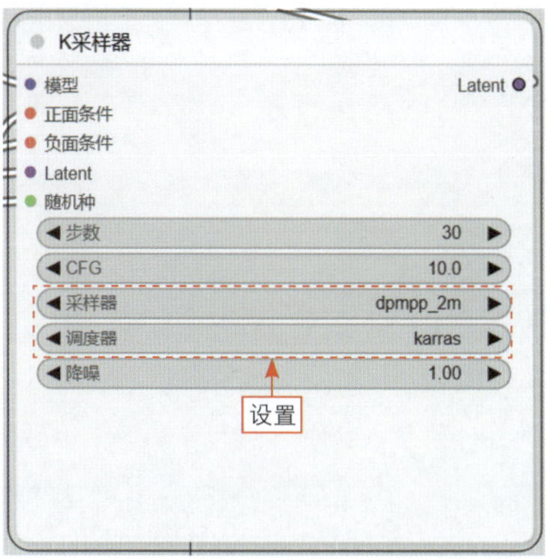

图 8-35　设置“K 采样器”节点参数

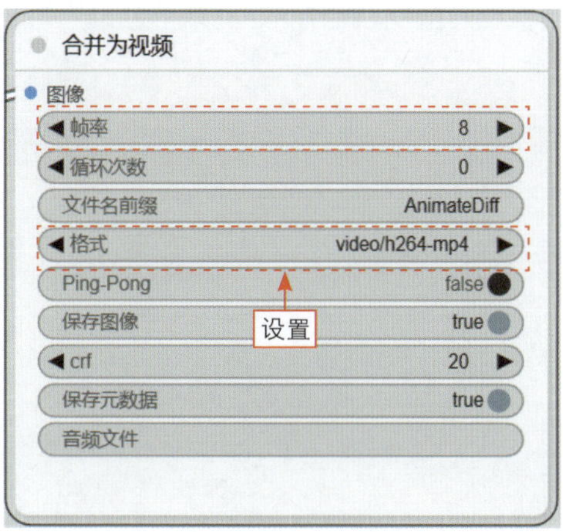

图 8-36　设置“合并为视频”节点参数